JAHRBUCH ÖKOLOGIE
2010

Umwälzung der Erde

DAS JAHRBUCH ÖKOLOGIE

- → informiert über die ökologische Situation und die Belastungstrends in den verschiedenen Bereichen der natürlichen Umwelt
- → analysiert die staatliche und internationale Umweltpolitik
- → bringt einen Disput zu einem wichtigen umweltpolitischen Thema
- → dokumentiert historisch bedeutsame, umweltbezogene Ereignisse und Initiativen
- → beschreibt positive Alltagserfahrungen und entwirft Visionen für eine zukunftsfähige Welt
- → wendet sich an eine sensible Öffentlichkeit, die sich der Umweltkrise bewusst ist und nach tragfähigen Alternativen im Umgang mit der Natur sucht
- → ist einem breiten Ökologiebegriff verpflichtet, der im Alltag verankert ist und das Verhältnis von Mensch und Natur, von Gesellschaft und Umwelt umfasst.

JAHRBUCH ÖKOLOGIE
2010

Umwälzung der Erde

Konflikte um Ressourcen

Herausgegeben von Günter Altner, Heike Leitschuh, Gerd Michelsen,
Udo E. Simonis und Ernst U. von Weizsäcker

S. Hirzel Verlag Stuttgart

REDAKTION

Prof. Dr. Dr. h.c. Udo E. Simonis, Wissenschaftszentrum Berlin (WZB)
Reichpietschufer 50, 10785 Berlin
Tel.: (030) 25491-245; Fax: (030) 25491-247
E-Mail: simonis@wzb.eu
www.jahrbuch-oekologie.de

Ein Markenzeichen kann warenrechtlich geschützt sein, auch wenn ein Hinweis auf etwa bestehende Schutzrechte fehlt.
Bibliografische Information der Deutschen Nationalbibliothek
Die Deutsche Nationalbibliothek verzeichnet diese Publikation in der Deutschen Nationalbibliografie; detaillierte bibliografische Daten sind im Internet über http://dnb.d-nb.de abrufbar.

ISBN 978-3-7776-1768-8
ISSN 0940-9211

Gedruckt auf FLY spezialgeglättet Vol. 1,2, FSC-Mix, zertifiziert GFA COC 001147

Birkenwaldstraße 44, 70191 Stuttgart
Printed in Germany
Einbandgestaltung: deblik, Berlin, unter Verwendung eines Fotos von bilderbox
Druckerei: Druckerei Djurcic, Schorndorf
Bindung: Schallenmüller, Stuttgart

www.hirzel.de

Inhalt

III. Trends & Innovationen

IV. Vor-Denker & Vor-Reiter

V. Umweltinstitutionen

VI. Ökologie in Zahlen

Zu diesem Jahrbuch

„Seal a Deal" – schließt einen Pakt zur Rettung der Welt! Der Generalsekretär der Vereinten Nationen meinte es ernst: Die Weltwirtschaft müsse sauberer, grüner und nachhaltiger werden; sie sei zu schmutzig, zu schwarz und nicht zukunftsfähig. Er suchte Unterstützung für seine Vertragsidee dort, wo er starke Verbündete vermutet – in der Wirtschaft. Und er forderte die Wirtschaftslenker auf mitzuhelfen, auch die politische Führung auf den Pakt einzuschwören. Es ginge schließlich um viel, um die Klimafrage, um den Erfolg der entscheidenden UN-Klimakonferenz in Kopenhagen. Es geht aber noch um viel mehr: Es geht um die Ressourcenfrage.

Die Kolonialgeschichte ist voller Beispiele von Ressourcenkonflikten; Plünderung, Gewalt und Übervorteilung waren ihre Kennzeichen. Konflikte nehmen zu und werden heftiger, wenn die Ressourcen knapper werden oder die Zahl der Nachfrager steigt. Wir sind ganz offensichtlich in einer (neuen) Phase der Konfliktverschärfung angelangt: Bei vielen nicht-erneuerbaren Ressourcen ist die maximale Extraktion (*peak*) überschritten, steht unmittelbar bevor oder ist bereits in absolute Knappheit übergegangen, während die Nutzung erneuerbarer Ressourcen überzogen wurde, erst noch aufgebaut werden muss oder zu neuartigen Widersprüchen führt. Die Weltbevölkerung nimmt weiterhin jährlich um 80 Millionen Menschen zu, dynamische Länder tauchen auf dem Weltmarkt auf und unternehmen vielfältige Anstrengungen, den Wettbewerb um Ressourcen zu ihren Gunsten zu entscheiden.

Wenn Wettbewerb entsteht, kommt es gelegentlich aber auch zu neuen Ideen und Konzepten. „Steigerung der Ressourceneffizienz" und „Erhöhung der Materialproduktivität" wurden zu Leitideen. Bei den erneuerbaren Ressourcen wurde Schonung zum Thema, bei den nicht-erneuerbaren Ressourcen steht Recycling seit geraumer Zeit oben an – neuerdings gar in Dimensionen, für die es im Deutschen noch gar keine Begriffe gibt: „urban mining" und „waste mining". Und es gibt Begrenzungskonzepte, die aus der Not geboren wurden: Weil die Grenzen der Biokapazität weit überschritten sind, weil die Spuren, die wir dem Planeten Erde aufdrücken und die Lasten, die wir ihm aufbürden, zu groß und zu schwer geworden sind, muss der „ökologische Fußabdruck" kleiner, muss der „ökologische Rucksack" leichter werden.

Aber wie soll das geschehen? Bessere Technik kann helfen, ein Faktor X ist möglich, Eco-Design muss her – sagen die einen. Aus der Wachstumsfalle heraustreten, Genügsamkeit zum Thema machen, Gerechtigkeit walten lassen – sagen die anderen. Die Entzündlichkeit der Welt ist ohne Zweifel größer geworden, doch Krieg um Ressourcen muss es nicht unbedingt geben, wenn, ja wenn die ökologische Lernfähigkeit zunimmt und der politische Wille zu smarter Regulation entsteht, die den Markt begrenzt und zugleich befriedet.

Das vorliegende Jahrbuch ist zeitlich umfassend, mit Rückblick in die Geschichte und Ausblick in die Zukunft. Es ist inhaltlich und konzeptionell voll spannender Ideen und Beispiele um die Erschließung, die Schonung und das Recycling von Ressourcen. Es zeigt, wie wir vom „Ressourcenfieber" befreit werden können, wie die Wirtschaft schlanker, die Gesellschaft genügsamer, wie Institutionen zu Umweltkommissaren und Nachhaltigkeitsagenten werden können.

Und natürlich geht es auch um die aktuelle Finanz- und Wirtschaftskrise. Wir, die Autoren und Gestalter des Jahrbuchs Ökologie haben sie kommen sehen, weil sie auf ungebremstem Wachstumsdrang, auf Gier, Rücksichtslosigkeit und institutionellen Schwächen beruhen, jenen Faktoren, die schon früh die Ökologiefrage hatten entstehen lassen. Wir haben daher die Beiträge zum aktuellen Krisendiskurs perspektivisch an den Anfang gestellt – darunter ein Beitrag in Englisch, die aufrüttelnde Rede des obersten Treuhänders des Planeten Erde. Diese Krisen-Beiträge sind inhaltlich klar und eindeutig: ökologischer Strukturwandel, Dematerialisierung, neue Balance zwischen Staat und Markt, langfristig tragfähige Lebensweise – Versuche der Verständigung über den ökologischen Imperativ.

Die Struktur des Jahrbuchs ist ansonsten unverändert, sodass auch diesmal neben den Perspektiven, Analysen, Trends und Innovationen die Rubriken Vordenker, Vorreiter, Umweltinstitutionen und Ökologie in Zahlen zu finden sind.

Herausgeber, Redakteur, Lektorin und Korrektorin wünschen sich auch für das JAHRBUCH ÖKOLOGIE 2010 wiederum viele Leserinnen und Leser, Kritik, wo nötig, und Lob, wenn möglich.

Die Herausgeber — Im Juli 2009

I. Wege aus der Weltkrise

Hans Christoph Binswanger

Nachhaltige Wirtschaft – Geldmaschine abstellen, Aktienrecht umstellen

Die Wachstumsfalle

Das stete Wirtschaftswachstum in der Zeit nach dem Zweiten Weltkrieg – zuerst in Europa und in den USA, dann auf globaler Ebene – hat zu einer großen Vermehrung des Reichtums geführt, gleichzeitig aber auch zu einer beschleunigten Ausbeutung der natürlichen Ressourcen und zur Belastung der Umwelt durch Abfälle und Emissionen. Da die Natur – und damit der Ressourcenvorrat und die Umweltkapazität – begrenzt ist, müssen das ökonomische Ziel der Reichtumsmehrung durch fortgesetztes wirtschaftliches Wachstum und das ökologische Ziel der Erhaltung der endlichen Natur miteinander unausweichlich in Konflikt geraten. Zwar hat man schon über Jahrzehnte vielfältige Massnahmen ergriffen, um die Effizienz des Ressourceneinsatzes zu erhöhen und die Umwelt zu schützen, aber das wirtschaftliche Wachstum hat im Großen und Ganzen alle diese Massnahmen überspielt. Eine echte Qualifizierung des Wachstums im Sinne der Nachhaltigkeit ist bisher nicht gelungen. Die quantitative Produktionsmenge ist stärker gestiegen als der Ressourcenverbrauch pro Produktionseinheit gesunken ist, z. B. die Anzahl der Autos und die Fahrkilometer stärker als die Reduktion des Benzinverbrauchs und damit der CO_2-Emissionen pro Auto und Fahrkilometer. Viele Belastungen der Umwelt, insbesondere der Verbrauch von Boden für Siedlungen und Straßen, haben sich sogar uneingeschränkt fortgesetzt. Will man den Ressourcen- und Umweltverbrauch bremsen, also von der Effizienz- zu einer nachhaltigen Suffizienzstrategie übergehen, ist eine dauernde Senkung der Wachstumsraten notwendig.

Eine solche Senkung schien bis vor kurzem ein aussichtsloses Unterfangen zu sein, waren doch alle Bemühungen darauf ausgerichtet, ein möglichst hohes Wachstum des so genannten „realen" Bruttosozialprodukts zu garantieren. Dies aber hat sich geändert. Das Wachstum ist in eine spekulative Finanzblase ausgeartet, der Ansätze für eine neue Inflationsphase vorausgegangen waren. Diese „Ausartung" des

Wachstums hat man lange Zeit übersehen. Das plötzliche Platzen der Finanzblase im Jahr 2008 und die daraus folgende Wirtschaftskrise haben aber deutlich werden lassen, dass das Wachstum des Sozialprodukts mit der Gefahr von Schäden verbunden ist, die die Funktionsweise der Wirtschaft selbst betreffen. Will man diese Schäden vermeiden, muss die einseitige Ausrichtung der Wirtschaft auf Wachstum schon aus ökonomischen Gründen aufgegeben werden. Dazu sind durchgreifende Reformen notwendig, die die institutionellen Grundlagen der Wirtschaft, auf welchen diese einseitige Ausrichtung auf hohe Wachstumsraten beruht, verändern (vgl. Binswanger 2006).

Die Geldmaschine

Der Wachstumstrend der modernen Wirtschaft gründet auf der unbegrenzten Fähigkeit der Zentralbank zur Ausgabe von Banknoten, d. h. von Papiergeld, sowie der Möglichkeit der Banken zur Schaffung von Buchgeld, d. h. von Guthaben auf den Girokonten, welche die Nicht-Banken (Unternehmen, Staat und Haushalte) bei den Banken unterhalten. Das Buchgeld kann zwar in Papiergeld eingelöst werden, aber das Papiergeld nicht mehr in Gold oder Silber. Daraus ergibt sich das Potenzial zu einer im Prinzip „unendlichen" Kredit- und Geldschöpfung aus dem „Nichts".

Die Erhöhung der Geldmenge und der Kredite ist attraktiv für die Banken, weil sie durch die Zinsen, welche die Nicht-Banken für die Kredite bezahlen, Gewinne erzielen, und zwar umso mehr Gewinne, als sie die Möglichkeit zur Erhöhung der Kredit- und Geldmenge voll ausschöpfen und je niedriger die Zinsen sind, welche die Zentralbanken verlangen, wenn sie den Banken das von ihnen benötigte Papiergeld (nach-)liefern.

Für die Nicht-Banken ist die Erhöhung der Geldmenge durch Kredite ebenfalls attraktiv:

- für die Unternehmen, wenn sie mit dem zusätzlichen Geld Investitionen tätigen, um zusätzliche Gütermengen zu produzieren und diese mit Gewinnen verkaufen können, die höher sind als die von ihnen zu bezahlenden Zinsen,
- für die Haushalte, wenn sie mit dem zusätzlichen Geld Vermögenswerte kaufen, von denen sie annehmen dürfen, dass deren Wertsteigerung in der Zukunft größer ist als der Zinssatz,
- für den Staat, wenn er mit dem zusätzlichen Geld seine steigenden Ausgaben vorfinanzieren kann, in der Annahme, dass wegen der Erhöhung der Geldmenge und den daraus resultierenden höheren

Gewinnen der Unternehmen sowie wegen der höheren Einkommen der Haushalte die Zunahme der Steuereinnahmen größer sein wird als die Zinsen, die man den Banken schuldet.

Somit kommt alles auf dieses „wenn“ an. Der „Zaubertrick“ der modernen Wirtschaft ist nun, dass die Bedingung dieses Zaubertricks gerade durch die Nachfrage der Unternehmen nach zusätzlichem Geld selbst gewährleistet ist, denn dann können die höheren Produktionsmengen wegen der Zunahme der Geldmenge mit entsprechend höheren Gewinnen abgesetzt werden und in der Folge auch die Vermögenswerte und die Steuereinnahmen weiter steigen. Warum? Weil sich die mit Hilfe der Geldvermehrung finanzierten Investitionen dadurch realisieren, dass zusätzlich Produktionsleistungen – Arbeit, Energie, Rohstoffe – in den Produktionsprozess einbezogen werden und damit auch die Haushalte zusätzliches Einkommen erhalten. Dabei geht der Einkommenseffekt der Investitionen dem Produktionseffekt voraus, denn die Leistungen der Haushalte müssen heute bezahlt werden, während die Produktion Zeit beansprucht und die Produkte erst morgen verkauft werden können, nachdem sie hergestellt worden sind. Die Nachfrage der Haushalte steigt mit der Erhöhung der Einkommen, während die Unternehmen erst die Produkte der Vorperiode anbieten, die vor der neuen Investition produziert worden sind. Für deren Herstellung haben sie also im Betrag der neuen Investition weniger Geld ausgegeben. Da Gewinne die Differenz sind zwischen den Einnahmen und den Ausgaben für die Produkte, aus deren Verkauf die Einnahmen erzielt werden, entstehen auf diese Weise gesamtwirtschaftlich ständig Gewinne. Diese sind wiederum die Voraussetzung dafür, dass Investitionen getätigt werden und damit das weitere wirtschaftliche Wachstum, das auf der Fortsetzung der Investitionen beruht, attraktiv bleibt. So hält sich der Wachstumsprozess selbst im Gange. Er wird zu einem *perpetuum mobile.*

Die Aktiengesellschaft

In diesem Zusammenhang spielen die Aktiengesellschaften und der mit den Aktiengesellschaften verbundene Wachstumsdrang eine besondere Rolle. Sie sind der wichtigste Promotor eines „unendlichen“ Wachstums, aber dadurch auch verantwortlich für die Überforcierung desselben. Der Wachstumsdrang ergibt sich daraus, dass die Aktiengesellschaft bzw. die Aktionäre, wenn sie schon das Risiko der Investition eingehen, nicht nur einen minimalen, sondern einen möglichst großen Reingewinn erzielen wollen. Dieses Streben nach Gewinnmaximierung wird dadurch verstärkt, dass sich der Wert des Eigenkapitals bzw. der Aktien, d. h. der Preis, zu dem eine Aktie an der Börse verkauft werden kann, orientiert am Gegenwartswert der Summe der mit dem Zinssatz abdiskontierten *erwarteten* künftigen Gewinne; und weil die Gewinnerwartung und damit auch die Dividendenerwartung umso höher ist, je größer die Investitionen sind, je größer also das Wachstum der Produktion ist.

Der Wachstumsdrang macht aber nicht bei der Finanzierung des realen Wachstums halt. Vielmehr werden in der Dynamik der Geldvermehrung auch Bankkredite aufgenommen, die nicht der Finanzierung produktiver Investitionen dienen, sondern dazu, spekulative Vermögenswerte zu kaufen. Man kauft Aktien, weil man annehmen kann, dass sie im Preis steigen werden, wenn sich die Nachfrage wegen der ständigen Geldausweitung weiter erhöht. Wenn man sie jetzt kauft, kann man daher ohne Anstrengung einen Vermögensgewinn erzielen. Es lohnt sich daher, sich zu verschulden, also Kredite aufzunehmen und dafür Zinsen zu zahlen, wenn der Zins niedrig und die erwartete Preissteigerung der Aktien höher ist als der Zins.

Diese Erwartung ist eine Spekulation. Sie ist allerdings – wie jede Spekulation – gefährdet und zwar insbesondere dadurch, dass die Zinsen, die man für die spekulativen Kredite aufgenommen hat, steigen können. Sie steigen, wenn die Zentralbank die Kredite für die Zurverfügungstellung von Zentralbankgeld, die die Banken wegen der Ausweitung ihrer Kredite benötigen, nur noch gegen höhere Zinsen gewährt. Die Zentralbanken erhöhen die Zinsen, wenn sie wegen der spekulativen Geldvermehrung, die nicht mehr zu einer realen Gütervermehrung führt, eine inflationäre Entwicklung befürchten müssen. Dann kommt es, weil die Zinsen zu hoch werden, um die spekulativen Kredite zu rechtfertigen, zu einer Krise. Genau dies ist im Jahr 2008 geschehen.

Was ist aber, wenn es keine Finanzkrisen geben würde? Wäre dann alles in Ordnung? Nein, weil sich der Wachstumsdrang nur durchsetzen lässt, wenn genügend natürliche Ressourcen vorhanden sind, aus denen die Rohstoffe und die Energie gewonnen werden, welche die Basis der Produktion bilden. Dabei gilt: Die Rohstoffe und Energieträger können der Natur entnommen werden, ohne dass der Eigentümer etwas dafür bezahlen muss; der Verbrauch der Natur ist für ihn gratis. Dies kommt einer Verschuldung gegenüber der Natur gleich, die man nicht begleichen muss. Das macht es lukrativ, sich möglichst viele Ressourcen der Natur anzueignen und diese zu verwerten. Denn es entstehen dort die größten Gewinne, wo man etwas verkaufen kann, das man nicht gekauft hat, weil man es ohne Bezahlung in Besitz nehmen konnte.

Trotzdem wird das Wirtschaftswachstum mehr und mehr mit der langfristigen Knappheit der Natur konfrontiert, weil die Eigentümer der natürlichen Ressourcen in Voraussicht künftiger Engpässe heute schon höhere Preise verlangen, die morgen zur Verteuerung der Produktion führen. Daraus resultiert eine Inflationstendenz nicht nur wegen Erhöhung der Geldmenge, sondern auch wegen Verknappung der natürlichen Ressourcen. Dies gilt insbesondere für Energie und Nahrungsmittel. Deren Preise sind zwar infolge der Wirtschaftskrise wieder gefallen, dürften aber schnell wieder steigen, wenn die Krise überwunden werden kann.

Wachstumsbegrenzung

Unter diesen Umständen ergibt sich schon aus rein ökonomischen Gründen, d. h. sowohl zur Vermeidung der aus der Spekulationsanfälligkeit sich ergebenden Krisen wie der Vermeidung von Inflation, die Notwendigkeit, das Wachstum in Grenzen zu halten. Mit der ökonomischen Notwendigkeit zur Wachstumsbegrenzung öffnen sich zugleich neue Chancen, um das Wachstum durch entsprechende Reformen auf ein Niveau zu senken und in der Struktur so zu ändern, dass es mit den ökologischen Anforderungen kompatibel wird. Die Effizienzstrategie kann in eine Suffizienz- und Konsistenzstrategie übergehen – nachhaltige Wirtschaft.

Praktische Reformen: strategische Ansatzpunkte

Die Analyse der für das Wirtschaftswachstum maßgebenden Bedingungen – des im Bankensystem enthaltenen Potenzials einer überbordenden Kredit- und Geldschöpfung sowie der Dominanz der auf ständige Erhöhung der Börsenwerte der Aktien ausgerichtete Aktiengesellschaft – gibt an, wo die Reformen zur Kontrollierung des Wachstums ansetzen müssen. Ich sehe zwei strategische Ansatzpunkte.

Es geht zum einem und vor allem um eine Reform des Geldsystems. Ausgangspunkt könnte die Idee des 100-%-Geldes des amerikanischen Ökonomen Irving Fisher sein, die er nach der Krise von 1929 entwickelt hatte (Fisher 2007) und die wieder hoch aktuell geworden ist (Huber & Robertson 2008). Danach erhält die Zentralbank das ausschließliche Recht zur Geldschöpfung, indem die Banken verpflichtet werden, die Sichtguthaben, also das Buch- oder Bankgeld, zu 100 %

durch Zentralbankguthaben bzw. Banknoten zu decken. Damit kann eine Vermehrung des Geldes ins Uferlose, sei es in den Aufbau spekulativer Blasen und/oder in eine inflationäre Preissteigerung verhindert und die Geldschöpfung in ökologisch verträglichen Maßen gehalten werden.

Die Reform des Geldsystems muss zum anderen durch eine Reform des Aktienrechts ergänzt werden. Aktiengesellschaften sind eine Schöpfung des Staates. Daher haben die Eigentumsrechte der Aktionäre nur bedingten Charakter – bedingt durch die Gesetzgebung des Staates. Es besteht somit im Grundsatz die Möglichkeit, durch Änderung der Gesetzgebung deren Inhalt zu verändern. Dazu könnte eine Begrenzung der Geltungsdauer der börsennotierten Aktien – z. B. auf 20 oder 30 Jahre – gehören, mit Rückzahlung des ursprünglichen Kapitaleinsatzes nach Ablauf der Geltungsdauer.

Wie sich mathematisch zeigen lässt, würde durch eine solche Begrenzung die Steigerung der Aktienwerte automatisch verringert – und damit auch der Wachstumsdrang, der sich aus der Aussicht auf eine ständige Steigerung des Aktienwerts durch das Wachstum der Wirtschaft ergibt. Damit würde nicht nur das Risiko verringert, dass sich immer neue Finanzblasen bilden, die nach kurzer Zeit wieder platzen; wegen der Minderung der Wachstumsrate würden auch der Ressourcenverbrauch und die Umweltbelastung reduziert.

Für den langfristigen Umbau der Wirtschaft sollten daher Unternehmensformen geschaffen werden, die sich stärker am Stiftungsgedanken und am Genossenschaftsgedanken orientieren. Stiftungen und Genossenschaften sind ihrem Zweck nach auf andere Ziele als auf Gewinnmaximierung ausgerichtet. Sie sind nicht an der Börse notiert und damit nicht spekulationsanfällig. Sie haben daher auch eher die Möglichkeit, sich auf ökonomische, soziale und ökologische Nachhaltigkeitsziele auszurichten.

Mit Hilfe solcher Reformen – von Geldwesen und Aktiengesellschaft – sollten der Wachstumsdrang der Wirtschaft und das Wachstum des Sozialprodukts so weit reduziert werden können, dass eine echte Chance für eine nachhaltige Wirtschaftsweise entsteht.

Literatur

Binswanger, Hans Christoph (2006): Die Wachstumsspirale. Marburg.
Fisher, Irving (2007): 100%-Geld. Übersetzt von Klaus Karwat. Kiel.
Huber, Joseph & James Robertson (2008): Geldschöpfung in öffentlicher Hand. Kiel.

Friedrich Schmidt-Bleek

Dematerialisierung – logische Konsequenz der Krise

Wirtschaft und Technik, wie sie heute gestaltet sind, überfordern die ökologischen Lebenserhaltungssysteme, wovon extreme Wetterbedingungen, die Erosion von Mutterböden, das Artensterben, der Klimawechsel, akuter Wassermangel und andere Umweltprobleme zeugen. Sie belegen, dass unsere Art zu wirtschaften nicht kompatibel ist mit der Erhaltung der Leistungen der Natur. Die Hauptursache der Unvereinbarkeit unserer Wirtschaft mit dem Schutz der Natur ist der ungehemmte Ressourcenverbrauch. Zukunftsfähigkeit der Gesellschaft und Nachhaltigkeit der Wirtschaft sind daher nur möglich, wenn wir lernen, mit weniger natürlichen Ressourcen mehr Wohlstand für eine wachsende Zahl von Menschen zu erzeugen.

Seit 2008 lautet eine EU-Definition für Öko-Innovation folgendermaßen: „Öko-Innovation ist die Verwirklichung neuer und wettbewerbsfähiger Güter, Prozesse, Systeme, Dienstleistungen und Handlungsweisen, die menschliche Bedürfnisse befriedigen und Lebensqualität für alle Menschen schaffen mit einem lebenszyklusweit minimalen Einsatz von natürlichen Ressourcen (Material einschließlich Energieträger und Landoberfläche) pro Einheit Output und einer minimalen Abgabe an gefährlichen Stoffen". Schon die „Lissabon-Strategie" der EU von 2001 hatte verkündet, dass der effiziente Umgang mit natürlichen Ressourcen unabdingbare Voraussetzung sei für die nachhaltige Entwicklung der Wirtschaft, für die Schaffung von Arbeit und die Wettbewerbsfähigkeit Europas. Seither wurde aber erst wenig unternommen, um den Weg in diese Zukunft vorzubereiten.

Die Finanzbranche wird gerettet – wer rettet die Umwelt?

Ganz anders bei der derzeitigen Finanzkrise. Dazu schrieb der Chefredakteur des Handelsblatts am 12. März 2008 dies: „Hier geht es um mehr als nur einen Einzelfall. Auf breiter Front gehören die naive Gläubigkeit gegenüber scheinbar unumstößlichen Fakten und Autoritäten in Welt und Wirtschaft, Staat und Gesellschaft der Vergangenheit an". Kaum besser könnte man auch die Umweltsituation nicht beschreiben. Hier wie dort geht es längst nicht mehr nur um Einzelfälle. Hier wie dort kann der Markt, so wie er eingerichtet ist, die Probleme nicht lösen. Hier wie dort müssen die systemischen Gründe, die Wurzelursachen für gefährliche Entwicklungen erkannt und Korrekturen am System vorgenommen werden. Anders gesagt: Ohne gesetzlich veränderte Rahmenbedingungen der Wirtschaft wird es keine stabile Ökosphäre geben können. Und solange es die nicht gibt, ist auch die Gesellschaft nicht zukunftsfähig.

Finanzminister Peer Steinbrück fand im Spätherbst 2008 starke Worte: „Wenn es auf dem Finanzmarkt brennt, dann muss gelöscht werden, auch wenn Brandstifter am Werke waren!" In nie da gewesener Eile wurde in Deutschland ein 500-Mrd.-Euro-Banken-Rettungspaket geschnürt. Das war der damals veranschlagte (Un)Wert für die Verluste eines wichtigen Wirtschaftszweiges, die durch Unfähigkeit in den eigenen Chefetagen verursacht waren. Ein Rettungspaket, das zwei Jahresetats der Bundesregierung überstieg – und fortwährend teurer wurde.

Im Vergleich dazu brennt es für die politischen Entscheidungsträger in der Umwelt offenbar noch nicht genug, obgleich seit den 80er Jahren unverkennbar ist, dass es unter den für uns Menschen lebensnotwendigen Leistungen der Natur Schwelbrände gibt, die zusehends mehr in offenes Feuer übergehen: Verlust an Biodiversität, Wasserknappheit, Klimawandel, Wüstenbildung u. a. m.

Weder für die globale Finanzkrise noch für die weltweite Umweltkrise gibt es bis heute ausreichende Bestandsaufnahmen und Frühwarnsysteme. Hier wie dort führen fehlendes Systemverständnis und fehlendes Vorsorgedenken, kurzfristige Profitmaximierung, „giftige Produkte" (Joseph Stiglitz) und Preise für Produkte, die die Wahrheit *nicht* sagen (Ernst U. von Weizsäcker), dazu, dass die Annäherung an nachhaltige Verhältnisse nicht möglich wird. Und ganz offensichtlich ist den meisten Entscheidungsträgern nicht bewusst, dass kein Geld und keine Technik in der Lage sein werden, einmal zerstörte Ökosystemleistungen wieder herzustellen. Wenn aber inzwischen überlegt wird, Manager in der Wirtschaft für schuldhaftes Fehlverhalten mit der persönlichen Haftung für Schäden am Unternehmen zu bestrafen, müsste man dann nicht auch erwägen, Politiker für Schäden haftbar zu machen, die durch Nichtverfolgen nachweislich notwendiger Anpassungen der Wirtschaft an die Gesetze der Natur entstehen?

Ressourcenproduktivität und Dematerialisierung

Jared Diamond hat anhand des historischen Untergangs von Gesellschaften überzeugend aufgezeigt, wie das starre Festhalten an nicht mehr zeitgemäßen und scheinbar unumstößlichen Gewohnheiten und Autoritäten zur Vernichtung der lebensnotwendigen Leistungen der

Natur führt. Die Parallelen zur heutigen Situation liegen offen zu Tage. Über 90 % der technisch bewegten Natur wird heute zu Abfall, ehe die Konsumenten beispielsweise eine ärztliche Versorgung, ein Handy oder ein Auto zur Verfügung haben. Hierbei ist nicht einmal der Verbrauch von Wasser noch der Verbrauch von materiellen Ressourcen während der Nutzung der Produkte mitgezählt. Deshalb, so denke ich, müssen wir uns entweder mit weniger technikbasiertem Nutzen begnügen oder Techniken neu zu erfinden – sie dematerialisieren. Theoretisch ist eine drastische Dematerialisierung ohne Zweifel möglich. Aber dieser Weg rechnet sich nicht – noch nicht. Die geltenden wirtschaftlichen Rahmenbedingungen sind hierfür nicht geeignet, die gegenwärtigen Marktverhältnisse sind eher dabei, Herzstillstand herbeizuführen.

Fehlende Gesamtsicht

Ohne jede Frage ist die Sorge um die Klimaänderung und ihre Folgen in hohem Maße berechtigt (vgl. IPCC 2007). Man sollte dabei aber nicht vergessen, dass die derzeitigen Bemühungen zur Einschränkung der Klimafolgen systemisch betrachtet die Fortsetzung der alten Umweltpolitik (auf hoher Gefahrenebene) bedeuten. Es geht noch immer nicht um die Korrektur der Wurzelursachen der Umweltkrise, sondern nach wie vor um die Behandlung eines ihrer Symptome, dessen politische Anerkennung mehr als ein Jahrzehnt und enorm viel Geld für Forschung gekostet hat. Die heutige Klimapolitik hat mit Vorsorgepolitik wenig zu tun. Noch immer sind viele Entscheidungsträger davon überzeugt, die Wirtschaft könne primär durch die Minderung von CO_2-Emissionen nachhaltig gemacht werden. Fast jeden Tag werden uns Rezepte zur CO_2-Minderung angeboten, ob mit Forschungsprogrammen in Milliardenhöhe, mit Vorschlägen zur Messung der Umweltverträglichkeit von Gütern und Dienstleistungen oder mit Emissionszertifikaten. Das aber greift zu kurz, weil die Wurzelursache der Umweltprobleme in der *Materialintensität der Wirtschaft* liegt.

Es greift zu kurz, weil der Klimawandel nicht nur durch die Emission von CO_2 verursacht wird, weil die Umweltverträglichkeit vieler Produkte und Prozesse nicht vorwiegend vom Energieverbrauch bestimmt wird, sondern von ihrer Materialeffizienz, weil Kapazitätsauslastung bei energie-verbrauchenden Produkten auch von ihrer Langlebigkeit, ihrem Wasserverbrauch, ihrem Flächenbedarf beeinflusst wird, von ihrer Eigenschaft, Erosionen auszulösen, Fischbestände zu reduzieren und die Artenvielfalt zu gefährden.

Die Umweltfreundlichkeit von Produkten durch den „CO_2-Fußabdruck" darzustellen ist nur dann sinnvoll, wenn das Produkt – oder besser gesagt: die durch seine Nutzung produzierte Dienstleistung – vom Energieverbrauch bestimmt wird. Dies kann zum Beispiel bei einem langlebigen elektrischen Händetrockner der Fall sein. Andererseits kann eine 20-prozentige Einsparung von Treibstoff beim Pkw als „greenwashing" bezeichnet werden, weil bei 250 000 km Gesamtleistung diese Einsparung nur eine etwa 5-prozentige Verbesserung des lebenszyklusweiten Materialinputs bedeutet (wobei die materialintensive Infrastruktur nicht einmal berücksichtigt ist). Erfolg bei der technischen Verminderung von Emissionen bedeutet also nicht unbedingt auch Einsparung von natürlichen Ressourcen. Oft kostet Emissionsreduzierung erhebliche zusätzliche Ressourcen (z. B. bei der bereits erreichten Verminderung von SO_2 und bei der Abscheidung von CO_2 aus den Abgasen von Kraftwerken). Da eine Dematerialisierung der Wirtschaft generell zur Verminderung des Energiebedarfs führt, sollten stattdessen Maßnahmen zur Dematerialisierung gründlich erforscht und schnell umgesetzt werden.

Langfristoptik gefragt

Eine systemisch fehlgepolte Wirtschaft partiell regulieren zu wollen ist genau so kurzsichtig, wie sich immerzu nur mit einzelnen ausgewählten Umweltproblemen zu befassen. So ist beispielsweise die Absicht, Arbeitsplätze durch Subventionen des Konsums neuer Produkte (z. B. Abwrackprämie) sichern oder mehren zu wollen, nicht nur ökonomisch fragwürdig. Sie läuft auch der Annäherung an die ökologische Stabilität zuwider, weil jeder Mehrkonsum auch Mehrverbrauch an natürlichen Ressourcen bedeutet (selbst dann, wenn der Materialverbrauch in der Nutzungsphase bei neuen Produkten geringer ist und kein Rebound-Effekt entsteht). Auch ist es system-ökologisch nicht sinnvoll, den Einsatz von fossilen Treibstoffen durch angebaute Biomasse zu ersetzen, weil die ökologischen Rucksäcke solcher „Agrotreibstoffe" sehr viel größer sind als die von konventionellen Treibstoffen – ganz abgesehen von ethischen Bedenken. Kurzsichtig ist es aber auch, wenn sich die Umweltpolitik auf einzelne ökologische Folgen des hohen Materialverbrauchs der Wirtschaft konzentriert, anstatt die Dematerialisierung der Wohlfahrtsbeschaffung insgesamt voranzutreiben.

Wege aus der Krise

Bessere Technik

Trägt man den Pro-Kopf-Verbrauch an nicht-nachwachsenden natürlichen Ressourcen pro Jahr gegen die Patentanmeldungen pro Kopf in den EU-Mitgliedsländern auf, so zeigt sich, dass der Pro-Kopf-Verbrauch linear mit der Innovationskraft eines Landes wächst. Diese Situation gab u. a. Anlass zu der oben angeführten EU-Definition für Öko-Innovation, die auch darauf hinweist, dass konventionelle Umwelttechnik nicht länger ausreicht. Schon die schrittweise Dematerialisierung führt in manchen Fällen zur zwei- bis vierfachen Erhöhung der Ressourcenproduktivität. Jedoch erfordert die ausreichende Entkoppelung von Produktion und Konsum (Bruttoinlandsprodukt – BIP) vom Ressourcenverbrauch die Gestaltung völlig neuer Systeme, Güter und Dienstleistungen. Ein beflügelndes Beispiel eines solchen „Eco-Designs" ist der Schiffsantrieb durch Drachen (*SkySails*), ein anderes der Ersatz von materialaufwendigen Reinigungsverfahren durch die Aufbringung selbstreinigender Lotusoberflächen auf Textilien, Nasszellen und Fensterscheiben (*Lotus-Effekt*).

Die Realität des Themas Ressourcenproduktivität sieht jedoch eher düster aus. Studien haben gezeigt, dass bei der mittelständischen Industrie in Deutschland heute im Schnitt etwa 20 % mehr Geld für Ressourcen ausgegeben wird als für den vermarkteten Output eigentlich nötig wäre. Dabei sind die möglichen Einsparungen in der Regel mit relativ geringen Investitionen erreichbar.

Messbare Ziele

Neue Werte für die Zivilgesellschaft zu schaffen, setzt die Vereinbarung von messbaren Zielen voraus, vorzugsweise mit Zeitfestlegungen. Während die Ausprägung menschlicher Ziele und die Mittel zu ihrer Verwirklichung in vielfacher Weise von geschichtlicher und kultureller Herkunft bestimmt sind, leben alle Menschen von den ökosystemischen Leistungen des einen Planeten. Der Schutz dieser verletzlichen Leistungen ist deshalb die Verpflichtung aller und das Recht zur Nutzung von Natur sollte ein Grundrecht aller Menschen sein.

So schlug der Verfasser dieses Beitrages vor, bis zum Jahre 2050 den Verbrauch von nicht-nachwachsenden natürlichen Ressourcen auf 5 bis 6 t pro Kopf Jahr zu begrenzen. Für die OECD-Länder würde dies im Schnitt eine Dematerialisierung ihrer Wirtschaftsweise um den Faktor 10 bedeuten, während sie für etwa drei Viertel der Weltbevölkerung die weitere Ausdehnung ihres Bedarfs ermöglichte. Des Weiteren müssten bis 2050 die globalen Treibhausgasemissionen auf 2 t CO_2-eq. pro Kopf und Jahr reduziert werden. Und was den „Ökologischen Fußabdruck“ des Menschen angeht, so sollte sich dieser bis dahin auf etwa 1,2 Hektar einpendeln (vergleiche hierzu den Beitrag von Friedrich Hinterberger in diesem Band).

Keine Frage: Diese globalen Zielvorgaben müssen weiter diskutiert werden. Unabhängig von entsprechenden künftigen Vereinbarungen müssen zu ihrer Umsetzung Indikatoren entwickelt werden, ohne die ein Management nicht möglich ist. Diese Indikatoren müssen aus messbaren Größen bestehen, richtungssicher sein, auf wissenschaftlichen Erkenntnissen und anerkannten Richtlinien beruhen und sich an den Gesetzen der Natur ausrichten.

Der MIPS-Indikator (*Material-Input pro erzeugter Serviceeinheit*) und der „Ökologische Rucksack“ werden schon vielerorts als Indikatoren verwendet, TMR (*total material requirement*) und TMC (*total material consumption*) werden auf der Ebene von Wirtschaftsräumen eingesetzt. Der „Ökologische Fußabdruck“ hat als Sinnbild für Umweltbelastungen in kurzer Zeit viel Aufmerksamkeit gefunden. Und so ist denn gar die Notwendigkeit entstanden, diese Indikatoren für nachhaltige Entwicklung zu harmonisieren.

Andere Rahmenbedingungen

Bisher gibt es weder effektive politische Instrumente noch hinreichende wirtschaftliche Anreize, die erforderliche Dematerialisierung der Wirtschaft auf den Weg zu bringen. Bei der klassischen Umweltpolitik steht die Vermeidung der Emission von Schadstoffen weiterhin im Vordergrund, deren Auswirkungen traditionell als „externe Effekte“ bezeichnet werden. Die aus deren Analyse folgenden Politikempfehlungen sind wissenschaftlich nur schwach begründet, weil es Hunderttausende von Schadstoffemissionen und Millionen von Produkten gibt, deren gänzlich verschiedene Auswirkungen auf die Umwelt weder verlässlich quantifiziert noch monetarisiert werden können. Diese konzeptionellen Probleme legen es nahe, die künftigen Maßnahmen der Umweltpolitik vorzugsweise auf die Ressourcenproduktivität (das heißt: auf Dematerialisierung) auszurichten. Dies auch deshalb, weil die Menge der Emissionen von der aus der Natur entnommenen Menge an Ressourcen abhängt und Inputpunkte von Ressourcen in die Wirtschaft zahlenmäßig viel geringer sind als die Quellen von Emissionen. Dennoch wird die praktische Umweltpolitik künftig wohl beide Wege beschreiten, weil Emissionen und Produktqualitäten schon seit

Jahrzehnten gesetzlichen Bestimmungen unterliegen. Doch muss in der anstehenden neuen Phase der Umweltpolitik der vorsorgende Schutz der lebenswichtigen Ökosysteme hinzukommen, weil sonst die notwendige Annäherung an Nachhaltigkeit nicht gelingen kann.

Ein Programm für Nachhaltigkeit

Angesichts der Tatsache, dass die Globalisierung des westlichen Lebensstils nicht möglich ist, dass die ökologischen Konsequenzen des ungehemmten Ressourcenverbrauchs zu kostspielig sind und dass ernsthafte biologisch-physikalische Gefährdungen bestehen, möchte ich an dieser Stelle vorschlagen, ein Programm zum Aufbau einer nachhaltigen Wirtschaft aufzulegen, das es innerhalb kurzer Frist ermöglicht:

- die Anpassung der wirtschaftlichen Rahmenbedingungen an die Gesetze der Natur gesetzlich zu regeln;
- die Dematerialisierung der Wirtschaft um einen Faktor 5 zu ermöglichen;
- die Voraussetzungen zu schaffen, die Energieversorgung von Importen abzukoppeln;
- öffentliche Einrichtungen für Informationen zur Dematerialisierung zu schaffen;
- die Entwicklung neuer Werkstoffe voranzutreiben, um knapper werdende natürliche Stoffe zu ersetzen;
- die Entwicklung biologisch abbaubarer Werkstoffe voran zu bringen, um Teile der Wirtschaft in die natürlichen Abläufe zu integrieren.

Die Kosten eines solchen Programms wären nicht unerheblich, würden aber neben der Grundlegung einer nachhaltigen Wirtschaft zahlreiche qualifizierte Arbeitsplätze schaffen.

Literatur

Diamond, Jared (2005): Kollaps – Warum Gesellschaften überleben oder untergehen. Frankfurt a. M.

Schmidt-Bleek, Friedrich (2006): Nutzen wir die Erde richtig? Die Leistungen der Natur und die Arbeit des Menschen. Frankfurt a. M.

R. Andreas Kraemer, Nils Meyer-Ohlendorf & Christiane Gerstetter

Ökologische Transformation – Chancen und Risiken

Das Jahr 2008 war kein besonders gutes Jahr für viele Menschen auf dem Globus. Nicht nur mit einer, sondern mit den Auswirkungen gleich mehrerer Krisen sah sich die Welt konfrontiert: einer akuten von den USA ausgehenden Krise des Finanz- und Bankensystems, mit hohen Preisen für Öl und Lebensmittel als Ergebnis jeweils schon länger anhaltender Energie- und Nahrungsmittelkrisen, und dem bedrohlichen Klimawandel.

Vielen Krisen, gemeinsame Ursachen

Über die Ursachen der Finanz- und Wirtschaftskrise besteht noch keine Einigkeit. Konsens aber besteht darüber, dass die fehlende Regulierung der Finanzmärkte und des US-Immobilien-marktes eine wichtige Rolle gespielt haben. Das Streben nach hohen Renditen in kürzestmöglicher Zeit und mangelhaftes Risikomanagement kommen hinzu. Makroökonomische Ungleichgewichte, insbesondere zwischen den USA und China, haben das Übergreifen der Finanzkrise auf die Realwirtschaft begünstigt – und zu einer Wirtschaftskrise geführt.

Während die Ursachen dieser Krise in einer breiten Öffentlichkeit diskutiert werden, sind andere Gesichtspunkte weniger stark beleuchtet worden, insbesondere nicht die Produktions- und Konsummuster, die weder in sozialer noch in ökologischer Hinsicht nachhaltig sind. In den Industrieländern aber auch in den Führungsschichten der Entwicklungsländer hat sich ein Lebensstil des intensiven, kreditfinanzierten Konsums entwickelt, der hohen Energie- und Rohstoffverbrauch beinhaltet – und damit einen massiven Beitrag zum Klimawandel.

Auslöser der aktuellen, von den USA ausgehenden Krise waren neben fallenden Immobilienpreisen auch hohe Energie- und Benzinpreise, die dazu führten, dass viele Familien ihre Hypothekendarlehen und Konsumkredite nicht mehr bedienen konnten.

Die Finanz- und Wirtschaftskrise ist also auch eine Folge fehlerhafter Energie- und Rohstoffpolitik. Das ist mit Blick auf die USA und die dort vorherrschenden Siedlungs- und Verkehrsstrukturen ganz offensichtlich, trifft aber in Teilen auch auf die Europäische Union zu. Wo es praktisch keine Alternative zum Fahren mit dem eigenen Auto gibt, können nur mit hoher, erzwungener Mobilität Arbeitsplätze erreicht,

Einkommen erzielt und die Bildung der Kinder gewährleistet werden. Kurzfristig können Familien ihr Verhalten und den damit verbundenen Benzinverbrauch nicht anpassen, und es bleibt ihnen nur, auf Ersparnisse zurückzugreifen, Kredite aufzunehmen oder andere Ausgaben zu verringern. Ähnliches gilt für die Kosten für Heizung, Warmwasserbereitung, Kühlung, den Betrieb von Haushaltsgeräten und die Beleuchtung. Hier sind kurzfristige Anpassungen zwar möglich, in ihrer energetischen Wirksamkeit aber begrenzt.

Ein weiterer Zusammenhang zwischen der Finanzkrise und hohen Energiepreisen besteht in der Spekulation. Obwohl schwer nachzuweisen sein dürfte, dass die hohen Ölpreise durch Spekulationsgeschäfte hervorgerufen sind, wurde beobachtet, dass Sprünge des Ölpreises in dem Zeitraum erheblich zunahmen, in dem auch Finanzmarktakteure, insbesondere Hedge-Fonds in großem Stil in die Rohstoffspekulation einstiegen.

Krise als Chance?

Nicht nur die Ursachen der globalen Finanz- und Wirtschaftskrise sind eng verbunden mit ökologischen Fragestellungen, auch die Ansätze zur Lösung der Krise sollten es sein. Der klimafreundliche Umbau der Wirtschaft, Investitionen in erneuerbare Energien und die Veränderung von Konsummustern wären hierbei wichtige Ansatzpunkte.

Viele Regierungen haben massive Konjunkturprogramme zur Krisenbekämpfung aufgelegt. Gleichzeitig werden aber weitergehende Forderungen nach einem „Green New Deal", einem Programm für den umfassenden Umbau von Wirtschafts- und Finanzsystemen erhoben. „Krise als Chance" ist ein Schlagwort der Stunde. Dieser Slogan hat Schwung. Inwieweit die Krise aber tatsächlich Chancen für eine sozial-ökologische Transformation bietet, ist offen. Offen ist auch, welche negativen Auswirkungen sie auf Investitionen in erneuerbare Energien und andere klimafreundliche Technologien und Strukturen hat.

Ein Blick auf die jüngsten staatlichen Konjunkturprogramme macht schnell deutlich, dass deren ökologischer Gehalt – wie immer auch berechnet und definiert – relativ gering ist. Das UNEP schätzte im Februar 2009, dass Regierungen weltweit Ausgaben zur Stützung der Konjunktur in Höhe von 2 bis 3 Billionen US-Dollar für 2009 und 2010 vorgesehen haben. Die deutschen Konjunkturpakete umfassen Ausgaben von 31 Milliarden Euro (Paket I) und 50 Milliarden Euro (Paket II); davon entfällt nur ein geringer Anteil auf Ausgaben, die der ökologischen Modernisierung dienen, etwa der energieeffizienten Sanierung von Schulgebäuden. Die genaue Ermittlung der „grünen Anteile“ an diesen Programmen ist methodisch und statistisch allerdings schwierig. Auch bedarf ein großer Teil der bundesstaatlichen Maßnahmen der Umsetzung durch die Bundesländer, und dabei besteht viel Spielraum. In den Konjunkturprogrammen anderer Staaten liegt der Anteil der grünen Investitionen zwischen mageren 2 % (Japan) und 14 % (USA) – je nach Berechnungsart. Modellcharakter kann dagegen Südkorea für sich beanspruchen, mit geschätzten 69 %. Die ökologische Ausrichtung dieses Programms spiegelt sich unter anderem in dem Umstand wider, dass keine Straßenbaumaßnahmen finanziert werden.

Die derzeitigen Konjunkturprogramme haben aber nicht nur einen dünnen grünen Rand, sie haben auch eine ziemlich schmutzige Rück- bzw. Vorderseite. Die meisten von ihnen enthalten nämlich Maßnahmen, von denen eindeutige negative ökologische Effekte ausgehen, wie beispielsweise der weitere Ausbau von Straßen und die Unterstützung der alten Fahrzeugflotte durch Abwrackprämien. Konjunkturprogramme können teurer Zement für alte Strukturen sein. Die Intention, kurzfristig die Nachfrage zu fördern, erhöhen die Risiken, die weiter dadurch verstärkt werden, dass die Programme oft nur in geschlossen Zirkeln angenommen wurden, zu denen nur Vertreter etablierter Interessen und Strukturen Zugang haben. In Deutschland, aber auch in anderen Ländern hat es nur wenig an öffentlicher Debatte um die Strukturen der Programme gegeben. Und ob die Parlamentarier wirklich in die Ausarbeitung der Programme eingebunden waren und mehr tun konnten als die betreffenden Regierungsvorlagen abzunicken, ist eine offene Frage.

Die Konjunkturpakete wurden im Wesentlichen durch die Neuaufnahme von Schulden finanziert. Garantieübernahmen, Banken(teil)verstaatlichungen und die Bereitstellung weiterer Mittel für den Finanzsektor – alle Maßnahmen ohne erkennbaren ökologischen Entlastungseffekt – belasten die öffentlichen Haushalte und damit die Steuerzahler für lange Zeiträume. Damit schwinden zugleich die Chancen, dass die für eine ökologische Transformation der Wirtschaft erforderlichen Mittel in Zukunft aus öffentlichen Haushalten kommen werden. Zwar konnte beispielsweise die Branche der erneuerbaren Energien in Deutschland 2008 einen Anstieg von Umsatz und Arbeitsplätzen verzeichnen, doch Tendenzmeldungen weisen auch auf Schwierigkeiten bei der Finanzierung geplanter Projekte hin, z. B. von Off-Shore-Windanlagen, Erdwärmenutzung und Biogasanlagen.

It's politics, stupid!

Mag die Finanz- und Wirtschaftskrise auch eine Chance für eine ökologische Transformation sein, derzeit scheint der politische Wille, sie mit Entschiedenheit zu nutzen, eher gering. Vielleicht liegen die Chancen der Krise auf einer anderen Ebene: Die Krise könnte vielen Menschen, auch solchen in privilegierten Lebensverhältnissen, deutlich machen, dass und warum die bisherigen Produktions- und Konsummuster nicht nachhaltig sind. Das politische Moment und die Kraft der Argumentation könnte es sein, die es letztlich erlauben, tief greifende Reformen bei nicht-nachhaltigen Strukturen anzugehen

Die Krise zeigt zumindest eines: Gesellschaftliche Strukturen sind nicht in Stein gemeißelt und auch in kurzer Zeit veränderbar. Wenn die Herausforderungen groß sind, sind innerhalb kürzester Zeit massive politische Interventionen möglich. Es kommt also darauf an, diese Veränderungen aus der Gesellschaft heraus so weit voranzutreiben, dass sie zu wirklich nachhaltigen Strukturen führen – bei den Finanzmärkten, der Energieversorgung und der Klimapolitik gleichermaßen. Die Erfahrung zeigt, dass tief greifende gesellschaftliche Veränderungen weniger von Geld abhängen, sondern vielmehr eines starken politischen Willens bedürfen. Der „Marshall Plan" war deshalb so erfolgreich, weil er von der Vision eines wiedererrichteten Europas getrieben war. Die derzeit aufgelegten Programme können nur erfolgreich sein, wenn sie von einer Vision vergleichbarer Kraft und Größe getragen werden. Die sozial-ökologische Transformation hin zu einer kohlenstoffarmen und umweltfreundlichen Weltwirtschaft ist ein großes Projekt.

Literatur

Edenhofer, O. & N. Stern (2009): Towards a Global Green Recovery. Recommendations for Immediate G20 Action. Online: www.pik-potsdam.de/globalgreen recovery

Hilpert H. G. & S. Mildner (Hg.) (2009): Globale Ordnungspolitik am Scheideweg. Eine Analyse der aktuellen Finanzmarktkrise. Berlin.

Ernst Ulrich von Weizsäcker

Staat und Markt – eine neue Balance muss her!

Die Finanz- und Wirtschaftskrise als Chance begreifen, so tönt es aus vielen Mündern. Achim Steiner, der Exekutivdirektor des UN-Umweltprogramms spricht von einem „Global Green New Deal" und hat damit erfreulich viel Resonanz, – am stärksten übrigens aus einem Land, auf das keiner von uns bei diesem Thema gekommen wäre: Süd-Korea. Der UN-Generalsekretär Ban Ki-moon fordert mit flammenden Worten: „Seal a Deal". Friedrich Schmidt-Bleek zeigt, dass es ja auch so nicht weiter gehen durfte und dass nun die Dematerialisierungs-Modernisierung, die er seit 20 Jahren fordert, endlich angepackt werden sollte. Hans Christoph Binswanger, der schon seit langem die Irreführungen, die Nicht-Nachhaltigkeit und die Instabilitäten der Finanzwelt analysiert und beschrieben hat, sieht die Möglichkeit gekommen, nun endlich den Nachhaltigkeitsgedanken in die Finanzwelt selber einzuführen. Und Andreas Kraemer et al. zeigen, dass Finanz-Energie- und Finanzkrise eng zusammenhängen. Ich habe nicht die Absicht, diesen Autoren zu widersprechen. Und doch möchte ich die Akzente anders setzen – philosophischer, politischer, auch historischer.

Ich behaupte, die Finanz- und Wirtschaftskrise resultiert zu großen Teilen aus dem *Verlust der Balance zwischen Staat und Markt*, aus der Arroganz der Markt-Ayatollahs seit der Wende. Dass diese Arroganz als *ein* Element auch die Verachtung der ökologischen Grenzen enthielt, sei ausdrücklich vermerkt. Das ist ja auch der rote Faden, der sich durch die Beiträge dieses Kapitels zieht.

Der Verlust der Balance

Der Verlust der Balance ist ein neues Phänomen, politisch keine 20 Jahre alt, wenngleich von Autoren wie Milton Friedman, Friedrich von Hayek oder Ronald Coase schon Jahrzehnte früher gewünscht, vorbereitet, herbei geschrieben und von politischen Führern wie Augusto Pinochet, Margret Thatcher und Ronald Reagan auf nationaler Ebene zum Programm gemacht. Solange jedoch der Kalte Krieg die beherrschende Realität der Welt war, hatten die Kapitalanleger ein starkes Motiv, sich in den Konsens mit den demokratischen Mehrheiten in den sozialstaatlich organisierten Ländern des Westens einzukaufen, war doch eben dieser auf sozialen Ausgleich bedachte Staat das beste ideologische Bollwerk gegen einen Kommunismus, der mit dem

Heilsversprechen der sozialen Gerechtigkeit daherkam und zumindest anfänglich ausgesprochen expansiv-aggressive Züge hatte.

Wer hat nicht gejubelt beim Fall der Mauer, beim Ende des Ost-West-Konflikts? Jeder, der vorher schon politisch denken gelernt hatte, musste die unbeschreibliche Erleichterung fühlen, dass sich die Angst vor dem großen Atomkrieg in Luft aufgelöst hatte. Michael Gorbatschow kam einer halben Generation von Deutschen und Westeuropäern wie ein Friedensengel vor. In den USA war die Sichtweise allerdings anders: dort meinte man, Ronald Reagan hätte durch kühne und kompromisslose Konfrontation das „Reich des Bösen" in die Knie gezwungen. Überlassen wir die Interpretation des Geschehens späteren Historikern. Wir halten heute, 2009, zwanzig Jahre nach dem Fall der Mauer und mitten in einer globalen Finanz- und Wirtschaftskrise fest, was sich *nach* 1989 abspielte:

- Das Wort „Globalisierung" hielt Einzug in die Sprachen der Welt.
- Das Kapital wurde auf einmal als ein „scheues Reh" dargestellt, das sich beim leisesten Lärm von zu hohen Steuern oder von Mitbestimmung zurückzieht; das Werben um Kapital, um Investoren, wurde zum Hauptgegenstand des „Standortwettbewerbs".
- Innerhalb des Standortwettbewerbs gab es zwei Arenen: die staatliche und die betriebliche. Auf staatlicher Ebene ging es um den Abbau des „teuren" Sozialstaats, um die Senkung der Unternehmenssteuern, um die Deregulierung des Arbeitsmarkts und der Finanzmärkte und um die Beseitigung von „Handelshemmnissen", worunter die WTO wie der EU-Wettbewerbskommissar auch schon mal die ganz normale Umweltgesetzgebung verstanden.
- Auf betrieblicher Ebene rückte der Kostenwettbewerb in den Vordergrund. Vorstandsvorsitzende wurden jetzt die Finanzvorstände, nicht mehr die Technikvorstände. Die „Konzentration aufs Kerngeschäft", das Auslagern von möglichst viel Zulieferung und Nicht-Kern-Dienstleistungen hatte Konjunktur, und die Zielländer der Auslagerung waren die Billiglohnländer, allen voran China. Brave, noch gut verdienende Firmen wurden von den Anlegern angepeitscht, deutlich höhere Kapitalrenditen vorzuweisen, andernfalls man zur Beute von „Heuschrecken" werden würde.
- Und die Finanzmärkte wurden komplett angelsächsisch. Man konnte sich in einer deutschen oder niederländischen Bank nicht mehr sehen lassen, wenn man nicht die Gehirnwäsche durch amerikanische und englische Finanzinstitute und Ratingagenturen hinter sich gebracht hatte. Die Deregulierung ließ einen neuen Dschungel von

anscheinend hoch profitablen „Produkten" und „Instrumenten" wachsen, deren Risiken, wie sich erst 2008 herausstellte, selbst ihre Erfinder und Meisterakrobaten nicht mehr abschätzen konnten.

- Und schließlich machte die Internet-Revolution viel des Genannten technisch erst möglich und beschleunigte dabei manche Prozesse derart, dass die üblichen Kontroll- und Vorsichtsmaßnahmen außer Kraft gerieten.

Diese Geschehnisse reduzierten den Gestaltungsspielraum des Staates weitgehend auf das „Mithalten im Standortwettbewerb". Die Stimmen der Investoren erscheinen dem Staat hierbei gewichtiger als die Stimmen der Wählerschaft. Das Volk merkte das natürlich und fühlte sich vergackeiert. Es suchte aber die Schuld eher bei der Politik als bei den internationalen Finanzmärkten.

Die eigentliche Chance der gegenwärtigen Krise sehe ich daher darin, die skandalöse Unwucht zwischen den Finanzmärkten und der Demokratie wieder zu überwinden. Erst nachdem sich die vormals vergötterten Meisterakrobaten der Finanzwelt so gründlich blamiert und delegitimiert haben, besteht die Chance, über die Wünschbarkeit, ja Notwendigkeit einer gesunden Balance zwischen Staat und Markt wieder ernsthaft zu diskutieren.

Ein weiterer Rückblick

Bevor wir uns der konstruktiven Aufgabe einer neuen Balance zuwenden aber erst noch ein weiterer Rückblick auf Vergangenes. Adam Smith (1723–1790), der schottische Ökonom und Vater der Marktwirtschaft, konnte noch wie selbstverständlich davon ausgehen, dass die geographische Reichweite des Staates und des Rechts weitgehend deckungsgleich mit der geographischen Reichweite des Marktes waren. Die Ostindische Kompagnie, die natürlich über England hinausreichte, war gleichwohl eine rein englische Gesellschaft, dem englischen Gesetz unterworfen. Diese geographische Deckungsgleichheit war die stillschweigend vorausgesetzte und voraussetzbare Bedingung für die alte Balance zwischen Staat und Markt.

In der angelsächsischen Welt gilt Adam Smith als einer der wichtigsten Vertreter der Aufklärung. Damit ist ein tief sitzender Konflikt zwischen der angelsächsischen und der kontinentaleuropäischen Aufklärung markiert, welche durch Namen wie Immanuel Kant, Voltaire oder Nicolas de Condorcet geprägt war und die auf den aufgeklärten Staat setzte. Solange die räumliche Deckungsgleichheit zwischen

Markt und Staat noch einigermaßen funktionierte und es noch starke gemeinsame Gegner von Aufklärung, Demokratie *und* Markt gab, anfangs Könige und Kirchen, später Faschisten und Kommunisten, brach dieser Konflikt nicht aus. Und der breite Konsens der Nachkriegszeit im westlichen Lager gegen den Sowjetkommunismus war geradezu darauf aufgebaut, dass Freiheit, Demokratie und Marktwirtschaft eine unverbrüchliche Allianz eingegangen waren.

Diese über 200 Jahre funktionierende Synergie zwischen der angelsächsischen und der kontinentaleuropäischen Aufklärung brach nach dem Wegfall des letzten gemeinsamen Gegners, des Sowjetkommunismus, zusammen. Nun entstand auf einmal eine Welt des Konflikts zwischen beiden Weltanschauungen. Die Kräfte der aufgeklärten, freiheitlichen Demokratie mußten sich auf einmal gegen die Logik und die Kräfte des globalisierten Marktes zur Wehr setzen. Gleichzeitig entdeckt man in England und Amerika wieder wichtige Nuancen im Werk von Adam Smith, dass nämlich der Markt völlig ungeeignet ist, die äußere und innere Ordnung zu sichern und die Infrastruktur zu finanzieren. Smith nennt Häfen und Leuchttürme als zeitgemäße Beispiele der Infrastruktur. Heute würden wir – sollten wir, wie Reimut Jochimsen schon in den 1960er Jahren überzeugend hat – außer der materiellen Infrastruktur auch die personelle und institutionelle Infrastruktur, die Bildung, den Umweltschutz, das Rechtssystem dazu zählen.

Eine neue Synthese

Damit sehen wir jetzt die philosophische Basis der neuen Synthese vor uns: Wir müssen sicherstellen, dass in einer globalisierten Welt (niemand will zurück in die verhockte Welt der Nationalstaaten) die essentiellen Funktionen des Staates gewährleistet und auch finanziert werden. Das Regulieren und Austrocknen der Steueroasen, beim G20-Gipfel im April 2009 von Kontinentaleuropäern und Asiaten gegen die angelsächsischen Länder deutlich vertreten, wäre ein erster wichtiger Schritt. Vor der Finanzkrise hätten die Angelsachsen so etwas nicht einmal als Tagesordnungspunkt zugelassen und die Kontinentaleuropäer hätten nicht die Stirn gehabt, auch nur darüber sprechen zu wollen.

Weitere notwendige Schritte in Richtung einer neuen Balance lassen sich unter dem Stichwort „Global Governance" zusammenfassen. Die Autorität internationaler Organisationen wie UNESCO, UNEP, ILO, WHO muss gestärkt und gegenüber der Privatwirtschaft und den Einzelstaaten durchsetzbar gemacht werden. Auch die Frage der Finanzierung globaler Gemeinschaftsgüter und das Erheben globaler Steuern auf die Nutzung dieser Gemeinschaftsgüter müssen nun endlich auf den Tisch – wie vom WBGU schon lange vorgeschlagen.

Ferner sollte sich die Weltgemeinschaft darum bemühen und darauf dringen, die Vertretung öffentlicher Anliegen wie Menschenrechte, Klimaschutz, Mitbestimmung, Rechtsstaatlichkeit nicht alleine den Staaten und den internationalen Organisationen zu überlassen, sondern Vertretungsrechte von zivilgesellschaftlichen Organisationen im internationalen Raum fest zu verankern. Die Zivilgesellschaft kann allerdings das Konzert ihrer vielen Stimmen auch ohne formale Vertretungsrechte lautstark hörbar machen.

Fazit

Die Beschränkung der Macht der Märkte und des privaten Geldes ist nötig für die Wiederbelebung der Demokratie und für die Annäherung an soziale Gerechtigkeit weltweit. Das ist der Kern der neuen Balance zwischen Staat und Markt. Diese Balance ist aber auch nötig, um all die guten und berechtigten Forderungen eines „Global Green New Deal", einer nachhaltigen Finanzwirtschaft, einer nachhaltigen Stoffstrom- und Energiepolitik in der Praxis durchzusetzen. Der New Deal von Franklin D. Roosevelt 1932 war schließlich das gelungene Aufbäumen des Staates gegen eine frech gewordene und gescheiterte Privatwirtschaftsideologie, die einer von Roosevelt's Vorgängern, Calvin Coolidge, auf den noch heute oft zitierten Nenner gebracht hatte: „America's business is business".

Günter Altner

Was uns die „Wuppertaler" hatten sagen wollen*

Als die Studie des Wuppertal Instituts (WI) erschien, war die internationale Finanzkrise in vollem Gange. Sie hat aber bei der Erarbeitung der Studie keine direkte Rolle gespielt. Dennoch kann die Studie als konsequente Neuorientierung auch in diesem Krisenhorizont verstanden werden: Nachhaltigkeit (Zukunftsfähigkeit) im Weltmaßstab.

Im Jahre 1996 war unter der Herausgeberschaft von Misereor und BUND eine Vorläuferstudie erschienen, die stark auf Deutschland justiert und perspektivisch geschrieben war. Die jetzige zweite Studie, nun in der Herausgeberschaft von Brot für die Welt, Evangelischem Entwicklungsdienst (eed) und BUND, macht mit der Weltperspektive vollends ernst: Nachhaltigkeit als politisches Programm kann nur in einer „globalisierten Welt" realisiert werden.

Auf über 650 (!) Seiten wird ein Werkstattbericht vorgelegt, der es an Detailtreue und sachlicher Zuverlässigkeit in nichts fehlen lässt: vom Biolandbau zum Fairhandel, von Nullenergiehäusern zur Solarindustrie, von Stadtteil-Initiativen zu globalen Forschungsnetzwerken. Diejenigen, die schon auf dem Wege sind, werden sich über dieses Kompendium freuen. Es bestärkt und leitet zum Weiterdenken und Weitermachen an. Aber was ist mit denen, die noch nicht auf dem Weg sind? Was ist mit denen, die Politik machen und ohnehin nur Zeit für 1 bis 2 Seiten innovativer Lektüre haben? Und was ist mit denen, die sich nach der Krise blind oder feige weiter durchschummeln in Wirtschaft, Politik und Banken? Und was ist schließlich mit denen, die – gewiss etwas vorsichtiger – immer noch auf die deregulierte liberale Marktwirtschaft setzen?

Vernetztes Denken erforderlich

Die WI-Studie setzt vor allem auf Überzeugungskraft und Vernetzung quer durch die Gesellschaft: „Es ist kein Zufall, dass für diese Neue Internationale weder die Sichel noch der Hammer als Symbol in Frage kommen, sondern allenfalls das Internet. Im Gegensatz zu Bauern- und Arbeiterbewegungen rührt ihre Stärke weniger von der Mobilisierung der Massen, sondern von besseren Lösungen." (S. 601) In der Tat,

*Zur Studie *Zukunftsfähiges Deutschland in einer globalisierten Welt*, Frankfurt am Main 2008

aus der arbeitsteiligen Zuverlässigkeit alternativer Forschungs-, Technik- und Politikansätze ist jenes vielgliedrige Angebot entstanden, das das Konzept der Nachhaltigkeit in einer globalisierten Welt darstellt. Dafür steht die Studie. Dabei darf man nicht vergessen, dass die von der Umweltbewegung seinerzeit in Gang gesetzte Suche nach ökologischer Orientierung von Wissenschaft, Gesellschaft und Politik in der Studie des WI immer noch als Impuls wirksam ist und für die ins Abseits geratenen Massen in Nord und Süd Hoffnung bedeutet. Sie werden sich stürmisch zu Wort melden.

Der strategische Dreh- und Angelpunkt für die Argumentation der Studie liegt in Kapitel 13: „Märkte gestalten: Der Primat der Politik." Zum Konzept dieser Forderung gehören fünf Perspektiven: Politik ist mehr als Staat; Leitplanken für den Wettbewerb; Finanzpolitik für Kostenwahrheit; Weichen stellen für Zukunftsmärkte; Entschleunigung der Finanzmärkte. Wer sich dieses Programm einer ökologischen Rahmengestaltung zu Eigen macht, für den ist die Studie wie ein Fahrplan. Aber derzeit sind die Märkte so beschaffen, dass der Fahrplan noch nicht gilt und die Züge noch nicht fahren. Eben darum will die Studie diese Debatte anstoßen.

Inhalt und Botschaft der Studie

Die von den Autoren erarbeiteten Leitbilder (S. 185 ff.) „Gastrecht für alle, ökologischer Wohlstand, Gesellschaft der Teilhabe als Menschenrecht, die ganze Wirtschaft als Lebensweltwirtschaft" fußen auf einer kosmopolitischen und einer nationalen Bilanz, die dann in einem Dreischritt für den Wandel in Deutschland und Europa (S. 305 ff.), für die Weltpolitik als „Weltinnenpolitik" (S. 455 ff.) und für das Engagement vor Ort (S. 539 ff.) fruchtbar gemacht wird. Der Text ist durch zahlreiche Zeitfenster aufgelockert, durch die die tragenden alternativen Ansätze für die nächste Zukunft – von der Agrarkultur in Hermannsdorf bis zur Offshore-Windenergie – sichtbar gemacht werden.

Hinter der Vielfalt der Anregungen steht eine robuste programmatische Grundüberzeugung, die man in sechs Punkten zusammenfassen kann:

- Eine Politik der Zukunftsfähigkeit muss die Grenzen der Tragfähigkeit der Ökosysteme beachten und von dort „Leitplanken" für Wirtschaft und soziale Sicherheit formulieren.
- Ein ähnlicher Unbedingtheitsanspruch kommt den Menschenrechten zu. Die weltweite Verpflichtung, sie zu gewährleisten, kann

nicht gegen andere Ziele wie Wettbewerbsfähigkeit oder Besitzstandswahrung verrechnet werden.

- Die Rettung der Biosphäre wird nicht ohne Abschied von der Hegemonie des Nordens in der Weltpolitik möglich sein. Der Norden muss seine strukturelle Macht in der Finanz-, Handels- und Entwicklungspolitik zu Gunsten des Südens verändern bzw. ganz aufgeben. Mehr Gerechtigkeit ist Voraussetzung für mehr Ökologie. Armutslinderung ist nicht ohne Reichtumsminderung zu haben.
- Eine armutsorientierte globale Strukturpolitik macht es notwendig, in drei Auseinandersetzungen einzutreten: Es bedarf der Fair-trade-Regeln für einen qualifizierten Marktzugang von Importen aus den Südländern; europäische Exporte von Gütern müssen an ihren Menschenrechts- und Umweltwirkungen bemessen werden; transnationale Unternehmen sind in ihrem Handeln an eine Sozial- und Umweltcharta zu binden.
- Der Klimawandel ruft nach einem Zivilisationswandel, der technische, institutionelle und kulturelle Aspekte betrifft. Es geht um ressourcenleichte und naturverträgliche Technik- und Produktionssysteme. Benötigt werden Regelwerke und Einrichtungen, die wirtschaftliches Handeln im Einklang mit der Biosphäre garantieren. Und schließlich bedarf es neuer Leitbilder für die Lebensführung.
- Das Engagement vor Ort ist unverzichtbarer Teil der globalisierten Politikperspektive. Es geht um die Einübung in Energie-, Verkehrs- und Naturschutzfragen vor Ort, verbunden mit kommunaler Entwicklungsarbeit und fairem Handel als Fenster zur globalen Verflechtung.

Offene Fragen

War es das, was die Wuppertaler uns sagen wollten? In der Tat eine vielschichtige Lektion! Und ist damit auch intendiert, dass sich diese im Letzten stille (arbeitsteilige) Revolution gesellschaftlich durchsetzen wird? Ohne Umbrüche und Revolutionen, einfach so und rechtzeitig? Gewiss ist in der Studie auch von der „Schizophrenie" der gegenwärtigen Situation die Rede, von jenem abgrundtiefen Widerspruch, dass wir wissen, was wir zu tun haben, aber nicht danach handeln. Und gewiss liegen erstaunliche Veränderungen hinter uns: von der Energiewendestudie des Öko-Instituts bis zum Erneuerbare-Energien-Gesetz der Schröder-Fischer-Regierung. Auch die von der Bundeskanzlerin verkündeten energiepolitischen Ziele für Deutschland und die Europäische Union bewegen sich just in jener Spurbreite, die wir mit der „Energiewende“ Ende der 70er Jahre angezielt hatten. Geht also alles trotz der Behinderungen und Ablehnungen in der Vergangenheit über Schwellen und Krisenumschläge ins anvisierte Ziel: Zukunftsfähiges Deutschland in einer globalisierten Welt?

Udo Simonis hat vor kurzem die 50-jährige Geschichte der Umweltpolitik so in Stichworten markiert: Auflebendes Bewusstsein; folgenreiche Umweltkatastrophen; bedeutende internationale Beschlüsse; effektive Gesetze. Erreichen der öko-sozialen Wende? In dieser Kontur bewegen sich auch die „Wuppertaler“ mit ihrer zweiten Studie. In der Tat, man muss an das Erreichte anknüpfen, sonst stellt man sich selbst ein Bein. Aber eine Kennzeichnung der immensen Übergangsschwierigkeiten im Wechsel von der alten zur neuen nachhaltigen Praxis und eine zeitlich gestaffelte Prioritätenliste für politische Forderungen, Aktionen und Vorstöße wären schon wünschenswert gewesen.

Die gegenwärtigen Bemühungen zur Überwindung der Finanzkrise laborieren überwiegend mit dem alten Wachstumskonzept, ohne der Chance für eine tiefgreifende öko-soziale Kurskorrektur Raum zu geben. Wo ist der „Kern“ für diese Verweigerung? In der Regel begegnet man vier Positionen: Die Einen spekulieren schon wieder. Die Anderen fordern, das Geld, das an der Börse gehandelt wird, auf „real produzierte Waren“ und nicht auf Spekulationsblasen zu beziehen. Die Dritten möchten durch Ordnungspolitik zur alten sozialen Marktwirtschaft zurückkehren. Und die „ganz Modernen“ sehen die Chance, mit alternativen Technologien und Produkten genauso Rendite zu machen wie mit Kohle- und Atomkraftwerken – natürlich ohne Beachtung der vom WI herausgearbeiteten Fair-trade-Grundsätze.

Zum Kern vorstoßen

Warum aber sind die Führungskräfte in Politik, Wirtschaft, Banken und Gesellschaft so wie sie sind? Die Beantwortung dieser Frage nach dem „Kern“ der Unbelehrbarkeit, die ja auch in weiten Teilen die Gesellschaft bestimmt, geht vielleicht über die Kompetenz des WI hinaus. Aber die Auftraggeber, zu denen ja auch kirchliche Dienste gehören, hätten das Gespräch mit weiteren Sachverständigen veranlassen können. Immerhin hatte sich schon Al Gore 1992 in seiner Studie „Wege zum Gleichgewicht“ dieser Frage gestellt. Er sprach damals vom tödlichen „Eingeschreintsein“ des neuzeitlichen Bewusstseins: „Wir schließen das Selbst als die Einheit von ethischem Wert in einen Schrein ein, getrennt nicht bloß von der Natur, sondern auch von jedem Gefühl der Verpflichtung gegenüber anderen – und nicht bloß anderen in künftigen Generationen, sondern zunehmend auch anderen in unserer eigenen Generation, und nicht bloß denen in fernen Ländern, sondern mehr und mehr auch denen in unseren eigenen Städten. Wir tun dies nicht, weil wir gleichgültig sind, sondern weil wir in unserem Leben nicht wirklich leben".

Al Gore befindet sich mit dieser Kennzeichnung in unmittelbarer Nähe zu Erich Fromm, der von „Nekrophilie" sprach – der unbewussten Todesliebe des neuzeitlichen Menschen. Trotz des unaufhaltsamen Trends zur Globalisierung bleibt das Bewusstsein des neuzeitlichen Menschen anthropozentrisch fixiert. Er reißt alles an Lebensgütern an sich und zerstört in diesem Wahn sich selbst. Verzerrter Überlebensdrang ist tödlich, erreicht das Gegenteil dessen, was er will. Darauf wollen Gore und Fromm hinweisen. Technisch-industrieller Fortschritt und Ökonomie dienen nicht dem Leben, wenn sie nur auf die Durchsetzung der eigenen Profitinteressen im Muster der Konkurrenz fixiert sind.

Alles das, was das WI als Kennzeichnen einer nachhaltigen Weltkultur beschreibt, Geben und Nehmen zwischen den Kulturen und zwischen Mensch und Natur, alles das bleibt bei jenem „Eingeschreintsein" auf der Strecke. Die vieldimensionale Öffnung, die das Konzept der Nachhaltigkeit kennzeichnet, geht unter dem Druck ausschließlicher Profitkonkurrenz unwiederbringlich verloren. Was aber würde geschehen – und darauf arbeiten ja alle Denker der Alternative hin –, wenn der neuzeitliche Mensch es wagte, sich zu öffnen: sozial, ökologisch, interkulturell, global? Was wären die Bedingungen der Möglichkeit für eine solche Öffnung?

Claudia Nagel, Diplomkauffrau und Psychoanalytikerin, spricht in Bezug auf die Finanzkrise vom „perversen Geisteszustand" der Gesellschaft, der durch den monomanen „Fetischcharakter des Geldes" zu einer immer totaleren Instrumentalisierung der Lebensverhältnisse führe (SZ 22.5.2009, S. 22). „Die Lösung", so befindet sie, „muss mit einem Reflektionsprozess auf gesellschaftlicher, also politischer und kultureller Ebene beginnen". Die Studie des WI verweist auf den Primat der Politik bei der Gestaltung der Finanzmärkte, auf die Hochschätzung der Gemeingüter und eine öko-faire Wertschöpfung bei der Gestaltung der Produktionsketten, wobei die Perversionen bei der Fair-trade-Bewegung nicht verschwiegen werden (S. 497 ff.). Das alles ist detailliert und richtig. Aber davor liegt die Frage, wie die dominanten Marktteilnehmer und die von ihnen verführten Konsumenten zu einem vertieften Reflektionsprozess im Sinne der Gore'schen

„Entschreinung“ und der Nagel'schen „Lösung“ geführt werden könnten. Das ist doch die Voraussetzung für die Realisierung des Programms, das in der Studie des WI vorgeschlagen wird.

Das tiefen-ökologische Grundproblem

Warum sprechen die christlichen Kirchen, die im Bereich der Eine-Welt-Läden, bei der praktischen ökologischen Haushaltsführung und bei der Entwicklungshilfe Vorbildliches leisten, so wenig von dieser unaufgebbaren tiefer liegenden Korrektur? Das ist doch eine Aufgabe der Verkündigung und der gesellschaftstherapeutischen Seelsorge. In der Studie des WI fehlt ein Kapitel über diese Fragen. Darauf hätten die kirchlichen Auftraggeber achten müssen. Wir können uns nicht nur im Handwerklichen und Machbaren aufhalten und auf dieser Grundlage den „Green New Deal“ ausrufen und hoffen, dass das bessere Angebot der Lösungen gegen das Gefälle der Zerstörung weiterhelfen werde. Nein, hier ist ein tiefer gehendes Nachhaken zur Freisetzung gesellschaftlicher, kultureller und spiritueller Energien notwendig. Gibt es nicht im Schoß der Religionen ein weisheitliches Wissen über die hybride Ambivalenz des Menschen, die Vielfalt der Kulturen und jenen Weg des Gleichgewichts, den wir heute Nachhaltigkeit nennen?

Die Berechnungen von Nicholas Stern und Mitarbeitern über die Kosten des Klimawandels haben die Öffentlichkeit vorübergehend gewiss aufgeschreckt. Aber wir haben uns daran schon wieder gewöhnt, weil wir uns an dem tiefer liegenden Reflektionsprozess vorbeidrücken. Wir haben hier nicht nur ein ökonomisches, auch nicht nur ein oberflächen-ökologisches, sondern ein tiefen-ökologisches Grundproblem, das uns nach der Überlebensweisheit im Bewussten und Unbewussten der menschlichen Gesellschaft fragen lässt.

Der deutsch-norwegische Theologe und Religionsforscher Sigurd Bergmann, der in Projekte des Potsdam Instituts für Klimafolgenforschung involviert ist, schreibt: „Während man Religion üblicherweise als einen gefährlichen Gegner der Vernunft begreift, dient sie andererseits als notwendige Bedingung für eine weisheitliche Untersuchung, die sowohl die Wissenschaft als auch die Politik über tiefere Dimensionen aufklären kann. Wissenschaft und Technik haben in Allianz mit deregulierten globalen Finanzmärkten die Spätmoderne in eine aussichtslose Position manövriert, aus der offensichtlich nur eine Art Kulturrevolution herausführt ... Die Umweltwissenschaft im Allgemeinen und die Klimaforschung im Besonderen benötigen die kultur- und religionswissenschaftliche Kompetenz, um die tieferen Triebkräfte und Prozesse der Ermächtigung für eine langfristig tragfähige Lebensweise der Bevölkerungen zu verstehen." Wie sagte der Bundespräsident: Ein rein materielles Mehr reicht nicht mehr.

Und ein Letztes ...

Und schließlich sei festgehalten: Man kann die Frage nach der Zukunftsfähigkeit in einer globalisierten Welt auch als eine bzw. „die" Frage nach dem Weltfrieden verstehen. Das Prinzip der Nachhaltigkeit beinhaltet mit seinen Kriterien der ökologischen, sozialen, internationalen und generativen Verträglichkeit ja gerade auch die Bedingungen für friedensorientierte Zivilisationsverhältnisse auf der Erde. Die Verschärfung der globalen Krisenentwicklung – und das heißt das Fehlen von Nachhaltigkeit – lässt uns die Bedrohung des regionalen und weltweiten Friedens erkennen. Diese Bedrohung ist vernetzt mit zahlreichen terroristischen Bewegungen, aber auch dem Wiedererstarken der Befürworter der Atomtechnik. Da ist es schon ein Lichtblick, wenn Barack Obama neue Versuche zur atomaren Abrüstung und Kontrolle anregt. Denn die tiefste Perversion der Nachhaltigkeit stellen die Rüstungsproduktion und der Waffenhandel dar – und die erreichten im Jahr 2008 einen traurigen Höhepunkt. Auch über diese Zusammenhänge wäre ein Kapitel in der sonst so verdienstvollen Studie des WI wünschenswert gewesen.

Zur Gewährleistung der ökologischen Transformation muss man an der internationalen Vernetzung des Nachhaltigkeitswissens arbeiten, aber ohne die Unterstützung der Basisbewegungen in allen Kontinenten werden die alten, weiterhin mächtigen Interessen nicht weichen.

Ban Ki-moon

Seal a Deal – for a cleaner, greener and sustainable global economy*

We meet at a critical moment in human history.

Our planet is warning to dangerous levels. In December, the UN Climate Change Conference will meet here in Copenhagen to find solutions to this grave global threat. As business leaders, you are crucially placed to ensure that government negotiators seal a deal.

We are enduring the worst economic downturn since the 1930s. It is essential that we do not allow this to hold back the political momentum, investment and innovation that we need to combat climate change.

Climate change is the defining challenge of our time. I also believe it is the most potent gamechanger for business over the next century. It is an opportunity we must seize.

Today, I want to challenge you. I want to see you in the vanguard of an unprecedentend effort to retool the global economy into one that is cleaner, greener and more sustainable.

You and your colleagues have the ingenuity and vision to lead by example where others – including governments – are lagging behind.

With your support, and through your example, we must harness the necessary political will to seal the deal on an ambitious new climate agreement in December here in Copenhagen.

This will not be easy. Fundamental change never is. But, if we get it right, we can reasonably look forward to sustained growth and prosperity. If we get it wrong, we face catastrophic damage to people, to the planet – and to the global marketplace.

Our excessive reliance on a fossil fuel-based economy is destroying our planet's resources. It is impoverishing the poor. It is weakening the security of nations. And it is choking global economic potential.

The science is clear. Global emissions must peak in less than a decade to avert the worst consequences of climate change. Many scientists are saying that worst-case projections are already being realized – indeed surpassed. This was the message from the International Scientific Congress, held in Copenhagen in March.

* Rede beim World Business Summit on Climate Change in Kopenhagen am 24. Mai 2009

We now that the safest way of reducing climate risks is to reduce emissions. We know that taking early action makes good business sense. And we know the cost of inaction will be much bigger than the cost of action now.

Some estimates say that rising greenhouse gas emissions could cause a decline of 5 er cent or more in global GDP. Compare that with what it would take to bring down greenhouse gas emissions. The Intergovernmental Panel on Climate Change, IPCC, estimates that it could cost as little as 0,1 per cent of global GDP each year until 2030. And that does not factor in the multiple extra benefits to health and development.

Most importantly, we know we have the tools to change course. What we need is political will, at the highest level, coupled with the right policy signals and market incentives.

In September I am convening a summit meeting on climate change at the UN Headquarters in New York to galvanize this political will among the political leaders.

I am inviting all Heads of State and Government.

Business leaders will also be a part of the conversation.

A strong message from the business community to governments worldwide may make all the difference.

As business leaders, you must make it clear to your political leaders that doing the right thing for the climate is also the smart thing for global competitiveness and long-term prosperity.

We may never get a better opportunity. And if the world's scientists are right, we may not get a second change.

We have seen how a local crisis – a bank failure, a disease outbreak – can quickly go global.

We live in an interconnected world. An effective agreement in Copenhagen would be a powerful vote of confidence in multilateralism. By the same token, failure would be bad news for everyone.

But there is yet another vitally important reason why we must seal a deal in December in Copenhagen. We know that the right kind of deal will provide the regulatory certainty and long-term price signals that businesses are demanding. We know that a deal can unleash investment, stimulate innovation and facilitate the global spread of low-carbon technologies.

What is often overlooked is the impact a deal could have on global trade. Success in Copenhagen could set a powerful example: if Member States can find a way forward in an issue of such tremendous complexity, surely they can do the same in other areas, most notably the stalled Doha round of trade talks.

On the other hand, failure in Copenhagen could lead countries to turn inward in a misguided effort to handle the climate challenge on their own. We could see new, climate-related protectionist barriers.

But such go-it-alone policies simply cannot work, for climate or for trade. They would undermine the core principles of non-discrimination that the international trading system has been building over the past six decades. They could lead to trade anarchy.

So we need to seal a deal in December for these reasons, too. To protect the trade regime. To enable trade to underpin development, spread green solutions and usher in the green economy.

Climate affects every aspect of society, from the health of the global economy to the health of our children. It is about the water in our wells and in our taps. It is about the food on the table. It is about energy security and international security. It is at the core of nearly all the major challenges we face today.

That is why it is an issue for Heads of State. And that is why it is an issue for business.

So far, only a small portion of the business and investment community has made climate change a strategic priority. Too many are sitting on the fence, waiting for others to act, or waiting for the clear policies that will signal a level playing field.

Others are defenders of the old order. For those who are directly or implicity lobbying against climate action I have a clear message: your ideas are out of date, and you are running out of time.

What the fence sitters and the sceptics fail to understand is that climate change fundamentally changes the 21st century balance sheet.

Sooner or later there will be a higher price ion carbon – imposed either by policy or by market forces.

Any multinational business that doesn't have a strategy in place to deal with climate change will end up on the losing side of history.

That is not where you plan to be.

Investing now in green solutions is cheaper – and ultimately more profitable – than spending more, later, in a catch-up race for global competitiveness.

Polluting industries have successfully cleaned up their act in the past. That is part of the dynamic tradition of private-sector innovation. There are good examples today of industries in the developing and developed worlds cutting emissions. I welcome such steps, and call for more.

We must also invest in the lower-carbon economic winners of the future.

I know that some argue that we cannot afford to act on climate change during a global recession.

I disagree. What we cannot afford is more short-sighted approaches. The global economy needs more than a quick fix. It needs a fundamental fix.

If we have learned anything from the financial crisis, it is that we must put an end to unethical and irresponsible behaviour and the tyrannical demand for short-term profit.

The price of a global bail-out may seem high, but it will pale next to the enormous human and economic costs of delaying action on climate change.

Continuing to pour trillions of dollars into fossil-fuel subsidies is like investing in sub-prime real estate. Our carbon-based infrastructure is like a toxic asset that threatens the intire portfolio of global goods – from public health to food security.

We must direct investment away from dirty energy industries. It is time to create market incentives that reward long-term investment in clean energy and innovation.

The smart money is on the green economy. Many of you are already showing the way.

You have shown that energy efficiency and green technologies can drive profitable performance. Many of you are deeply engaged in the UN Global Compact. You are building a community of businesses, which I hope will show that "caring for the climate" can be a new paradigm for business success.

Many of your good examples are featured in a series of new studies that will be unveiled today under the "Caring for Climate" banner. Throughout this meeting you will share important lessons. You will show case solutions in construction, energy, transportation, manufacturing, and many more.

These examples show that a transformation is possible.

But to seize this transformation, we need the regulatory certainty and market signals that only a binding global climate change agreement can provide.

We need an agreement with clear long-term goals and mid-term targets.

And we need your voice, your influence, and your example.

You can help to seal a deal, and this is how you can do it:

I ask all of you to support the "Copenhagen Call" that we will issue at the end of this meeting. Use your influence as business leaders to bring climate change to the attention of policy makers and the public.

Instruct your government affairs teams to lobby vigorously and relentlessly for a successful outcome in Copenhagen in December. Do it now. And do it in every capital where you are represented.

Mobilize employees, partners, clients and customers to take a stand and demand climate action from governments.

Work with your trade associations and interest groups to ensure their lobbying supports an effective Copenhagen agreement.

Join the UN's "Seal the Deal" campaign. Add your stamp to the global movement for action.

Above all, I encourage all of you to continue on the path of innovation and collaboration.

Continue to spread green solutions through your supply chains. Continue to push for private-sector solutions that reduce climate risks – in health, water and natural resources, in insurance and investment and economic development.

This, my friends, is the essence of business statesmanship in the 21st century. Send a strong message to the governments that hold the keys to success in December.

Tell them to seal the deal.

Seal the deal to power green growth. Seal the deal to protect our planet. Seal the deal to build a more sustainable, prosperous global economy that will benefit all nations.

Your customers and your shareholders will reward you. And your children will thank you one day.

II. Schwerpunkt Ressourcenkonflikte

Wolfgang Sachs

Ressourcenkonflikte – kleine Topografie der Entzündlichkeit der Welt

Es war im Jahre 1928, dass Mohandas Gandhi eine jener Intuitionen formulierte, die sein Denken bis in die Gegenwart hineinragen lassen. Er schrieb: „Gott verbiete, dass Indien jemals zu einer Industrialisierung nach dem Muster des Westens schreitet. Der wirtschaftliche Imperialismus eines einzelnen winzigen Insel-Königreichs (England) hält heute die Welt in Ketten. Falls eine ganze Nation mit 300 Millionen Einwohnern auf eine ähnliche ökonomische Ausbeutung setzt, würde die Welt kahl gefressen wie durch eine Heuschreckenplage." Inzwischen hat sich Gandhis Ahnung eindrucksvoll bestätigt, dass die Vervielfachung Englands eine Vervielfachung an Naturausplünderung nach sich ziehen würde, und zwar soweit, dass die Lebenshülle des Planeten in Mitleidenschaft gezogen wird.

Die Ressourcen- und Umweltkonflikte des 21. Jahrhunderts lassen eine spezifische Signatur erkennen: Sie sind geprägt vom Gegensatz zwischen unbegrenzter Nachfrage nach Naturgütern einerseits und endlichem globalem Umweltraum andererseits. Gewiss, seit urdenklichen Zeiten treiben Ressourcenkonflikte die Menschen um – etwa der Streit zwischen Anrainern eines Wasserlaufs im Mittelalter oder das Gerangel europäischer Nationen um die Bodenschätze Afrikas zu Bismarcks Zeiten. Doch mit der Universalisierung von Entwicklungserwartungen auf der einen Seite und der global sichtbaren Begrenztheit der Biosphäre auf der anderen nehmen sie einen neuartigen Charakter an: Sie verweisen auf den Grundkonflikt zwischen ökonomischer Expansion und ökologischer Begrenzung.

Dieser Grundkonflikt äußert sich nicht nur in Naturkrisen, sondern auch in Sozialkrisen. Denn zwischen Begehr und Knappheit tritt die Rivalität. Noch immer stimmt die Faustregel, dass 25 % der Weltbevölkerung 75 % der Weltressourcen verbrauchen. Die wahre Frage ist nicht mehr, ob es genügend Ressourcen geben wird oder nicht, sondern an wen und wofür sie verteilt werden, wenn sie knapp sind. Wem gehören die Ölvorräte, die Flüsse, die Wälder, die Atmosphäre?

Wer hat welches Recht auf die lebensdienlichen Leistungen der Biosphäre? Das sind die Fragen, welche hinter vielen Ressourcen- und Umweltkonflikten stehen.

Dabei lauert in allen solchen Konflikten die Gefahr, dass überkommene Ungerechtigkeiten potenziert werden. Denn Rivalitäten unter Bedingungen der Endlichkeit sind ganz besonders dazu angetan, in weiterer sozialer Polarisierung zu enden. Es greifen sich die Mächtigen, was an Naturressourcen übrig ist, und die Machtlosen haben das Nachsehen. An der Zapfsäule wird für den Pendler das Benzin teurer, Wasserquellen versiegen in Trockengebieten, die Preise für Getreideimporte schnellen in die Höhe, Fischer kehren mit leeren Netzen zurück. Je mehr die Grenzen der Tragfähigkeit von Ökosystemen erreicht werden, umso eher sind die Schwächeren unter Druck. Ökologische Grenzen werfen ihre sozio-ökonomischen Schatten voraus, selbst bevor sie endgültig überschritten sind. Sei es auf internationaler oder regionaler Ebene, in jedem Fall tragen, wenn legitime Formen der Konfliktregelung fehlen, Ressourcenkonflikte zur sozialen Destabilisierung bei. Es wachsen vielerorts Konfliktpotenziale heran, welche die Welt entzündlicher machen – doch sie sind sehr unterschiedlicher Art.

Subsistenzkonflikte

Seit Pizarros Zeiten wurde die „Neue Welt" auf wertvolle Rohstoffe hin abgesucht. Doch heute hat sich die *frontier* in der Suche und Ausbeute von Rohstoffquellen bis an die entlegensten Zonen der Kontinente und Meere vorgeschoben. Öl wird tief im Urwald und tief im Meer gefördert, Holz aus Patagonien und Sibirien geholt, und schwimmende Fischfabriken durchkämmen die Meere vom Polarkreis bis zur Antarktis. Nicht selten sind es die Territorien indigener Gesellschaften, die ins Netz weltweiter Ressourcenflüsse eingegliedert werden.

So auch im Amazonasgebiet Ecuadors. Seit 1964 das Konsortium Texaco-Gulf die ersten Bohrstellen eröffnete, ist im so genannten *Oriente* das Ölzeitalter angebrochen. Dem ecuadorianischen Staat bringt das Öl viel Geld, und was noch wichtiger ist: Dollars. Staatseinnahmen stehen in Aussicht und Exporte versprechen Devisen. Im *Oriente* leben indes Völker, vorwiegend Subsistenzgesellschaften, mit unterschiedlichen Sprachen und Kulturtraditionen, alles in allem etwa 125 000 Menschen. Sie sind auf die Naturräume der Wälder, der überfluteten Gebiete und der Flussufer angewiesen. Das Zusammenspiel von Wald und Wasser garantiert nicht nur ihren Lebensunterhalt, sondern macht auch die Region zu einer der artenreichsten in der Welt. Doch Ölförderung bedingt Sprengungen, Pumpanlagen, Pipelines, Raffinerien und darüber hinaus Schneisen, Straßen, Landepisten, schweres Gerät, Arbeitercamps. Ölreste und Gas werden abgefackelt, giftige Abfälle und Abwässer verunreinigen Bäche und Flüsse, und nichts geht ohne Abholzung von Wäldern. Da mit der Verbauung, Vergiftung und Abholzung auch Pflanzen, Fische und Wildtiere verschwinden, erodiert die Existenzbasis der indigenen Gruppen. Mangelernährung, sozialer Niedergang und letztendlich Vertreibung sind die Folge.

Das Beispiel Ecuador zeigt ein vielfach wiederkehrendes Muster. Nicht nur bei der Ölförderung, auch beim Fischfang oder beim Erzabbau, bei der Holzentnahme wie beim Plantagenanbau ist es zu beobachten. Auf der einen Seite steigt die Weltnachfrage nach Naturressourcen aller Art, auf der anderen Seite aber warten diese Ressourcen nicht einfach in einem Niemandsland darauf, abgeholt zu werden. Vielmehr liegen sie oft im Lebensraum ortsansässiger Bewohner und machen deren Lebensgrundlagen aus. Die gemeinsame Nutzung der Ökosysteme als *commons* steht dabei gegen ihre private Nutzung als *assets* zur Gewinnbildung. Das Bedürfnis lokaler Gemeinschaften auf Gesundheit und Überleben steht gegen das Bedürfnis ferner und fremder Konsumenten nach Ressourcen. Subsistenzbedürfnisse konkurrieren gegen Luxusbedürfnisse. Die Armen werden – zugespitzt gesagt – ihrer Ressourcen beraubt, damit die Reichen über ihre Verhältnisse leben können.

Regimekonflikte

Bis vor gar nicht langer Zeit gab die Entdeckung von Öl- oder Mineralvorkommen generell Grund zum Jubel. Doch die historische Erfahrung hat dieses Bild nachdrücklich zurechtgerückt. Es zeigt sich, dass ressourcenreiche Länder oft langsamer wachsen als andere, ein geringeres Pro-Kopf-Einkommen aufweisen und zudem in Sachen Kindersterblichkeit, Lebenserwartung und Erziehung beträchtlich hinter dem Durchschnitt ressourcenärmerer Länder zurückbleiben. Vor dem Hintergrund dieser Erfahrungen hat die These vom „Ressourcenfluch" (*resource curse*) jene vom Ressourcensegen abgelöst.

In Ländern wie dem Iran, in Russland, in der arabischen Welt und in Teilen Afrikas trägt man schwer am Fluch des Öls. Zum Beispiel Nigeria: „Er verfluchte die Erde, die Öl spuckte, das schwarze Gold. Er verfluchte die Götter, weil sie die Quellen nicht austrockneten", schrieb der 1995 hingerichtete nigerianische Schriftsteller Ken Saro-Wiwa in seinem Roman *Flammen der Hölle*. Während die Öleinkünfte seit Jahren ihren undurchsichtigen Weg in die Taschen der herrschenden Cliquen gefunden haben, sind Ölinstallationen im Niger-Delta immer wieder zum Erpressungsobjekt für Gewaltgruppen geworden. Ein zerfallender Staat, in dem marodierende Banden Pipelines anzapfen und eine korrupte Kaste Auslandskonten füllt: Nigeria kann als der Modellfall eines Landes angesehen werden, das zum Opfer des Öls wurde. Andere ölreiche Länder wie Angola, Kamerun oder Sudan sind ähnlich intransparent und repressiv, wie auch etablierte Ölstaaten – Saudi Arabien, Kuwait, Irak, Brunei, Russland – alles andere als eine Zierde für die Demokratie darstellen.

Ein solches Ergebnis ist kein Zufall. Staaten, deren Einnahmen hauptsächlich aus den Abgaben für Ressourcenförderung rühren und nicht aus Steuern der Bürger, tendieren zur Korruption. Nur Länder mit einer gefestigten, öffentlich kontrollierten Staatsordnung scheinen diesem Schicksal zu entgehen. So zeigen weder Mexiko noch Norwegen Züge eines Rentenstaates. Man spricht von Rentenstaaten, wo die Machthaber es sich leisten können, sich gegenüber dem Volk nicht mehr verpflichtet zu fühlen, weil ihre Einnahmen unverdient sind. Ihre Regierungen bauen oft auf Gewalt, um sich an der Macht zu halten, eine Gewalt, die mitunter Gegengewalt hervorruft, in jedem Fall aber einen chronischen Unfrieden darstellt. Vor diesem Hintergrund – und dem von Subsistenzkonflikten – kommt ein UNEP-Bericht zu der Schlussfolgerung, dass seit 1960 rund 40 % aller innerstaatlichen Gewaltkonflikte mit Naturressourcen verbunden waren (vgl. UNEP 2009).

Solcherart Konflikte scheinen unendlich weit von den Zapfsäulen, Heiztanks und Klimaanlagen in den reicheren Teilen der Welt entfernt zu sein. Und doch: Öl – ebenso wie Diamanten, Coltan, Kupfer oder Edelholz – landet meist bei den wohlhabenden Verbrauchern in Nord- wie in Südländern, auch wenn die Produktionsketten mitunter schwierig nachzuvollziehen sind. Es ist letztendlich die starke Nachfrage der Wohlhabenden, welche die Ressourcenausbeute so lukrativ macht, dass sich darauf kleptokratische Regime aufbauen lassen.

Verteilungskonflikte

Erdöl ist das Lebenselixier der Industriegesellschaft. Industrie und Arbeitsplätze basieren in weiten Teilen auf der Nutzung oder Verarbeitung von Rohöl; Verkehr und Mobilität sind auf raffinierte Ölprodukte angewiesen; und ebenso sind es Plastik, Medikamente, Dünger,

Baustoffe, Farben, Textilien und vieles mehr. Öl prägt wie kein anderer Stoff die Lebensstile in aller Welt. Die Aneignung und Verteilung von Ressourcen wie Öl zwischen den Nationen ist deshalb ein Konfliktfeld ersten Ranges.

Denn der Zugang zu Öl (und Gas) war immer schon knapp aus geologischen Gründen: Konzentrierte Vorkommen gibt es nur an relativ wenigen Stellen der Erdkruste. Davon wird die Geopolitik der USA seit dem frühen 20. Jahrhundert bis zum Irakkrieg unserer Tage geprägt. Aber neuerdings tritt zur geografisch-geologischen die physikalische Knappheit: Die Endlichkeit der Ressource ist absehbar. Die jährliche Förderung ist inzwischen größer als die Menge der Neufunde. Für jedes neu entdeckte Barrel Rohöl werden etwa vier Barrel entnommen. Vieles spricht dafür, dass der Punkt der maximalen Ölfördermenge (*peak oil*) bereits erreicht ist oder bis 2015 überschritten sein wird. Damit ist nicht das Ende des Öls, aber das Ende des leichten und billigen Zugangs erreicht (vergleiche hierzu den Beitrag von Müller-Kraenner in diesem Band).

Obendrein schwillt seit einiger Zeit die Nachfrage nach Öl besonders in den neuen Verbraucherländern an, allen voran in China, Indien und Brasilien. China hat gegenwärtig bereits die Position des weltweit zweitgrößten Importeurs an Öl erreicht, und Länder wie Malaysia, Vietnam oder Indonesien, die heute noch Exporteure sind, werden sich binnen eines Jahrzehnts zu Netto-Importeuren wandeln. Diese und andere wirtschaftlich schnell wachsenden Länder pochen auf ihre Ansprüche, die Altnutzer wollen aber nicht lassen, und gleichzeitig schwinden die Vorkommen: ein Bilderbuchszenario für Rivalitätskämpfe in den nächsten Jahrzehnten.

Das Nachsehen werden dabei jene Länder haben, die weder über Öl noch über Geld verfügen. Nirgends bewahrheitet sich die afrikanische Spruchweisheit, dass, wo Elefanten kämpfen, zuerst das Gras zertrampelt wird, so wie beim Kampf um Öl. Schon heute müssen importabhängige arme Staaten einen größeren Anteil ihrer Devisen dafür ausgeben, um sich Öl für vitale Bedürfnisse zu beschaffen. Stromabschaltungen, höhere Preise für Transport, Kochgas, Nahrung sind die Folge, und die armen Bevölkerungsschichten die unmittelbar Leidtragenden. Die Verluste müssen Länder wie Mali oder Sambia, Bangladesch oder Kambodscha tragen, den Profit aber können neben den Ölfirmen die Öl exportierenden Länder einstreichen, der Nahe Osten, Venezuela und Russland. Die nationale Rivalität um knappe Ressourcen sendet auf diese Weise Wellen der Verarmung um die Welt.

Verlagerungskonflikte

Die armen Länder geraten nicht nur unter Druck, weil sie bei der Konkurrenz um fossile Ressourcen nicht mithalten können, sondern auch, weil sie von den Schadenswirkungen der Verbrennung fossiler Brennstoffe – dem Klimawandel – besonders in Mitleidenschaft gezogen werden. Es werden erstens die Länder des Südens und zweitens die Armen in diesen Ländern die destabilisierenden Folgen der Erderwärmung wesentlich schroffer zu spüren bekommen als die Länder des Nordens und die Stadtbevölkerungen. Denn wenn die Erdatmosphäre sich erwärmt, wird die Natur instabil. Unversehens ist kein Verlass mehr auf Regen, Grundwasserspiegel, Temperatur, Wind oder Jahreszeiten, alles Faktoren, welche seit urdenklichen Zeiten für die Gastlichkeit der Lebensräume von Menschen und anderen Lebewesen gesorgt haben. So liegt es auf der Hand, dass ein ansteigender Meeresspiegel ganze Küstenstriche in Nigeria, Ägypten, Bangladesch oder Vietnam unbewohnbar machen wird; Massenmigrationen ins Inland und über die nationalen Grenzen hinweg sind vorauszusehen. Weniger offen liegt zutage, dass Veränderungen in Niederschlag, Luftfeuchtigkeit und Temperatur sich auf Vegetation, Artenvielfalt, Bodenfruchtbarkeit und Wasserläufe auswirken werden. Wasserhaushalt und Nahrungsproduktion werden gerade in trockenen und halbtrockenen Gebieten in Mitleidenschaft gezogen. Zudem ist zu erwarten, dass die Umwelt ungesunder wird; Ernten werden eher von Ungeziefer befallen, Menschen werden an Malaria und Denguefieber erkranken oder sich mit Infekten anstecken.

So wird der Klimawandel – zu dessen Folgen laufend mehr erkannt wird – nicht selten zur unsichtbaren Hand hinter wirtschaftlichem Niedergang, sozialer Erosion und Vertreibung werden. Bereits heute sind zum Beispiel die Inuit (*Eskimo*) aufgrund des Klimawandels in ihrer wirtschaftlichen Sicherheit und in ihrer Kultur gefährdet. Jäger verschwinden auf der Jagd, da die herkömmlichen Routen über das Eis nicht mehr tragfähig sind; Vorräte verderben, weil der Permafrost-Boden aufbricht; Iglus verlieren ihre isolierende Eigenschaft, wenn der Schnee taut und dann wieder gefriert. Die Inuit in der Arktis – ebenso wie die Reisbauern im Mekong-Delta oder die Viehhüter in Zentralchina – sind doppelt verwundbar: Einerseits sind sie fragilen Naturbedingungen ausgesetzt, andererseits sind sie wirtschaftlich so darbend, dass sie kaum in der Lage sind, sich an die neuen Risiken anzupassen. Klimatischer Stress und wirtschaftlicher Stress können sich so unheilvoll verbinden, dass über Obdachlosigkeit und Nahrungsmangel sogar die körperliche Unversehrtheit in Gefahr gerät. Der Klimawandel stellt einen Angriff auf die wirtschaftlichen, sozialen und kulturellen Menschenrechte großer Bevölkerungsgruppen dar.

Ökologie ist Sicherheit ist Gerechtigkeit

Ressourcenkonflikte sind Treibstoff für kleine und große Zusammenstöße. Sie können Dörfer und ganze Länder in Flammen setzen. Wie sehr z. B. die jüngere Geschichte des Nahen Ostens, der Krisenregion schlechthin, mit Erdöl durchtränkt ist, davon war schon die Rede. Wie oft religiöse und ethnische Konflikte von Land- oder Wasserknappheit angetrieben werden, erschließt sich für den genauen Betrachter ebenfalls schnell (vergleiche hierzu die Beiträge von Kranz et al. und Pilardeaux in diesem Band). Und wie stark bevölkerungsreiche Länder wie China und bald auch Indien nach Öl und Kupfer, nach Soja und Holz jenseits ihrer Grenzen drängen, davon berichten die aktuellen Wirtschaftsnachrichten. Kurz gesagt: Ressourcenhunger macht die Welt friedlos. Ohne einen schonenderen Umgang mit Naturgütern wird sich keine globale Sicherheitsordnung errichten lassen. Wenn legitime Formen der Konfliktregelung fehlen, tragen Ressourcenkonflikte zur sozialen Destabilisierung bei. Künftig konvergiert die Sicherheits- und Friedens-Agenda mit der Umwelt-Agenda.

Allerdings wäre es verfehlt, Ressourcenkonflikte nur als Sicherheitsfrage zu thematisieren. Letztendlich geht es um Recht oder Unrecht, Macht und Ohnmacht, also: um Gerechtigkeit im transnationalen Raum. Dass es gegenwärtig im Trend liegt, Umwelt- und Sicherheitsfragen zusammenzubringen, kann gefährlich werden. Denn wer nur von Sicherheit spricht, denkt gewöhnlich an die eigene und nicht an jene der anderen. Es ist angemessener, die Konfliktlagen auf dem Globus nicht nur als Sicherheitsproblem, sondern als Ergebnis von Ungerechtigkeit zu begreifen. Nicht umsonst gehört der Spruch „Friede ist das Werk der Gerechtigkeit" von alters her zur Überlieferung politischer Weisheit.

Literatur

Behrendt, Siegfried & Michael Scharp (2007): Seltene Metalle. Maßnahmen und Konzepte zur Lösung des Problems konfliktverschärfender Rohstoffausbeutung am Beispiel von Coltan. Berlin.

Deffeyes, Kenneth (2006): Beyond Oil. The View from Hubbert's Peak. New York.

Haller, Tobias et al. (2000): Fossile Ressourcen, Erdölkonzerne und indigene Völker. Giessen.

Intergovernmental Panel on Climate Change (IPCC) (2007): Climate Change 2007. Cambridge.

Hennicke, Peter & Nikolaus Supersberger (2007): Krisenfaktor Öl. Abrüsten mit neuer Energie. München.
Klare, Michael T. (2001): Resource Wars. The New Landscape of Global Conflict. New York.
Le Billon, Philippe (Ed.) (2005): The Geopolitical Economy of ‚Resource Wars'. Milton Park.
Renner, Michael (2002): The Anatomy of Resource Wars. Worldwatch Paper No. 162. Washington D.C.
Sachs, Wolfgang (2003): Ökologie und Menschenrechte. Wuppertal Paper Nr. 131. Wuppertal.
Saro-Wiwa, Ken (1996): Flammen der Hölle. Reinbek.
United Nations Environment Programme (UNEP) (2009): From Conflict to Peace Building. The Role of Natural Resources and the Environment. Nairobi.
Wissenschaftlicher Beirat der Bundesregierung Globale Umweltveränderungen (WBGU) (2007): Welt im Wandel. Sicherheitsrisiko Klimawandel. Berlin.
Wuppertal Institut (2005): Fair Future. Begrenzte Ressourcen und globale Gerechtigkeit. München.
Wuppertal Institut (2008): Zukunftsfähiges Deutschland in einer globalisierten Welt. Hg. von BUND, EED, Brot für die Welt. Frankfurt a.M.

Harald Welzer

Krieg und Gewalt im Zeitalter des Klimawandels

Krieg und Klimawandel

„Deploying technologies that make our forces more efficient also reduces green house gas emissions." Diese Äußerung findet sich unter den Empfehlungen, mit denen der alarmierte Bericht *National Security and the Threat of Climate Change* schließt, den eine Gruppe hochrangiger ehemaliger US-Militärs verfasst hat (vgl. CNA 2007). Es mag überraschen, dass ausgerechnet amerikanische Offiziere vor den Gewaltfolgen des Klimawandels warnen und Konsequenzen nicht nur für die Sicherheitspolitik, sondern gewissermaßen auch für eine ökologischere Kriegführung fordern. Aber hier werden auf dem aktuellen Stand der Klimaforschung – ganz ähnlich wie in einem EU-Bericht (vgl. EU 2008) – Wasser- und Bodenkonflikte, Gewaltfolgen von Migrationen und Kriege um Rohstoffe prognostiziert, darüber hinaus aber auch die Folgen der Klimaänderung für die Militärtechnik und militärische Strategie aufgezeigt.

Da geben etwa die schlechten Erfahrungen mit den Sandstürmen im Irak Anlass zu der Vermutung, dass an manchen anderen vermuteten Kriegsschauplätzen der Zukunft die technischen Ausrüstungen der Truppen unter heißeren und trockeneren Bedingungen infolge der Erderwärmung leiden oder gar versagen könnten. Da wird beklagt, dass das gehäufte Auftreten von extremen Wetterereignissen in Gestalt von Stürmen und Hurrikanen die Operationsfähigkeit der Marine einschränke und zu schnellerer Materialermüdung führe. Schon heute müssten in der Hurrikansaison ja ständig Flugzeuge ins Binnenland verlegt und Schiffe aus den Häfen gebracht werden (CNA 2007, 37). Die besorgten Generäle und Admiräle erinnern in historischer Perspektive auch daran, dass extreme Wetterlagen nicht selten Kriegserfolge vereitelt hätten – die Palette reicht von den Taifunen, die Japan gleich zweimal vor mongolischen Invasionen gerettet haben, bis hin zu den Scud-Raketen, die Saddam Hussein im ersten Golfkrieg nicht auf Israel abfeuern konnte, weil es zu stürmisch war. Mit der Versorgungslogistik werde es vor allem dann problematisch, wenn Generatoren weiter mit fossiler Energie betrieben und die stationierten Truppen von endlosen Konvois von Tanklastwagen versorgt werden müssten. Energiesparen führe daher nicht nur zu geringeren Treibhausgasemissionen, sondern auch zu gesteigerter Kampfkraft (CNA 2007, 48).

Schließlich artikulieren die Militärs auch tiefe Besorgnis über das Ansteigen des Meeresspiegels, weil zahlreiche amerikanische Militärbasen dem Untergang geweiht sind – das Atoll Diego Garcia, das eine eminent wichtige logistische Funktion für Militäroperationen im indischen Ozean hat, werde verschwinden, und nicht anders werde es dem Kwajalein Atoll im südlichen und Guam im westlichen Pazifik ergehen. Die notgedrungene Aufgabe ehemals wichtiger Basen erzeuge wiederum größeren Transportaufwand und damit erhöhten Energieeinsatz – ein Teufelskreis (CNA 2007, 48). All dies, so die Militärs, müsse zwangsläufig die Forderung nach sich ziehen, die Folgen des Klimawandels konsequent und systematisch in die nationale Sicherheits- und Verteidigungsplanung einzubeziehen...

Ob derlei Kollateralschäden des *global warming* in die vorliegenden Berechnungen dessen, was die Klimaänderung volkswirtschaftlich kosten wird (vgl. Stern et al. 2007), schon einbezogen sind, darf füglich bezweifelt werden – wie überhaupt das Thema Kriegsökologie einstweilen noch der wissenschaftlichen Analyse harrt. Ganz offensichtlich halten Menschen, die keine Militärs sind, Krieg und Umweltbedingungen für Dinge, die nichts miteinander zu tun haben.

Kriegsökologie

Aber nicht nur, dass Umweltbedingungen und -wahrnehmungen, das Wetter oder unzureichende Ausrüstungen und Kenntnisse regionaler klimatischer Bedingungen eine gelegentlich entscheidende Variable des Kriegsgeschehens darstellen. Umgekehrt pflegen die Konfliktparteien weder in Bürgerkriegen noch in zwischenstaatlichen Kriegen Rücksicht auf die Umwelt zu nehmen, was im Kontext ökologischer Debatten nur höchst selten angesprochen wird.

In Afghanistan etwa besteht durch den dauernden Kriegszustand die Gefahr, „dass 80 % des Landes durch Bodenerosion beschädigt werden könnten: Die Fruchtbarkeit des Bodens nimmt ab, die Versalzung des Bodens steigt an, der Grundwasserspiegel ist dramatisch gesunken, die Verwüstung erstreckt sich über weite Flächen und Erosion durch Wasser und Wind sind weit verbreitet. Nach Abdul Rahman Hotaky, Vorsitzender der afghanischen Organisation für Menschenrechte und Umweltschutz, spielen neben dem Krieg und den dadurch verursachten Vertreibungen sich ausbreitende Dürreperioden, Missbrauch der natürlichen Ressourcen, schwache Zentralregierung und eine fehlende Umweltpolitik eine Rolle“ (Rötzer 2007, 18). So sind etwa 70 % der Wälder Afghanistans inzwischen verschwunden, auf rund 50 % der landwirtschaftlichen Flächen wurde in den letzten beiden Jahrzehnten nichts mehr angebaut.

Im Vietnamkrieg sind durch den Einsatz von Entlaubungsmitteln rund 3,3 Mio. Hektar Land- und Waldfläche giftigen Chemikalien ausgesetzt gewesen; „das Resultat war eine sofortige und dauerhafte Schädigung des Bodens, des Nährstoffgleichgewichts, der Bewässerungssysteme, der Pflanzen, der Tiere und wahrscheinlich auch des Klimas" (Vo Quy 2007, 12). Nach mehr als 30 Jahren sind die Wälder nicht zurückgekehrt. Die Weltbank hatte schon 1995 resümiert, dass die Biodiversität Vietnams durch den Krieg dauerhaft verändert worden ist (ebenda). Daneben hat der Krieg zu einer Verringerung der Stabilität der Ökosysteme und zu vermehrter Bodenerosion geführt.

Neben solchen direkten Folgen der Zerstörung und der unkontrollierten Entnahme von Ressourcen, der Verschmutzung des Grundwassers durch Kampfstoffe und Öl oder der Verwandlung ganzer Regionen in „No-Go-Areas" durch Landminen, können auch die sekundären ökologischen Kriegsfolgen verheerend sein. So ist Sudans Hauptstadt Khartoum allein durch die sich um die Peripherie unkontrolliert ansiedelnden Flüchtlinge um rund 2 Mio. Einwohner gewachsen – Einwohner, die in Slums ohne sauberes Wasser, Kanalisation oder sonstige Infrastruktur leben müssen. In anderen Städten des Landes sieht es nicht viel besser aus. Die Regionen um die Flüchtlingslager sind in einem Radius von etwa 10 km Ödland geworden, weil die Flüchtlinge zum Kochen oder zum Brennen von Ziegeln jedes verfügbare Bäumchen oder Gehölz niedergemacht haben, was wiederum die künftige Versorgungslage beeinträchtigt.

Ein weiteres Thema sind gezielte Umweltzerstörungen aus strategischen oder taktischen Gründen – etwa die Sprengung der Staudämme des Gelben Flusses 1938, mit der Tschiang Kai-schek den japanischen Vormarsch stoppte, was allerdings fast 1 Mio. der eigenen Landsleute das Leben kostete, 12 Mio. von ihnen obdachlos machte und den Flusslauf veränderte. Andere Beispiele sind der Einsatz von *agent orange* in Vietnam, die Bombardierung kuwaitischer Ölfelder durch den Irak oder, eher handwerklich, das Niederbrennen und Fällen von Bäumen in Darfur, um zu verhindern, dass Flüchtlinge in ihre Dörfer zurückkehren.

Krieg durch Klimawandel

Um bei dem letzten Beispiel zu bleiben: In Darfur sorgt der rasante Desertifikationsprozess dafür, dass es den meisten Flüchtlingen nie mehr möglich sein wird, in ihren Heimatorten zu leben. Der Boden ist in vielen Regionen für eine Bewirtschaftung nicht mehr brauchbar (UNEP 2007, 61). Zwischen 1972 und 2001 sind etwa zwei Drittel des Waldes im nördlichen, zentralen und östlichen Sudan verschwunden, in Darfur war es ein Drittel (bis 1976), im südlichen Sudan sind es bis jetzt 40 %. UNEP prognostiziert für einige Regionen einen Totalverlust von Wald innerhalb der nächsten zehn Jahre. Der dramatische Rückgang von Regenfällen hat bereits einige Mio. Hektar Land in Wüste verwandelt. Ein weiterer Temperaturanstieg von 0,5 bis 1,5 °C, der äußerst wahrscheinlich ist, würde die Regenmenge um weitere 5 % verringern und die Möglichkeiten des Getreideanbaus weiter einschränken. Im Augenblick sind rund 30 % der Landfläche Sudans Wüste, weitere 25 % können in den nächsten Jahren hinzukommen.

Man braucht nicht viel Phantasie, um sich vorzustellen, was es für ein mitteleuropäisches Land bedeuten würde, ein Viertel seiner nutzbaren Fläche zu verlieren, obwohl es in weit geringerem Maße von der eigenen landwirtschaftlichen Produktion abhängig ist als der Sudan und über zahlreiche Möglichkeiten verfügt, die entstehenden Verluste zu kompensieren: durch intensivere Anbaustrategien, Importe, ertragreichere Züchtungen etc. In einer agrarisch strukturierten Gesellschaft mit ohnehin extrem kargen Überlebensbedingungen wirkt sich ein Wandel der Umweltbedingungen nicht als Einschränkung oder als Hindernis aus, sondern oft als schlichte Katastrophe, die das Überleben der Einzelnen und ihrer Familien direkt bedroht. Es gibt keine Spielräume friedlichen Handelns mehr, wenn die täglich verfügbare Nahrungsmenge unter das Niveau sinkt, das ein Organismus zum Leben braucht. Man benötigt weder Psychologie noch Soziologie, um zu verstehen, dass Gewalt in solchen Situationen zu einer Handlungsoption werden kann – zumal in einer Gesellschaft, in der Gewalt ohnehin alltäglich ist. Insofern kann jeder Quadratkilometer neuer Wüste *als Einschränkung des Überlebensraums* von Menschen eine direkte oder indirekte Gewaltquelle sein.

Fragile, scheiternde oder gescheiterte Staaten sind gegenüber Umweltrisiken äußerst verletzlich, verfügen zugleich aber über extrem geringe Bewältigungsmöglichkeiten. Deshalb trifft jede Flutkatastrophe Länder wie den Sudan oder Bangladesh ungleich härter als eine Region wie Ostdeutschland oder Mittelengland. Und deshalb sind sie von den Folgen des Klimawandels sozial auch viel härter betroffen als beispielsweise die Länder des europäischen Mittelmeerraums, in denen die Desertifikation ebenfalls rasch voranschreitet. Denn hier werden auf EU-Ebene Ausgleichszahlungen für die betroffene Landwirtschaft vorgenommen, während im Sudan die Wüstenbildung die Bevölkerung ohne jede Kompensation trifft. Ihre Reaktionsweisen – die endgültige Übernutzung des verbleibenden Landes, das Abholzen der letzten Bäume etc. –, die durch Notwendigkeiten des nackten Überlebens geleitet sind, verschärfen die ökologischen Probleme weiter.

Bislang nahm man meist an, dass die Gewaltfolgen von Klimaänderungen eher indirekt sind. Aber dort, wo das Überleben ohnehin schon gefährdet ist, führen selbst geringfügige Verschlechterungen zu Gewalt. So ist in Darfur der Konflikt entstanden, weil nomadische Viehzüchter Weiden brauchen, auf denen ihre Tiere grasen können, und die Kleinbauern Land, um Getreide und Früchte für ihre Familien anbauen zu können. Wenn die Wüste sich ausbreitet, beanspruchen die Viehzüchter das Land der Bauern oder umgekehrt. Der ausbleibende Regen sorgte dafür, dass die nördlichen Regionen für die Viehzucht nicht mehr brauchbar waren, trieb die – zuvor übrigens zum Teil sesshaften – Züchter nach Süden und machte sie erst so zu Vollnomaden (UNEP 2007, 69). Zugleich führten drastisch steigende Bevölkerungszahlen (jährlicher Zuwachs von 2,6 %) zur Übernutzung von Weiden und Ländereien und damit zu einer permanenten Steigerung des ohnehin vorhandenen Konfliktpotenzials.

Die UNEP-Studie vom Juni 2007 fasst die Dinge so zusammen, dass in Darfur die umweltbedingten Probleme in Verbindung mit dem exorbitanten Bevölkerungswachstum Rahmenbedingungen für Gewaltkonflikte darstellen, die entlang ethnischer Grenzen ausgetragen werden – zwischen „afrikanischen" Viehzüchtern und „arabischen" Nomaden. Konflikte, die ökologische Ursachen haben, werden also als ethnische wahrgenommen – und zwar von den Beteiligten selbst. Der soziale Niedergang wird durch einen ökologischen Kollaps ausgelöst, aber das sehen die meisten Akteure nicht. Was sie sehen, sind Angriffe, Beraubungen, tödliche Gewalt – also die Feindschaft einer Sie-Gruppe gegen die eigene Wir-Gruppe.

Ferner konstatiert besagte Studie, dass ein anhaltender Frieden im Sudan solange nicht erreicht werden kann, wie die Umweltbedingungen so bleiben, wie sie heute sind. Diese sind aber bereits jetzt durch Dürren, Wüstenbildung, Regenmangel, Entwaldung – kurz: existentielle Mängel – gekennzeichnet und durch den Klimawandel werden sie weiter verschärft. Der Pfad von ökologischen Problemen zu sozialen Konflikten ist also keine Einbahnstrasse.

Mehr Gewalt durch Klimawandel

Der Klimawandel verschärft bestehende Ungleichheiten auf internationaler wie auf innerstaatlicher Ebene, zwischen Zentrum und Peripherie, zwischen entwickelten und weniger entwickelten Regionen. Weitere Migrationsbewegungen mit entsprechend steigenden Gewaltproblemen werden die Folge sein, ohne dass man heute schon seriös quantifizieren könnte, in welcher Größenordnung sich das abspielen wird. Sicher ist nur, dass die Zahl der (gegenwärtig auf etwa 20 Millionen geschätzten) Umweltflüchtlinge steigen wird, wenn Deltas überflutet werden, Inselgruppen im Meer versinken oder eine Megacity wie Lagos überschwemmt wird. Sicher ist auch, dass die damit verbundenen Gewaltpotenziale anwachsen werden. Im Unterschied zu Wanderungsbewegungen in vormodernen Epochen ist heute immer schon jemand dort, wo andere hinwollen. Übrigens lässt sich hier von sequenziellen Folgen des Klimawandels sprechen: Desertifikation oder andere Ressourcenprobleme führen zu Krieg und damit zu Migration, Migration führt zu Grenzkonflikten usw. usf. In Zukunft wird man nicht immer zwischen Kriegs- und Umweltflüchtlingen unterscheiden können, was insofern besonders brisant ist, als der völkerrechtliche Status von Umweltflüchtlingen alles andere als klar ist.

Der klassische zwischenstaatliche Krieg hat gegenwärtig keine Hochkonjunktur, aber es gibt mindestens drei Entwicklungstendenzen, die für eine Belebung zwischenstaatlicher Kriege sorgen könnten.

Erstens können Gewaltkonflikte um basale Rohstoffe wie Wasser in Zukunft in erheblichem Umfang zunehmen. Im Jahr 2050 werden mindestens 2 Mrd. Menschen unter Wasserknappheit leiden; die finstersten Prognosen gehen gar von bis zu 7 Mrd. aus (vgl. UNEP 2007). Im Zusammenhang von Wasserproblemen tritt auch das neue Konfliktszenario auf, dass durch das Austrocknen von Binnenseen, durch die territoriale Grenzen verlaufen, unklar wird, wie weit die Territorien der Anrainer der ehemaligen Gewässer reichen – das ist etwa am Tschadsee und am Aralsee der Fall (Pearce 2007, 128 ff.).

Zweitens liefert das Schmelzen der arktischen Eismassen ein weiteres Szenario für künftige Gewalt. Die unter dem Eis vermuteten Rohstoffvorkommen werden bald zugänglich sein, und seit langem ist umstritten, wer Anrechte darauf hat, sie abzubauen. Die russische Arktis-Expedition „Akademik Fjodorow" hat im Sommer 2007 Hoheitsansprüche angemeldet, indem sie in 4200 m Tiefe eine Titanflagge auf den Meeresgrund stellte. Die Expedition sollte es nach eigenen Angaben ermöglichen, die Grenzen des russischen Schelfs im Gebiet zwischen den Nowosibirsk-Inseln und dem Nordpol zu präzisieren (Novosti 2007). Umgehend erfolgten Reaktionen aus Amerika, Kanada und Dänemark, die jegliche russische Ansprüche ablehnten. Was die Antarktis angeht, hat Großbritannien Gebietsansprüche auf 1 Mio. km^2 angemeldet, was zu Konflikten mit Argentinien und Chile führen dürfte (FAZ 2007, 6). Das Schmelzen des Eises eröffnet darüber hinaus neue Verkehrswege und damit beträchtliche wirtschaftliche Chancen. Ein neuer Seeweg nach Asien (Nordwestpassage) hat sich im Sommer 2007 zum ersten Mal geöffnet. Kanada zeigt ebenso wie die USA stärkere militärische Präsenz in der Region.

Drittens bilden die internationalen Rohstoffmärkte und die Versorgungsinfrastrukturen – vor allem die Gaspipelines – ein hochsensibles Feld „globalisierter Unsicherheit" (Debiel et al. 2007). Anschläge auf Pipelines, Raffinerien, Brücken etc. gehören zur Taktik des internationalen Terrorismus ebenso wie lokaler Rebellengruppen. Nigeria und der Irak sind dafür die prägnantesten Beispiele. Im georgisch-russischen Krieg im Sommer 2008 ist sofort eine Pipeline bombardiert worden. Angriffsszenarien unterschiedlicher Art sind überall dort nicht unwahrscheinlich, wo Gaspipelines eine Reihe von Staaten durchqueren.

Die Anlässe für inner- und zwischenstaatliche Gewaltkonflikte werden also in Zukunft nicht weniger werden. Die Energieproblematik, die sich in den Szenarien künftiger Gewaltanlässe spiegelt, liefert die Kehrseite des Emissionsproblems. Die bizarre Gleichung lautet, dass der Energiehunger der früh- und spätindustrialisierten Staaten den Kampf um jene Ressourcen anheizt, die durch ihre Verbrennung das Überleben der Menschen überhaupt gefährden. Aber das ist wohl etwas zu langfristig gedacht, weshalb die nähere Zukunft mit den Worten eines pensionierten Generals der US-Airforce und Mitautors der eingangs erwähnten Studie gut beschrieben scheint (CNA 2007, 9):

„We're forced to be interested in parts of the world because of our energy consumption. Solving the energy problem solves a real security problem. You get to choose your points of engagement. It's like one of the things your grandmother told you. *‚Don't go looking for trouble. If you find trouble, you have to deal with it – but don't go looking for it!'* Well, when we go looking for oil, we're looking for trouble."

Literatur

Center for Naval Analyses (CNA) (2007): National Security and the Threat of Climate Change. securityandclimate.cna.org/report/(23.03.2009).

Debiel, Tobias, Dirk Messner & Franz Nuscheler (Hg.) (2007): Globale Trends 2007. Frieden, Entwicklung, Umwelt. Frankfurt a. M.

Der Hohe Vertreter und die Europäische Kommission für den Europäischen Rat (EU) (2008): Klimawandel und internationale Sicherheit. S113/08, 14.3.2008.

Frankfurter Allgemeine Zeitung (FAZ): Nr. 243 vom 19.10.2007.

Novosti (2007): Russische Nachrichten- und Informationsagentur: 1.8.2007.

Pearce, Fred (2007): Wenn die Flüsse versiegen. München.

Rötzer, Florian (2007): Anhaltender Krieg in Afghanistan verursacht schwere Umweltschäden. In: Telepolis, 23.8.2007.

Stern, Nicholas et al. (2006): The Economics of Climate Change (sog. Stern-Report). Cambridge.

United Nations Environment Programme (UNEP) (2007): Sudan. Post-Conflict Environmental Assessment. Nairobi.

Vo Quy (2007): Ökozid in Vietnam. Erforschung und Wiederherstellung der Umwelt, 13.05.2007. AG Friedensforschung der Universität Kassel. Download: www.uni-kassel.de/fb5/frieden/regionen/Vietnam/fabig-voquy.html (24.03.2009).

Elmar Altvater

Knappe Ressourcen: Wachstum der Grenzen oder Grenzen des Wachstums?

Die Zukunft, „in die die Epoche des modernen wirtschaftlichen Wachstums führt, ist durch unendliches Wachstum gekennzeichnet, es ist eine Welt des Überflusses und der darauf bauenden immer größeren Erwartungen ..." verspricht der Ökonom Richard A. Easterlin in einem erst vor einem Jahrzehnt erschienenen Buch mit dem Titel *Growth Triumphant* (1998, 153; eigene Übersetzung). Die Erde wird als ein Füllhorn wahrgenommen, aus dem sich die Menschheit, sofern sie über Geld verfügt, bedienen kann. Auch Ressourcenkonflikte dürfte es in dieser Schlaraffenwelt nicht geben und Ressourcensicherungsstrategien wären überflüssig. Denn, so heißt es in „Wikipedia" über das Schlaraffenland, das ist dort, wo „in den Flussbetten Milch, Honig oder Wein statt Wasser fließen, alle Tiere bereits vorgegart und mundfertig durch die Luft hüpfen und fliegen und die Häuser aus Kuchen bestehen und statt Steinen Käse herumliegt". Doch wir wissen: Die Verhältnisse auf Erden, sie sind nicht so. Ressourcen sind knapp und die Deponien der Erde für Schadstoffe sind voll. Daher bleiben Konflikte um Ressourcen und Senken nicht aus. Sie werden auf dem Markt mit Hilfe des Preismechanismus oder zivilgesellschaftlich durch Umverteilung reguliert und gelegentlich auch militärisch ausgetragen.

Ressourcen als Naturkapital

Wenn es Verknappungserscheinungen von Ressourcen oder begrenzte Zugangsmöglichkeiten zu Schadstoffsenken gibt, dann sind diese in der Vorstellungswelt vieler Ökonomen weniger durch natürliche Grenzen als durch mangelnden ökonomischen Kapazitätsaufbau entstanden, so der neoliberale Ökonom Carl Christian von Weizsäcker (2004, 7). Engpässe der Energie- und Rohstoffversorgung könnten also, wenn sie denn auftreten, durch massive Investitionen überwunden werden. Kapital ersetzt Natur. So rechnet auch die Internationale Energieagentur (IEA). Investitionen in die Exploration neuer Lagerstätten von Öl, Gas und Kohle oder in die Forschung zur Nutzung unkonventionellen Öls, in die Transportlogistik und in Raffinerien, in die Leitungsnetze zur Elektrizitätsversorgung oder in die Qualifikation der Ingenieure („Humankapital") und in alternative Energiequellen wie die Atomenergie liegen dann als artifizielle Lösung eines durch natürliche Grenzen der Verfügbarkeit des Rohstoffs fossile Energie aufgeworfenen Problems auf der Hand (vgl. IEA 2008). Die Natur ist in diesem Verständnis nur ein Ensemble von „Naturkapital", gebildet durch die Vergabe von Eigentumsrechten an natürlichen Ressourcen.

Der Trick der neoliberalen Ökonomen besteht also darin, dass sie den von Marx ins Zentrum gerückten Doppelcharakter aller ökonomischen Prozesse – sie sind zugleich Stoff- und Energietransformationen und in monetären Größen kalkulierte Werttransaktionen – in Richtung der Wert- und Geldgrößen vereinseitigen und um sich herum daher nur noch Kapital erblicken: vom Humankapital über das Naturkapital bis zu der Kassenhaltung im Unternehmen, die substituierbar und daher im Prinzip grenzenlos sind. Das gesellschaftliche Naturverhältnis scheint in dieser Sicht entsprechend der Knappheitssignale (relative Preisveränderungen) gestaltbar; Marktmechanismen sind dann die angemessenen Verfahren, um mit Ressourcen ökonomisch-rational umzugehen.

Das im theoretischen Kontext des Neoliberalismus konstruierte „Naturkapital" wird als Teil des Portfolios von Investoren begriffen und kann durch monetäres Kapital substituiert werden – und umgekehrt. Ressourcenknappheit kann es nach diesem Kunststück auf dem argumentativen Hochseil also nicht geben, es sei denn als Folge von „underinvestment" – und neues investment füllt das Füllhorn der Erde wieder auf. Die Verfügbarkeit von Ressourcen ist danach nicht natürlich bedingt, sondern Ergebnis von Investitionen in Naturkapital. Oder: Mit Geld kann man natürliche Ressourcen schaffen.

Die Endlichkeit von Ressourcen

Diesen Trick hat der Club of Rome in seinen Berichten von 1972 und 1992 über *Grenzen des Wachstums* und *Die neuen Grenzen des Wachstums* sowie in dem *30-Jahre-Update* gründlich kritisiert (Meadows et al. 1972; 1992; 2006). Über einen „tipping point" hinaus, zum Beispiel nach dem Höhepunkt der Förderung von energetischen und mineralischen Rohstoffen oder jenseits der Reproduktionsfähigkeit einer Art werden die Ressourcen knapp und die Art verschwindet (z. B. Fischbestände durch Überfischen). Die Kosten steigen, das ist der ökonomische Ausdruck der natürlichen Schranken, und das Wachstum gerät an Grenzen, die auch durch Investitionen in den Arterhalt oder die Exploration von Ressourcen und deren Substitution nicht geöffnet werden können. Dies gilt für mineralische, energetische, agrarische und lebendige Ressourcen gleicherweise.

Gleichzeitig nimmt die Nachfrage nach mineralischen, agrarischen und energetischen Rohstoffen weiter zu, nicht nur weil neue Mächte wie China oder Indien als konkurrierende Nachfrager auf den Märkten auftreten, sondern auch wegen des Produktions- und Konsummodells der „alten Industrieländer", die weiterhin außerordentlich viele Ressourcen verbrauchen, obwohl die Ressourceneffizienz zugenommen hat. Der Zwang zur Steigerung der Wettbewerbsfähigkeit von Standorten auf globalisierten Märkten verlangt ebenfalls nach einem stetig steigenden Ressourcenangebot, denn sonst wären weder eine Produktivitätssteigerung noch eine kostengünstige Massenproduktion zur Befriedigung der Massennachfrage zu erreichen.

Also holen wir inzwischen die mineralischen und energetischen Rohstoffe aus immer weiterer Ferne und die Nahrungsmittel aus aller Welt, von den Orangenplantagen Brasiliens, den Bohnenfeldern Ägyptens, den Reisfeldern Thailands, den Weinbergen Chiles, den Krabbenzuchten in den Mangrovensümpfen von Bangladesh und den Rinderfarmen Argentiniens. Wir können uns das leisten, weil wir über eine harte Währung verfügen und in einer Welt des freien Handels alles auf dem Markt kaufen können, was wir zu haben wünschen. Andere Völker, die die Kaufkraft der Nachfrage nicht aufbringen, können das nicht. Wir – das sind die Menschen in den vergleichsweise reichen Gesellschaften des industrialisierten Nordens der zunehmend globalisierten Welt.

So wie wir auf der Input-Seite viel Rohstoff und Energie verbrauchen, laden wir auf der Output-Seite den Müll, die Abwässer und Abgase in den Sphären der Erde ab. Schiffswracks lassen wir auf dem indischen Subkontinent verschrotten, den giftigen Elektronikschrott entsorgen wir irgendwo in Afrika, der Atommüll landet in Zwischenlagern, die sich immer mehr als Dauereinrichtungen herausstellen, und die Abgase der Verbrennung fossiler Energieträger emittieren wir in die Atmosphäre, in der wir die Konzentration des Kohlendioxids inzwischen auf über 380 ppm (vorindustriell: 180 ppm) gesteigert haben.

Wir haben also einen hohen Rohstoffinput und, nachdem wir die Rohstoffe in Gebrauchswerte verarbeitet haben, einen hohen Schadstoffausstoß. Wir sorgen mit der Transformation von Stoffen und Energien in Gebrauchswerte zur Befriedigung unserer Bedürfnisse gleichzeitig für einen Anstieg der Entropie. Das heißt, die einmal genutzten Stoffe und Energien sind nicht vernichtet (1. Hauptsatz der Thermodynamik), aber sie stehen nur noch in geminderter Qualität oder gar nicht mehr zur Leistung von Arbeit (im physikalischen Sinne) bzw. zur Befriedigung von Bedürfnissen (im ökonomischen Sinne) zur Verfügung (2. Hauptsatz der Thermodynamik). Die Art und Weise des Umgangs mit Ressourcen erzeugt also die Knappheit, die neoliberale Ökonomen durch Kapitalinvestitionen zu überwinden versprechen, so als ob man mit viel Geld eine einmal ausgelöschte Art zum Leben wiedererwecken könnte.

Auch das von dem Geologen Marion King Hubbert schon vor mehr als einem halben Jahrhundert vorausgesehene Gespenst des „peak oil" geht heute um: der Höhepunkt der Ölförderung ist bereits oder wird demnächst erreicht – danach wird die Angebotskurve des Erdöls nach unten weisen. Dann wird es nicht mehr möglich sein, täglich 85 Millionen Barrel aus dem Boden zu pumpen und so den ökonomischen Prozess mit Treibstoff zu versorgen. Was beim Öl besonders deutlich wird, trifft aber auch auf andere Rohstoffe zu: die absehbare Erschöpfung der nicht erneuerbaren Rohstofflager; steigende ökologische Kosten bei der Produktion erneuerbarer Rohstoffe oder gar die physische Vernichtung von lebendigen Ressourcen, ihr Artentod.

Auch das im Prinzip mögliche Recycling gebrauchter Ressourcen ist begrenzt. Viele Ressourcen werden durch Umwelteinflüsse oder den Abrieb bei der Nutzung allmählich in feinster Form zerstreut (verzinktes Eisen, Platin in Autokatalysatoren, Gummi von Autoreifen, Steine wie Fliesen etc.). Diese Wirkung hat Nicholas Georgescu-Roegen (1971) dazu veranlasst, den zweiten Hauptsatz der Thermodynamik nicht nur auf die fossilen Energiereserven eines Systems (des Planeten Erde) anzuwenden, sondern auch auf Rohstoffe, deren Entropie im Zuge ihres Verbrauchs steigt. Die Schlussfolgerung, die daraus zu zielen ist, hat Esra Mishan auf den Punkt gebracht: „Jeder, der von den physikalischen Gesetzen der Energie und der Materie auch nur eine Ahnung hat, wird einsehen, dass, in der geschichtlichen Perspektive gesehen, das Ende des Wirtschaftswachstums, wie wir es heute kennen, nicht sehr weit entfernt sein kann" (Mishan 1980, 48). Selbst wenn ein beträchtlicher Fortschritt der Technologie unterstellt wird, führt „triumphierendes" und andauerndes materielles Wachstum unweigerlich zu einem Kollaps des Systems.

Doch kann eine kapitalistische Ökonomie überhaupt ohne Wachstum auskommen? Gewinne bzw. Profite müssen ja als Überschuss, als Mehrwert produziert werden. Auch die Bezieher von „shareholder value" wollen diesen nicht nur virtuell, sondern in realen Größen. Zwar lässt sich die einfache Reproduktion ohne Wachstum vorstellen, doch dies ist mit der Dynamik des Systems nur vorübergehend vereinbar. Das Ende des Wirtschaftswachstums provoziert daher eine ökonomische und soziale Krise des Kapitalismus. Wenn andererseits im Zuge und als Folge des Wachstums die Ressourcen geplündert und die Senken überlastet werden, droht die ökologische Krise, die wie schon oft in der Geschichte der Menschheit als „Kollaps" endete (Diamond 2007), dieses Mal aber nicht lokal und regional begrenzt wie in den Fallstudien Diamonds, sondern mit globalen Ausmaßen.

Irrungen und Fälschungen

Die Pessimisten hinsichtlich der Verfügbarkeit von Ressourcen dürften also Recht haben, und die Optimisten der neoliberalen Weltsicht dürften schon wegen der Gesetze der Thermodynamik falsch liegen. Wer falsch liegt, muss seine Position oder Angaben ändern oder versuchen, durch Fälschung weiterzukommen. Bei einer Fälschung kann man, wie im Jahre 2004 der Energiekonzern Royal Dutch Shell, erwischt werden. Dieser Konzern hatte seine Ölreserven und damit sein „Naturkapital" zu hoch angesetzt und so den Börsenwert nach oben getrieben. Wenn eine Fälschung auffliegt, ist das nicht nur peinlich, Shell musste auch die Angaben über seine Reserven von 19,4 Mrd. Barrel auf 15,9 Mrd. Barrel reduzieren (vgl. FTD 12. Januar 2004). Dass die Reserven um 3,5 Mrd. Barrel (bei einem Preis von 70 US-Dollar je Barrel immerhin ein Kapitalwert von 245 Mrd. US$) zu hoch angesetzt worden waren, lag aber nicht daran, dass Irren menschlich ist, sondern an bewusster Irreführung. Die Versuchung ist groß, die Schwierigkeiten und daher die Kosten der Ausbeutung zu unter- und die möglichen Reserven zu überschätzen. Wenn vom Börsenwert eines Konzerns obendrein die Management-Gehälter abhängig sind, wirken sich Fälschungen oder überhöhte Angaben von Reserven im Gehaltskonto des Managements aus. Gegen dieses Anreizsystem, das falsche Reserveangaben begünstigt, ist die Börsenaufsicht in New York eingeschritten. Denn sie muss darauf achten, dass der Börsenwert zum Schutz der Anleger korrekt angegeben wird. Daher wird die Bewertung „objektiviert", wenn das Öl in der Welt der Ökonomie in einen Kapitalwert verwandelt worden ist. In der Welt der objektiven physikalischen Mengen ist die Bewertung paradoxerweise in hohem Maße subjektiv.

Also können weder neoliberale Ökonomen noch Institutionen wie die IEA die Naturbedingungen der Ölproduktion leugnen. Zwar müssen die Unternehmen im Shareholder-Kapitalismus „cash to shareholders and international companies" auszahlen, wie Fatih Birol, der

Chefökonom der IEA verständnisvoll mitteilt, aber die Ölunternehmen erfahren auch, dass sie „lack of access" zu ergiebigen neuen Feldern haben (FTD 6. Mai 2005). Die werden kaum noch gefunden. Deshalb ist bei Royal Dutch Shell die Reservequote im Jahre 2008 auf 95 % gefallen (FTD 18. März 2009). Der Konzern holt also im Jahr 2008 mehr Öl aus der Erde als ihm neue Reserven zuwachsen. Nun war 2008 ein besonderes Jahr, weil zum ersten Mal im Januar der Ölpreis die Marke von 100 US$ je Barrel übersprang und im Juli des Jahres 2008 den bisherigen Spitzenwert von 147 US-Dollar erreichte. Dies hat die Förderung sicherlich beflügelt. Aber das Sinken der Reservequote ist ein Indikator dafür, dass die Ressource langsam ausgeht, selbst wenn Bohrmöglichkeiten in der Arktis und die Ausbeutung von Ölsänden in Kanada in Angriff genommen werden, also der Natur mit immensen Umweltschäden ein erbarmungsloser Krieg erklärt wird. Auch ist anzunehmen, dass der EROEI sinkt, der „energy return on energy input", eine Maßzahl, die angibt, wie viel Energie aufgewendet werden muss, um eine bestimmte Energiemenge zu ernten. Es kann sein, dass sehr viel Energie eingesetzt werden muss, um Öl aus der Erde zu holen, und dann kann die Förderung irrational werden. Die Konsequenz der Minderung der Reserven ist die Reduzierung des Kapital- und Börsenwerts des Unternehmens, und das sehen Anleger, aber auch Regierungen verständlicherweise nicht gern. Sie werden also versuchen, nicht nur die Grenzen der Ressourcen zu leugnen, sondern auch aktive Ressourcensicherungspolitik zu betreiben. Sie werden versuchen, statt dem Wachstum Grenzen zu setzen, „die Grenzen wachsen" zu lassen.

Wachstum der Grenzen

Wir leben auf großem Fuße und hinterlassen einen großen, einen gemessen an der Tragfähigkeit der Natur des Planeten Erde zu großen „ökologischen Fußabdruck". Doch die daraus abgeleiteten Grenzen des Wachstums werden im politischen Diskurs umgedeutet in ein Maßnahmenbündel für das „Wachstum der Grenzen". Tatsächlich sind Grenzen nicht nur objektives Faktum, sondern diskursiv in den gesellschaftlichen Debatten und Konflikten konstruiert. Also können „Grenzen wachsen", allerdings nur „in Grenzen" (vgl. Luks 2001).

Für den einen oder anderen Stoff, den wir aus der Natur holen, gibt es Substitute. Auch die Moden wechseln und die Preise mancher Rohstoffe steigen, so dass Alternativen rentabel werden können, die es vor der Preissteigerung nicht waren. Aber einige Rohstoffe sind zentral für den reibungslosen Lauf der Ökonomie, d. h. für das Wirtschaftswachstum, sie haben eine strategische Bedeutung. Physikalische Gesetze, natürliche Grenzen und ökonomische Knappheiten werden dann zu politischen Herausforderungen.

So hat das deutsche Auswärtige Amt „über die nächsten zehn Jahre" die „Begrenztheit der Ressourcen" als eine der „größten Herausforderungen" aufgeführt und „strategisches Ressourcenmanagement" als „die eigentliche Kernaufgabe" auswärtiger Politik bezeichnet (www.auswaertiges-amt.de). Das ist in anderen Ländern ähnlich, und selbst in der Europäischen Union (EU) ist Ressourcenpolitik (ebenso wie der politische Umgang mit den Schadstoffsenken) nur unvollkommen vergemeinschaftet, daher zentrales Politikfeld für Nationalstaaten. Die Konsequenz ist Konkurrenz, die leicht in Konflikt umschlagen kann.

Es können aber auch neue Allianzen entstehen, die das geopolitische Kräfteparallelogramm verändern. Ein Beispiel ist die Kooperation von USA und Brasilien bei der Produktion und Vermarktung von Agrokraftstoffen, nachdem 2008 der Preis des fossilen Öls auf über 100 US-Dollar je Barrel gestiegen war und Agrosprit aus Weizen, Mais, Soja, Palmöl und Zuckerrohr ein höchst rentables Geschäft zu werden versprach. Die durch Umwidmung von agrarischer Fläche (von der Produktion von Nahrungsmitteln zur Erzeugung von Treibstoffen für Automobile) ausgelösten Unruhen in vielen Ländern haben gezeigt, wie destabilisierend Konflikte um die alternative Verwendung von Ressourcen sein können. Denn die Auswirkungen auf die Preise von Grundnahrungsmitteln können die Ernährungssicherheit insbesondere der ärmeren Schichten der Bevölkerung unterminieren (zu den Ursachen der Nahrungskrise vgl. Fritz 2008; Wahl 2008).

Konflikte entstehen auch infolge des konkurrierenden Zugriffs auf Afrikas energetische und mineralische Rohstoffe zwischen traditionellen imperialen Großmächten wie den USA und der EU einerseits und neuen, aufstrebenden Mächten wie China andererseits. Die langfristige Pacht von Land in afrikanischen Staaten für die Produktion von Nahrungsmitteln für den Bedarf in China oder in den Golfstaaten und die Auseinandersetzung darüber zwischen Staatsfonds, Regierungen und transnationalen Konzernen bergen in Zukunft viel Konfliktstoff – was an koloniale Zeiten erinnert. Auch die Pipeline-Routen aus den Öl- und Gasregionen des Nahen Ostens und Zentralasiens sind Gegenstand geopolitischer Auseinandersetzungen, in denen neben regionalen Mächten (die zentralasiatischen Staaten, Türkei, Iran, Indien) immer auch die großen Mächte, die USA, die EU, Russland und China verwickelt sind. Die EU ist involviert in den Konflikten um den Transit der Gaslieferungen aus Russland und Zentralasien nach Westeuropa durch die Ukraine und Weißrussland. Hinzu kommen energieimperialistische Großprojekte, wie die großflächige Nutzung der Sahara, um dort Sonnenenergie einzufangen und in transkontinentale Versorgungsnetze einzuspeisen, die vor allem von Verbrauchern in Europa genutzt werden sollen.

In Europa kann der allgemeine Entropieanstieg durch Energiezufuhr eingedämmt und die Gebrauchswertproduktion gesteigert werden. Das ist in den Regionen, aus denen die Energie entnommen wird, möglicherweise anders. Dies jedenfalls ist der Hintergrund zu der in der Entwicklungstheorie viel diskutierten These vom „Ressourcenfluch“: Ressourcenreichtum verwandelt sich in Wohlstand der die Ressourcen konsumierenden Nationen und in einen Missstand derjenigen Völker, die die Ressourcen ausbeuten (lassen). Die Regeln des freien Welthandels sind also, anders als deren Befürworter vorgeben, keineswegs immer geeignet, den Wohlstand der Handel treibenden Nationen zu heben. Freihandel mit Rohstoffen hat eher Missstand als Wohlstand zur Folge.

Ressourcenfluch – Ressourcenkonflikt

Der Ordnung der industriellen Welt entspricht die Unordnung der Extraktionsgebiete (Altvater 1992). Regionen und Nationen, die von der Extraktion und Vermarktung von Rohstoffen und Massenware („staple products“) abhängen, sind sehr häufig von der „holländischen Krankheit“ befallen. Sie müssen durch geeignete Wirtschaftspolitik das doppelte Problem lösen, bei gegebenen Faktorpreisrelationen auf dem Weltmarkt die internen *terms of trade* so zu gestalten, dass „systemische“ Wettbewerbsfähigkeit der verarbeitenden Industrien gegenüber dem Rohstoffsektor intern und gegenüber konkurrierenden verarbeitenden Industrien auf dem Weltmarkt extern hergestellt wird. Gelingt ihnen das nicht, führt Rohstoffreichtum zur monokulturellen Abhängigkeit, eine Rentenökonomie entsteht, in der die jeweiligen wirtschaftlichen und politischen Akteure gar kein Interesse daran haben, das Land ökonomisch, kulturell und sozial zu entwickeln. Dies ist zwar nicht zwingend so, aber doch ein häufig vorkommender Fall, insbesondere wenn die Ausbeutung der Ressourcen durch Marktkräfte und die Allokation der Schadstoffdeponien durch Emissionszertifikate ebenfalls marktwirtschaftlich gesteuert und politisch nicht gestaltet werden. Dann kommt es zu einem systemisch bedingten „pandemic cheating" (UNDP 2007, 14) und Entwicklung wird blockiert. Beispiele gibt es zu Hauf, der Kongo, Nigeria, Venezuela vor Chavez, Russland in der Jelzin-Zeit, etc.

Das ist keine frohe Botschaft für Rohstoffländer. Aber auch wenn sie die natürlichen Ressourcen auf den Weltmarkt werfen, ohne damit ihren Wohlstand zu heben, werden auf diese Weise Konflikte nicht vermieden. In der gesamten Kolonialgeschichte, in der Epoche des Imperialismus und selbst in den Jahrzehnten der Globalisierung haben transnationale Konzerne auch zu militärischer Gewalt gegriffen und sind dabei oft genug von Staaten, ihren Heimatstaaten in manchen Fällen, häufig aber auch von den Gaststaaten und deren korrupten Regierungen unterstützt worden, wenn sie mit Verträgen zu Marktbedingungen ihren Zielen nicht näher kommen konnten.

Die Geschichte der Rohstoffe ist eine Geschichte der Plünderung, der Gewalt und Übervorteilung. Während des Kolonialismus der Frühphase des Kapitalismus wurde der Versuch gemacht, die „weißen Flecken" auf der Landkarte, die der Kolonisator im Blick hatte, zu erobern, zu unterwerfen, auszubeuten und subaltern, eben als Kolonien, in den „charmed circle" der entwickelten kapitalistischen Staaten einzubeziehen. In den Sicherheitsdoktrinen von Nationalstaaten und Staatenbünden wie der EU oder der NATO schließt heute der Begriff der „erweiterten Sicherheit" auch Sicherheit vor terroristischen Gefahren, Energiesicherheit, Sicherheit vor Migranten, auch vor Umweltflüchtlingen, Sicherheit der Rohstoffversorgung ein. Auch heute werden also viele Staaten in ein sicherheitspolitisches Netz einbezogen, dessen Output vor allem eine möglichst komplette Sicherheit der Industrieländer sein soll.

Die ökologischen Kosten der globalisierten Industriegesellschaft werden also auf einem Globus, der zu einem „globalen Dorf" schrumpft, „externalisiert". Das Prinzip der Gleichheit von Ansprüchen an die Natur der Erde, von Bedürfnissen und von Möglichkeiten ihrer Befriedigung, wird ersetzt durch das der Rationierung der Nutzung begrenzter Ökosysteme als Senken und Ressourcen. Ein kleiner Teil der Menschheit bekommt große, ein großer Teil der Menschheit bekommt kleine Rationen zugeteilt. Die Rationierung durch den Preismechanismus (jene G7-Bürger mit einem durchschnittlichen Pro-Kopf-Einkommen von mehr als 20 000 US-Dollar im Jahr können größere Rationen greifen als jene G77-Bürger mit einem Pro-Kopf-Einkommen von vielleicht 800 US-Dollar) wird mit politischen, polizeilichen und militärischen Mitteln perfektioniert.

Literatur

Altvater, Elmar (1992): Der Preis des Wohlstands oder Umweltplünderung und neue Welt(un)ordnung. Münster.

Diamond, Jared (2006): Kollaps. Warum Gesellschaften überleben oder untergehen. Frankfurt a. M.

Easterlin, Richard A. (1998): Growth Triumphant. The Twenty-first Century in Historical Perspective. Ann Arbor.

Fritz, Thomas (2008): Dem Weltmarkt misstrauen. Die Nahrungskrise nach dem Crash. FDCL Berlin (http://www.fdcl.org)

Georgescu-Roegen, Nicholas (1971): The Entropy Law and the Economic Process. Cambridge/Mass., London.

IEA – International Energy Agency (2008): World Energy Outlook 2008. Paris.

Luks, Fred (2001): Die Zukunft des Wachstums. Theoriegeschichte, Nachhaltigkeit und die Perspektiven einer neuen Wirtschaft. Marburg.

Meadows, Donella, Dennis L. Meadows, Jørgen Randers & William W. Behrens III, (1972): Die Grenzen des Wachstums. Bericht des Club of Rome zur Lage der Menschheit. Stuttgart.

Meadows, Donella, Dennis L. Meadows & Jørgen Randers (1992): Die neuen Grenzen des Wachstums. Stuttgart.

Meadows, Donella, Dennis L. Meadows & Jørgen Randers (2006): Grenzen des Wachstums. Das 30-Jahre-Update. Stuttgart.

Mishan, Edward J. (1980): Die Wachstumsdebatte. Wachstum zwischen Wirtschaft und Ökologie. Stuttgart.

UNDP – United Nations Development Progamme (2007): Human Development Report 2007/ 2008. New York.

Wahl, Peter (2008): Food Speculation. The Main Factor of the Price Bubble in 2008. Berlin (http://www.weed-online.org)

Weizsäcker, Carl Christian von (2004): Der teure Heiligenschein erneuerbarer Energien. In: Internationale Politik, August 2004, S. 7 – 15.

Sascha Müller-Kraenner

Öl: Verteilungskonflikte, Stabilisierungskonflikte?

Auf den Bannern der Friedensaktivisten, die gegen den zweiten Golfkrieg Anfang der 90er Jahre demonstrierten, war die Forderung zu lesen: „Kein Blut für Öl". Falsch an dieser Aussage war, dass es bei dem Krieg, den die USA und ihre Alliierten damals, nach der Besetzung Kuwaits, gegen den Irak führten, ausschließlich um die Kontrolle des kuwaitischen Öls ging. Richtig war jedoch der geäußerte Verdacht, dass die Besetzung eines kleinen Landes ohne nennenswerte strategische Bedeutung und ohne Rohstoffvorkommen niemals eine militärische Reaktion vergleichbaren Ausmaßes ausgelöst hätte.

Konflikte und schon gar gewaltsam ausgetragene Konflikte haben in der Regel vielfältige ökonomische, soziale und letztendlich politische Ursachen. Der Zugang zu Ressourcen, die Kontrolle der Ressourcennutzung und ihres Transports gehören zu diesen Ursachen, vor allem, wenn es sich darüber hinaus um einen so bedeutsamen Stoff wie Öl handelt.

Schon während des ersten Weltkrieges war Öl ein kriegswichtiger Faktor und führte die britische Flotte zu ihrem Sieg über die mit Kohle angetriebene Marine des Deutschen Reiches. Der Zweite Weltkrieg wurde sowohl in Europa als auch im Pazifik unter anderem darüber ausgefochten, ob Deutschland und Japan ihre Kriegsmaschinerie durch rumänisches und indonesisches Öl länger am Laufen halten konnten. Nach dem Zweiten Weltkrieg wurden neue Ölquellen entdeckt und für einige Zeit – bis zum Embargo der arabischen OPEC-Staaten in den 70er Jahren – lebte die westliche Welt unter der Illusion eines immerwährenden, billig zur Verfügung stehenden Elixiers für ihre industrielle Entwicklung. Dieses Gefühl der Sicherheit wurde durch die Ölpreiskrisen der 70er und 80er Jahre und durch den weiteren Preisanstieg seit dem Jahr 2000 erschüttert. Mit dem Einstieg Chinas, Indiens und anderer Schwellenländer in die globalisierte Weltwirtschaft hat sich der Weltölmarkt weiter verändert, insbesondere nachdem China 1993 zum Nettoimporteur von Rohöl geworden war.

Die Frage ist, ob wir in Zukunft mit vermehrten Konflikten um den Rohstoff Öl rechnen müssen und ob und wenn ja wie solche Konflikte kooperativ eingegrenzt und bewältigt werden können. Deswegen ist es äußerst wichtig, sich über den Kern künftiger Konflikte klar zu werden. Handelt es sich um Verteilungskonflikte um eine immer knapper werdende Ressource? Oder sind der Ölförderung, dem Öltransport und der Ölnutzung andere konfliktträchtige Eigenschaften inhärent?

Grenzen des Wachstums ...

Haben wir beim Öl die Grenze des Wachstums erreicht? Wurde der „peak oil" bereits überschritten, wie beispielsweise die Energy Watch Group meint? Tatsächlich lagen die Welterdölreserven 2007 erstmals seit Jahren geringfügig unter den Reserven des Vorjahres. Auch die aktuelle Ölförderung fiel seit einigen Jahren erstmals, wenn auch nur leicht. Berücksichtigt man die bekannten Ressourcen, dann gelten etwa 38 % des konventionellen Öls als bereits aufgebraucht. Zahlreiche länger genutzte Ölfördergebiete, beispielsweise in der britischen Nordsee, gehen zur Neige.

Weltweit ist Erdöl mit einem Anteil von ca. 36 % am Primärenergieverbrauch (ohne Biomasse) nach wie vor der wichtigste Energieträger. Regional entfallen auf die Länder des Nahen Ostens etwa 62 %, auf das Produzentenkartell OPEC insgesamt rund 77 % der weltweiten Reserven. Tendenziell wird sich – so steht zu vermuten – die Ölförderung bis zum Jahr 2030 verstärkt auf Saudi-Arabien, den Iran und Irak konzentrieren. Welche Rolle Russland und Kanada im globalen Maßstab spielen werden, ist dagegen noch unklar, da große Teile ihrer an und für sich beträchtlichen Ressourcen mit heute vertretbarem Aufwand nicht erschlossen werden können.

Im Gegensatz zu den heute schon wirtschaftlich nutzbaren Reserven ist das Volumen der bekannten, aber noch nicht mit vertretbarem finanziellen und technischen Aufwand nutzbaren Ressourcen in den vergangenen Jahren weiter angestiegen. Seit Beginn des Jahrzehnts wurden mehr neue Ölfelder entdeckt als in den 90er Jahren. Wegen der steigenden Rohölpreise weiteten die großen staatlichen und privaten Ölförderfirmen ihre Explorationstätigkeit systematisch aus. Neue Regionen, insbesondere der afrikanische Kontinent, wurden verstärkt unter die Lupe genommen. Neu entwickelte Technologien erlaubten es, vorhandene Ölressourcen unter dem arktischen Eis und in der Tiefsee zu erfassen.

Obwohl es sich bei Öl um eine nur begrenzt verfügbare nicht erneuerbare Ressource handelt, steht der „peak oil" rein geologisch gesehen also nicht unmittelbar bevor. Warum jedoch stagniert die Förderung und ist 2007 sogar erstmals gesunken? Ein Grund dafür liegt in einem Investitionsstau bei der Ölförderung: Erstens wurde in Zeiten niedriger Preise, also fast die gesamten 90er Jahre, nicht in den Ausbau der Förder- und Transportinfrastruktur investiert. In der ehemaligen Sowjetunion kam die wirtschaftliche Krise dazu; die russische Ölindustrie lebt seitdem von der Substanz. Zweitens steigt der Investitionsaufwand für die Aufschließung neuer Quellen kontinuierlich an, da die leicht zugänglichen Ölfelder zur Neige gehen und so unter immer schwierigeren Bedingungen gefördert wird. Drittens hat sich das Gewicht auf dem Weltölmarkt in den vergangenen Jahren zugunsten großer staatlicher Ölförderfirmen verschoben. Über 90 % der Weltölreserven werden heute von staatlichen Ölfirmen gehalten, die nicht immer über das investive Kapital verfügen, ihre Schätze aus dem Boden zu holen.

… oder Wachstum ohne Grenzen?

Solange wir an der Tankstelle bereit und in der Lage sind jeden Preis zu bezahlen, wird uns das Öl also vorerst nicht ausgehen; geologisch gesehen reichen die Vorräte noch mehrere Jahrzehnte. Technisch stehen außerdem verschiedene Ersatzlösungen zur Verfügung: neben der Förderung von Rohöl aus konventionellen Quellen und unkonventionellen Quellen wie Schiefer und Sand gibt es alternative technische Möglichkeiten, um Öl aus Biomasse, Kohleverflüssigung, Tiefseemethan und auf anderem Wege herzustellen.

Die Ressourcen an nicht konventionellem Öl, vor allem aus Ölschiefer, übersteigen die vorhandenen konventionellen Ressourcen um etwa das Dreifache. Die Förderung aus Ölsanden und Ölschiefer ist jedoch ausgesprochen energieaufwendig und der Flächenverbrauch und die damit einhergehende Umweltzerstörung können gewaltig sein.

Das bereits 1913 patentierte Verfahren der Kohleverflüssigung, das zu Zeiten des Nationalsozialismus und während des Apartheid-Regimes in Südafrika schon im großen Umfang zum Einsatz kam, könnte re-aktiviert werden. Durch Verflüssigung kann aus Kohle Treibstoff hergestellt und somit das Ölzeitalter erheblich verlängert werden. Für Europa und Nordamerika wird damit gerechnet, dass die Kohleverflüssigung ab durchschnittlichen Rohölpreisen von 45 US-Dollar pro Barrel wirtschaft attraktiv wird.

Seit einiger Zeit wird versucht, Erdöl durch Flüssigtreibstoffe aus Biomasse zu substituieren. Brasilien hat sich auf diese Weise von Ölimporten unabhängig gemacht. Neue Technologien, wie die so genannte zweite Generation der Biomassenutzung aus Zellulose, können den Wirkungsgrad und damit auch die wirtschaftliche Attraktivität der Biomassenutzung weiter erhöhen. Allerdings steigt durch den Anbau von Energiepflanzen die Flächenkonkurrenz und damit der Druck auf die für Lebensmittelproduktion nutzbaren Flächen und auf die verbliebenen Naturräume.

Unter Tiefseeböden gebundenes Methanhydrat ist eine andere, in ihrem Umfang aber nur schwer abschätzbare fossile Energiequelle, die sich grundsätzlich zur Umwandlung in Flüssigtreibstoff eignet.

Selbstbegrenzung – einige Beispiele

Rein technisch gesehen kann das Ölzeitalter also durch weitere Ölförderung und durch Umwandlung anderer Kohlenwasserstoffe bis weit in das kommende Jahrhundert verlängert werden. Die westlichen Industriestaaten und die wohlhabenderen Schwellenländer könnten sich eine solche Strategie wahrscheinlich sogar wirtschaftlich leisten. Deswegen ist es umso wichtiger, andere limitierende Faktoren für die Ausdehnung des Ölzeitalters ad ultimo ins Blickfeld zu rücken.

Solche Faktoren sind nicht geologischer oder technischer Art; sie bestehen in den ökologischen, sozialen und letztendlich politischen Kosten eines schrankenlosen Ressourcenverbrauchs. Hier liegt der wahre Preis dafür, wenn man sich nicht aus der Abhängigkeit vom Öl lösen will. Und in ihnen liegt meines Erachtens ein weitaus größeres und vielfältigeres Konfliktpotenzial verborgen als in der Vorstellung von Ressourcenkriegen.

An erster Stelle zu nennen sind die Schranken, die die dramatische Veränderung des Klimas der zukünftigen Entwicklung der Energieversorgung auferlegt. Wenn wir den Anstieg der globalen Durchschnittstemperatur bis zum Jahr 2100 auf maximal 2 °C begrenzen müssen, um das Schlimmste zu vermeiden, dann steht den Industrieländern bis zur Mitte des Jahrhunderts nichts weniger bevor als die fast vollständige Dekarbonisierung ihrer Energiesysteme.

Die wahren Konflikte drohen – so denke ich – nicht im Kampf um die letzten Ölquellen, sondern dann, wenn der Klimawandel weltweit zu großen Strömen an Umweltflüchtlingen führt. Dann geht die Auseinandersetzung nicht um Öl, sondern um Land, vor allem dann, wenn breite Landstriche durch den Klimawandel unbewohnbar werden und wenn einzelne Staaten, wie die Inselstaaten im Pazifik und Indischen Ozean, von der Landkarte verschwinden.

Ist die technische Abscheidung von Kohlenstoff (*carbon capture and storage* – CCS) eine geeignete Möglichkeit, weiterhin fossile Brennstoffe zu nutzen und trotzdem den CO_2-Ausstoß zu senken? Bei der Stromerzeugung in Großkraftwerken auf Kohle- und Gasbasis mag das technisch und auch finanziell möglich sein, aber nicht beim Öl, das fast ausschließlich im Verkehrssektor – und damit in hunderten Millionen von Fahrzeugen – verwendet wird. Beim Thema „Ausstieg aus den fossilen Energien“ muss daher der Ausstieg aus dem Treibstoff Öl an erster Stelle stehen!

Öl und Menschenrechte mischen sich schlecht. Thomas Friedman formulierte vor einigen Jahren das „Erste Gesetz der Petropolitik“, nach dem steigende Öleinnahmen zu einer Verschlechterung der Menschenrechtssituation eines Landes führen. In der Tat, Öleinnahmen stabilisieren undemokratische Regierungen, beispielsweise in Myanmar, und Rohstoffeinnahmen finanzieren die Weiterführung von Konflikten. Nur so konnte der Bürgerkrieg im ölreichen, aber ansonsten bettelarmen Sudan über zwei Jahrzehnte geführt werden.

Mit der Erschließung neuer Ölreserven und der Erkundung bisher unerschlossener Ressourcen dringt man zunehmend in die letzten Grenzgebiete des Planeten vor – in die Tiefsee, ins arktische Eis, in die tropischen Regenwälder, in die einzigen vom Menschen noch nicht veränderten Ökosysteme der Erde. Auch die Erschließung unkonventioneller Ölressourcen, beispielsweise aus Ölschiefern und Ölsanden, ist mit hohen Umweltbelastungen verbunden. Davon betroffen sind oftmals die Lebensräume indigener Völker, deren auf einer angepassten Nutzung natürlicher Ressourcen beruhende Lebensweise durch eine die Umwelt zerstörende Ressourcenextraktion in Gefahr gerät.

Insgesamt täten wir also gut daran, uns aus unserer Abhängigkeit vom Öl zu lösen. Der Grund dafür liegt aber nicht so sehr in der physikalisch ableitbaren Verknappung dieses Rohstoffs, auf den in den vergangenen 100 Jahren das wirtschaftliche Wachstum beruhte, sondern – wie Daniel Yergin schon früh erkannte – in dem steigenden ökonomischen, ökologischen und politischen Preis, den wir für seine weitere Nutzung zahlen werden (Yergin 1991). Sowohl aus Sicht der politischen Ökonomie als auch aus Gründen praktischer Moral muss es deswegen heißen: Weg vom Öl!

Literatur

Bundesanstalt für Geowissenschaften und Rohstoffe (2008): Reserven, Ressourcen und Verfügbarkeit von Energierohstoffen. Hannover.

Friedman, T. (2006): The First Law of Petropolitics. In: Foreign Policy 2.

International Energy Agency (2008): World Energy Outlook. Paris.

Müller-Kraenner, S. (2007): Energiesicherheit. Die neue Vermessung der Welt. München.

Yergin, D. (1991): The Prize. The Epic Quest for Oil, Money and Power. New York.

Nicole Kranz, R. Andreas Kraemer & Grit Martinez

Wasser: Konfliktstoff oder Friedensstifter?

Konflikte um Wasser

In den vergangenen 20 Jahren wurden immer wieder Konflikte und gar Kriege um Wasser heraufbeschworen oder angekündigt. Und in letzter Zeit sind angesichts der Auswirkungen des Klimawandels wieder Stimmen laut geworden, die entsprechende Szenarien konstruierten. Grund dafür gibt es sicherlich genug: Mehr als 1 Milliarde Menschen haben nach Schätzungen der Vereinten Nationen derzeit keinen Zugang zu sauberem Trinkwasser; an den Folgen von Wasserknappheit sterben jährlich etwa 5 Mio. Menschen. Des Weiteren wird vermutet, dass 25 % der Menschen in Afrika im Jahre 2015 unter Wasserstress leiden werden, der wiederum ein erhöhtes Konfliktpotenzial birgt. Neben globalen Umweltveränderungen gelten Missmanagement, Korruption und mangelnde *Governance* als die wichtigsten Ursachen für diese Situation. Es wurde beobachtet, dass Konflikte um Wasser umso häufiger sind, je schwächer entsprechende Institutionen herausgebildet sind. Am Beispiel Somalias wird dies besonders deutlich. Dort liegt nach Ansicht des Internationalen Komitees des Roten Kreuzes ein latentes Konfliktpotenzial vor aufgrund der mangelnden Versorgung mit Wasser durch die öffentliche Hand.

Auch viele Ökosysteme sind durch zunehmende Wasserknappheit bedroht. Die Verteilung von Wasserressourcen zwischen Anrainern internationaler Flüsse ist in vielen Fällen problematisch, wie am Beispiel des zentralasiatischen Amudarya zu sehen ist. Die Auswirkungen jahrzehntelanger Misswirtschaft werden am weitreichenden Austrocknen des Aralsees besonders deutlich, was immer wieder Anlass zu Auseinandersetzungen zwischen den Anrainerstaaten (Usbekistan, Turkmenistan, Tadschikistan) gegeben hat. Zunehmend kommt es dort aber auch zu einer Verknüpfung mit anderen Problemfeldern wie z. B. der Energiesicherheit, so dass eine baldige Lösung des Konfliktes unwahrscheinlich ist.

Immer wieder kommt es auch zu Auseinandersetzungen zwischen Anrainerstaaten um die Wasserinfrastruktur, wie am Beispiel des Ilisu-Staudamms zwischen der Türkei und Syrien deutlich wird, der insgesamt höchst umstritten ist. Auf dem Wasserforum 2009 in Istanbul gab es Ausschreitungen der türkischen Polizei gegen Staudamm-Gegner.

Uneinigkeit über die Nutzung von Wasserressourcen behindert die wirtschaftliche Entwicklung und birgt die Gefahr korrodierender sozialer Prozesse, die zu gesteigerter Konfliktbereitschaft in einer Gesellschaft beitragen (vgl. Homer-Dixon 1999). Die Universität von Oregon hat eine umfangreiche Datenbank erstellt, welche die Dispute um Wasser weltweit nachzeichnet. Dort findet man aber auch ein Verzeichnis internationaler Abkommen zur Nutzung von Wasserressourcen, die teilweise mit großem Erfolg beschieden war.

Vor diesem Hintergrund gehen wir im Folgenden der Frage nach, ob Wasser grundsätzlich Anlass für Konflikte liefert oder ob vielmehr Wasser dann zum Konfliktstoff wird, wenn gesellschaftliche Steuerungsmechanismen versagen, unzureichend oder schlecht entwickelt sind. Werden Wasserkonflikte evtl. herbeigeredet, um diese Schwächen zu kaschieren? Wie sieht gute Wasser-*Governance* aus und welche positiven Effekte kann diese mit sich bringen?

Ein Blick zurück

Ein Blick in die Geschichte zeigt zunächst, dass Wasser als Quell des Friedens dienen kann, gerade weil es an so elementarer Stelle der menschlichen Existenz steht. Im Kern ist Wasser ein soziales Gut. Jede Nutzung von Wasser durch Einzelne oder Gruppen von Menschen hat zwangsläufig Folgen für andere Nutzer. Das zwingt zur Abstimmung und Zusammenarbeit. Je knapper das Wasser oder je schlechter seine Qualität, desto größer die Notwendigkeit, die verschiedenen Nutzungen aufeinander abzustimmen. Nicht umsonst wird Wasser als Symbol bei der Taufe verwendet, einem Ritual bei der Aufnahme eines Menschen in die Gemeinschaft. In den großen Religionen gibt es Vorkehrungen und Tabus, mit denen der Umgang mit Wasser geregelt wird – so z. B. das Tabu der Brunnenvergiftung oder die Sünde, einem durstigen Menschen Wasser zu verweigern. Umgekehrt ist es ein weit verbreitetes Gebot, einem Gast Wasser zum Trinken anzubieten.

Antike und moderne Zivilisationen entstanden aufgrund der Abstimmung und Organisation des Umgangs mit Wasser, von den Reisterassen in Indonesien über die Bewässerung im Zweistromtal und am Nil bis zur Landgewinnung in den Niederlanden oder der Entwicklung Kaliforniens. Gesellschaften, welche die notwendigen Regeln vereinbaren und durchsetzen, gedeihen durch die Zusammenarbeit. Gut zu sehen ist das an der Entstehung der Verfassungen für demokratische Gebilde von kontinentaler Größe, den Vereinigten Staaten und der Europäischen Union.

Der Verfassung der USA ging der nach dem Wohnsitz von George Washington benannte „Mount Vernon Compact" aus dem Jahre 1785 voraus, in dem Virginia und Maryland sich über die Nutzung des Potomac-Flusses einigten, sich gegenseitig Rechte zugestanden und damit den Handel zwischen ihnen, den anderen Kolonien und über See erleichterten. Dieser Erfolg war direkter Anstoß für die verfassungsgebenden Versammlungen in Annapolis und später in Philadelphia.

Die europäischen Verträge stellen als Primärrecht eine Art Verfassung für die Europäische Union dar und gehen auf die „Mannheimer Akte über die Regelung der Rheinschifffahrt" von 1868 zurück. Darin waren alle wesentlichen Elemente der europäischen Institutionen schon vorgezeichnet; vom diskriminierungsfreien Warenverkehr über die gemeinsame Verantwortung für Ausbau und Erhalt des Rheins und seiner Schiffbarkeit, die Angleichung des Rechts der Anrainerstaaten bis hin zu einer gemeinsamen Gerichtsbarkeit und einer Kommission als Hüterin der Akte. Auf beiden Seiten des Atlantiks, in den USA und in der EU, hat die friedliche, nachbarschaftliche Zusammenarbeit an einem Fluss den Boden für den Aufbau starker Gemeinwesen geschaffen.

Nachhaltiges Wassermanagement

Ausgehend von diesen richtungsweisenden Entwicklungen eines verantwortungsvollen Umgangs mit der Ressource Wasser können generelle Kriterien für eine friedens- und zivilisationsstiftende Zusammenarbeit bei Wasser abgeleitet werden, die sich teilweise auch schon in entsprechenden Richtlinien und Gesetzeswerken finden lassen.

Die Bewirtschaftung des Wassers hat sich am Kriterium der Nachhaltigkeit auszurichten. Dies betrifft sowohl das Management des Wassers als natürlicher Ressource als auch die Bereitstellung von Wasserdienstleistungen. Nachhaltiges Wassermanagement setzt wiederum eine Reihe von Handlungsprinzipien voraus, die von den jeweiligen Entscheidungsträgern umzusetzen sind. Von zentraler Bedeutung ist hierbei der Ansatz des integrierten Wasserressourcenmanagements (*integrated water resources management* – IWRM). Demnach sollen unterschiedliche Wassernutzungen aufeinander abgestimmt und dabei gleichzeitig eine langfristig nachhaltige Wasserverfügbarkeit und Wasserqualität garantiert werden. Andere wichtige Handlungsprinzipien sind die Gerechtigkeit bei der Wassernutzung (Gendergerechtigkeit und Generationengerechtigkeit) und die Transparenz der Entscheidungsfindung. In Anbetracht des Klimawandels und der damit verbundenden Unwägbarkeiten werden in jüngster Zeit zudem Anpassungsfähigkeit und Flexibilität als wichtige Elemente eines nachhaltigen Wassermanagements angesehen. Die Einbeziehung aller relevanten *Stakeholder* und soziales Lernen gelten als notwendige Bedingungen für nachhaltige Wasser-*Governance*, der verantwortungsvollen Steuerung von Wassermanagement-Prozessen.

Diese Prozesse laufen auf verschiedenen Ebenen ab, von lokalen Wasserproblemen in einer Gemeinde bis hin zu internationalen Beziehungen in grenzüberschreitenden Flussgebieten. Im Folgenden stellen wir einige Beispiele vor, anhand derer gezeigt werden kann, wie Wasser zum Konfliktstoff wird und wie Konflikten durch Anwendung der dargestellten Governance-Mechanismen begegnet werden kann.

Fairer Zugang zu Wasser

Was den Zugang zu Wasser angeht, ist die kontinuierliche Entnahme von Trinkwasser aus dem Wasserhahn eher die Ausnahme und überwiegend nur in den westlichen Industrienationen Usus. In Entwicklungsländern ist in den städtischen Zentren die Wasserversorgung mittels Zuleitungen zwar üblich, funktioniert jedoch häufig nicht; in den ländlichen Räumen erfolgt die Wasserentnahme hingegen vorwiegend aus externen Quellen wie Flüssen, Seen, Brunnen mittels direkter Entnahme.

Für Qualität, Verfügbarkeit und Service der Wasserversorgung sind sowohl Kommunen wie private Anbieter zuständig. In den Industrienationen sind diese Akteure in der Regel mit auseichender technischer und verwaltungsmäßiger Kapazität ausgestattet und oft, wenn auch nicht durchgängig, staatlichen Kontrollmechanismen unterworfen. In den Entwicklungsländern ergeben sich auf lokaler Ebene fundamentale Herausforderungen; mag die Verantwortlichkeit noch annähernd klar geregelt sein, stellen Kapazität und letztendliche Ausführung große Probleme dar.

Die Wasserwirtschaft ist in der Regel kapital- und investitionsintensiv. Die Wasserversorgung in Entwicklungsländern beruht häufig auf veralteten, leistungsschwachen Anlagen. Leckagen in den Leitungen ziehen Wasserverschmutzung und teils erhebliche Wasserverluste nach sich. Nach einer Weltbankstudie belaufen sich illegale Wasserentnahmen in einigen Ländern auf bis zu 20 % des gesamten Angebots; zusammen mit den Verlusten aufgrund des mangelnden Zustandes der Zuleitungen gehen vielfach bis zu 45 % verloren, bevor das Wasser den Konsumenten erreicht.

In den letzten Jahren sind auch die Auswirkungen der Korruption im Wassersektor stärker ins Bewusstsein gerückt. Nach der Formel: *C(orruption) = M(onopoly) + D(iscretion) – A(ccountability)* führen Monopol (M) und Gutdünken (D) zu mehr Korruption, wenn die Rechenschaftspflicht (A) nicht gestärkt wird. Korruption beeinträchtigt den Zugang und die Verteilung von Wasser und verstärkt so die Auswirkungen demographischer Entwicklungen und des Klimawandels. Im Wassersektor bekommt der Slogan *corruption kills* häufig eine wortwörtliche Bedeutung. Zudem entgehen dem Wassersektor nach ersten Schätzungen jährlich rund 50 Mrd. Euro an Einnahmen durch Korruption, was etwa 25 % aller weltweiten Investitionen entspricht. Korruption im Wassersektor tritt in unterschiedlichen Formen auf:

- Begünstigungen und Unterschlagungen zwischen Regierungen und Regulierungsbehörden bei der Planung und Finanzierung der Wasser-Infrastruktur;
- Illegale Absprachen zwischen staatlichen/kommunalen Akteuren und Baufirmen;
- Kleinkorruption zwischen Wasserversorgern und Endkunden; Zahlung von Bestechungsgeldern für Wasseranschlüsse; Legung illegaler Zugänge; Manipulierung der Wasserzähler, usw.

Die Maßnahmen zur Prävention und Bekämpfung von Korruption konzentrieren sich auf die Stärkung von Transparenz und der Integrität der Wasserakteure durch Vereinfachung von Verfahren und Vorschriften, durch Anwendung von Leistungskriterien sowie durch Stärkung des öffentlichen Finanzwesens. Darüber hinaus sind Partizipation und verlässliche Medienberichterstattung wichtig. Die öffentlichen Budgets sollten einer Kontrolle durch Bürgerforen unterliegen; für private Firmen sollten Verhaltenskodizes eingeführt werden; die Kontroll- und Sanktionsmechanismen der Geberorganisationen bei Umsetzung baulicher Maßnahmen sollten verbessert werden. Ein politischer Dialog zwischen Geber- und Nehmerländern gilt als eine wichtige Voraussetzung für die Minderung des Konfliktpotenzials im Wassersektor.

Kooperation bei der Wassernutzung

Auf lokaler und regionaler Ebene ergeben sich häufig konkurrierende Interessen bei der Wassernutzung, aber auch zahlreiche Möglichkeiten für eine bessere Abstimmung. Beispiele hierfür sind die Wasser- und Bodenverbände, in denen sich Landwirte und andere Wassernutzer einer Region zur Bewirtschaftung der Wasserressourcen zusammen schließen – in Deutschland z. B. in Form der „Emscher-Genossenschaft" und der Verbände in der Wesermarsch. Interessant ist hierbei, dass Vertreter unterschiedlicher Interessen gemeinsam über die Wasserressourcen entscheiden und auch Verantwortung für die jeweiligen Entscheidungen übernehmen.

Wie einführend bemerkt, ist die Zusammenarbeit von Staaten bei der Bewirtschaftung gemeinsamer Einzugsgebiete von großer Bedeutung, wobei die „Internationale Kommission zum Schutz des Rheins" als Prototyp einer erfolgreichen Zusammenarbeit gilt. Die „Internationale Kommission zum Schutz der Donau" wurde nach dem Vorbild der Rheinkommission gegründet, sieht sich aber vor einer ungleich größeren Herausforderung in dem ‚internationalsten' aller Flussgebiete mit insgesamt 19 Anrainern. Dennoch ist es in den vergangenen Jahren gelungen, diese so unterschiedlichen Staaten zusammen zubringen und als Ziel die Bewirtschaftung der Donau zum gemeinsamen Nutzen nach den Kriterien der EU-Wasserrahmenrichtlinie zu etablieren.

Durch eine Konvention des *Economic Council for Europe* der Vereinten Nationen ist das Modell der Flussgebietskommission mittlerweile in vielen internationalen Flusseinzugsgebieten eingeführt worden, vielerorts auch mit entsprechendem Erfolg. Das Beispiel des Orange-Senqu aus dem südlichen Afrika zeigt, dass hierdurch Verständigungsprozesse in Gang gesetzt wurden, die auch die Anpassung an den Klimawandel einschließen. Am Beispiel des Okavango lässt sich zeigen, dass eine breit angelegte Beteiligung an Entscheidungen möglich ist. Der *African Ministerial Council on Water* unterstützt die Einführung von Flussgebietskommissionen als Fokus internationaler Zusammenarbeit. Die Erfolge mit dem regionalen Wassermanagement in Afrika sind insgesamt positiv zu bewerten, zumal sie fördernd auf andere Politikbereiche ausstrahlen.

Fazit

Wasser ist das Lebenselixier des Menschen und birgt somit auch das Risiko konfliktreicher Auseinandersetzungen. Erfahrungen und Beobachtungen zeigen jedoch, dass Konflikte um Wasser zu vermeiden sind, wenn bestimmte Prinzipien eingeführt und im Sinne einer verantwortungsvollen Steuerung durchgesetzt werden. Hinter allem muss dabei die Einsicht stehen, dass bei Wasserkonflikten letztendlich keiner gewinnen kann und dass Wasser zu wichtig ist, um darüber zu streiten – und somit einen Katalysator für Kooperation darstellt.

Dass dieses Potenzial ungenutzt bleibt, geht auf zahlreiche Faktoren zurück, wie vor allem: schwache oder nicht vorhandene Kapazitäten staatlicher Stellen, unzureichende Einbeziehung gesellschaftlicher Akteure, fehlenden politischen Willen und auch das verantwortungslose Handeln Einzelner. Zu beobachten ist dabei häufig die Vermischung mit anderen konfliktträchtigen Interessen; Wasser ist selten die eigentliche und einzige Grundlage eines Konfliktes.

Das Weltwasserforum 2009 in Istanbul hat gezeigt, dass die Ansätze für ein verantwortungsvolles Miteinander immer besser bekannt und auch umgesetzt werden. Diese Entwicklung weiter zu führen ist eine wichtige Zukunftsaufgabe, bei der es gilt, das zivilisations- und friedensstiftende Potential der natürlichen Ressource Wasser aktiv zu nutzen.

Literatur und Links

Delli Priscoli, J. & A. T. Wolf (2009): Managing and Transforming Water Conflicts. International Hydrology Series. Cambridge.

Ecologic Institute: www.ecologic.eu/wasser

Homer-Dixon, T. (1999): Environment, Scarcity, and Violence. Princeton, London.

Newater: New Approaches to Adaptive Water Management under Uncertainty: www.newater.info

UNDP Water Governance Facility: www.watergovernance.org

UNESCO–Green Cross From Potential Conflict to Cooperation Potential (PCCP): Water for Peace. www.unesco.org/water/wwap/pccp

UNWater (2008): Transboundary Waters: Sharing benefits, sharing responsibilities, UNECE, UNESCO and UN-Water.

Water Cooperation and Conflict Database: www.transboundarywaters.orst.edu

Water Integrity Network: www.waterintegritynetwork.net

Benno Pilardeaux

Landnutzung: entscheidende Faktoren der Konfliktverschärfung

Wir leben in Zeiten zunehmender Knappheiten. Nicht nur Erdöl („peak oil"), Phosphat („peak phosporous") oder lokale Süßwasservorräte werden knapper, auch um fruchtbare Landflächen gibt es zunehmende Nutzungskonkurrenzen (vgl. Déry & Anderson 2007). Indiz für diesen Trend ist die Beobachtung, dass sich internationale Investoren zunehmend wertvolle Ackerflächen sichern (siehe Abbildung 1). Beispielsweise werden im Sudan im großen Stil fruchtbare Flächen an Ägypten, Jordanien und Kuwait verkauft oder verpachtet. Aber auch Privatinvestoren aus den USA haben im Süden des Sudan große Flächen für die Nahrungsmittel- und Biokraftstoffproduktion aufgekauft. Besonders spektakulär ist die geplante Verpachtung von rund der Hälfte der Ackerfläche Madagaskars für 99 Jahre an die südkoreanische Daewoo Logistics Cooperation. Wegen des massiven Widerstands der vielfach von Ernährungsunsicherheit betroffenen Bevölkerung ist der Abschluss dieses Vertrages allerdings vorerst gestoppt worden (vgl. Widmann 2009).

Eine Verschärfung der Konkurrenz um Land trägt auch zu langfristig steigenden Preisen bei Nahrungsmitteln bei. Das International Food Policy Research Institute schätzt, dass je Prozentpunkt Erhöhung der Preise für Grundnahrungsmittel die Zahl der Unterernährten um rund 16 Mio. Menschen zunimmt (vgl. Brockmeier & Klepper 2008). Der Wissenschaftliche Beirat der Bundesregierung Globale Umweltveränderungen sieht angesichts dieser Entwicklung die Gefahr, dass Konkurrenz um Land ohne politische Steuerung künftig zu ernsten Nutzungskonflikten führen wird (vgl. WBGU 2008). Der vorliegende Beitrag identifiziert die Schlüsselfaktoren, die diese Konkurrenz um Landflächen verschärfen und zeigt auf, wie die Landnutzung im Rahmen der internationalen Zusammenarbeit nachhaltiger gestaltet werden könnte.

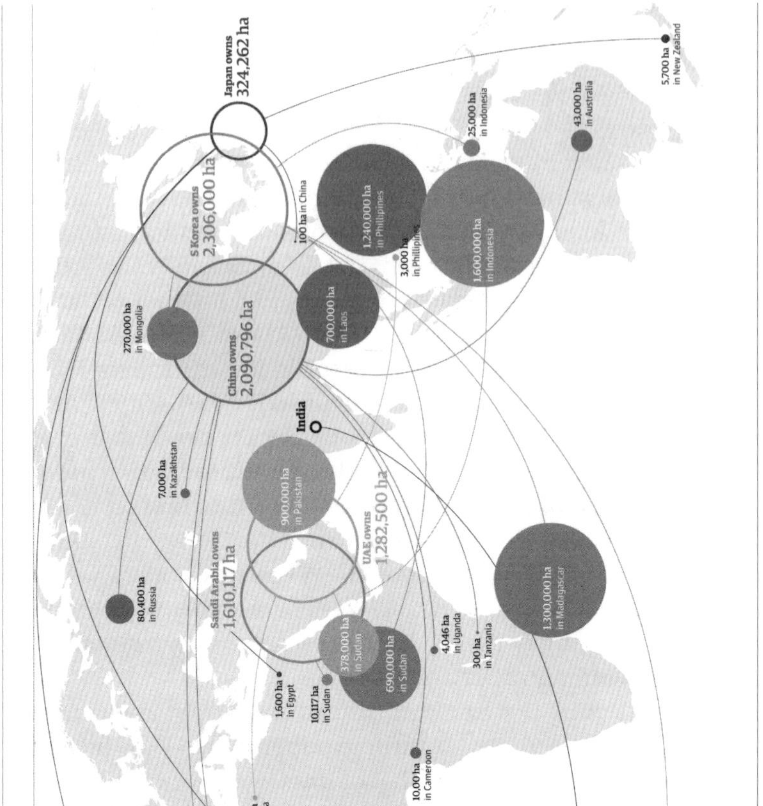

Abb. 1: Erwerb von Landflächen durch Staat und Privatinvestoren, Quelle: GRAIN 2009

Ausgangslage: Begrenzte Flächenreserven

Alle Untersuchungen über die vorhandenen globalen Flächenreserven sehen als zentrale Herausforderung die Sicherung der Welternährung: Für die wachsende Weltbevölkerung muss die Nahrungs- und Futtermittelproduktion bis zum Jahr 2030 um etwa 50 % gesteigert werden (vgl. OECD & FAO 2008). Dabei ist eine Ausweitung der Agrarflächen in vielen Weltregionen nicht mehr möglich, insbesondere nicht im Nahen Osten und in Südasien. Zudem gehen durch Bodenerosion und Desertifikation laufend fruchtbare Ackerflächen verloren. Beispielsweise gelten in Afrika bereits 65 % des Ackerlandes, 31 % der Weiden und 19 % der Wälder als geschädigt. Aber auch Lateinamerika und Asien sind stark betroffen (vgl. FAO 1990; MA 2005). Insgesamt nimmt die pro Kopf verfügbare Ackerfläche – auch wegen des Bevölkerungswachstums – seit Jahren ab.

Neu kultivierbares Land findet sich nur in wenigen Weltregionen. Rund die Hälfte dieses Potenzials befindet sich in Angola, Kongo, Sudan, Argentinien, Bolivien, Brasilien und Kolumbien. Würden diese Flächen vollständig unter Pflug genommen, wären vielfach wertvolle Naturschutzflächen (vor allem Urwälder) akut gefährdet. Da die Möglichkeiten für die Neuerschließung von Anbauflächen begrenzt sind, muss die erforderliche Steigerung der Nahrungsproduktion überwiegend durch eine intensivere, zugleich aber nachhaltige Landwirtschaft erreicht werden (vgl. FAO 2003). Der Nahrungsmittelbedarf wird also künftig vor allem durch eine Steigerung der Flächenerträge gedeckt werden müssen. Allerdings sind abnehmende Ertragszuwächse aufgrund hoher Rohöl- und Energiepreise, durch Grenzen aktueller Technologien, durch Bodenerosion und durch Übernutzung von Süßwasserressourcen zu erwarten (vgl. Brüntrup 2008). Insbesondere die Nutzung von Süßwasser muss daher erheblich effizienter werden, denn zur Deckung des steigenden Nahrungsbedarfs dürfte die Wasserentnahme bis zum Jahr 2050 global um etwa 20 % weiter steigen (so de Fraiture et al. 2007).

Erschwerte Bedingungen durch Klimawandel

Diese Schätzungen berücksichtigen noch nicht die absehbaren Folgen des globalen Klimawandels. Alle dazu vorliegenden Studien gehen davon aus, dass bei weitergehenden Klimawandel die notwendige Steigerung der Flächenerträge deutlich erschwert wird. Es wird erwartet, dass bei einer Temperaturerhöhung von 1 bis 3 °C (im Vergleich zu 1990) die globale landwirtschaftliche Produktion zunächst insgesamt zunehmen wird, weil Rückgänge in vielen Entwicklungsländern durch wachsende Erträge in Regionen höherer Breitengrade mehr als ausgeglichen werden können. Doch unmittelbar negativ betroffen wird Afrika sein. Dort werden besonders starke Rückgänge erwartet, weil die landwirtschaftlich nutzbaren Flächen in ariden und semi-ariden Gebieten abnehmen und die Länge der Anbauperiode sowie die potenziellen Erträge zurückgehen werden (vgl. WBGU 2008). Für einige Länder südlich der Sahara wird erwartet, dass die Erträge des Regenfeldbaus bis 2020 um bis zu 50 % sinken könnten (vgl. IPCC 2007). Ab einer Erhöhung der globalen Mitteltemperatur von 2 bis 4 °C wird die landwirtschaftliche Produktivität voraussichtlich weltweit zurückgehen. Übersteigt diese Temperaturerhöhung mehr als 4 °C, ist schließlich mit erheblichen Beeinträchtigungen der Landwirtschaft weltweit zu rechnen (vgl. IPCC 2007; Battisi & Naylor 2009).

Globale Verbreitung der Wohlstandsernährung

Der Flächenbedarf zur Deckung der globalen Nachfrage nach Nahrungsmitteln ist in starkem Maße von der Ernährungsweise abhängig. So nutzen die Menschen in den Industrieländern mehr landwirtschaftliche Fläche als sie selbst haben: Die EU-15-Staaten erhöhen über Agrarimporte die ihnen pro Person zur Verfügung stehenden Flächen um etwa 20 %. Hauptgrund dafür sind die Futtermittelimporte für die Intensivtierhaltung. Die globale Verbreitung einer solchen „Wohlstandsernährung" mit entsprechend hohem Fleischanteil ist aus Gründen der ökologischen Tragfähigkeit nicht möglich. Wenn sich die Ernährungsgewohnheiten in den OECD-Ländern global verbreiten würden, dann würde sich der weltweite Flächenbedarf verdoppeln oder gar verdreifachen (vgl. von Koerber et al. 2008). In Schwellenländern wie China oder Brasilien kann eine gewisse Angleichung an westliche Ernährungsmuster allerdings bereits beobachtet werden.

Stoffliche Nutzung von Biomasse

Beim Papierverbrauch lassen sich ähnliche Trends wie bei der Nahrungs- und Futtermittelproduktion beobachten. Der Pro-Kopf-Verbrauch von Papier ist in Industrieländern etwa zwölfmal so hoch wie in Schwellen- und Entwicklungsländern. Mit steigendem Wohlstand dürfte sich der Papierverbrauch in den aufstrebenden Ökonomien an das Niveau in den reichen Staaten annähern. Dass dies nicht ohne massive Entwaldung – und das heißt mit Schäden für Klima- und Naturschutz – möglich ist wird deutlich, wenn man bedenkt, dass die

Flächeninanspruchnahme für den Papierverbrauch in Deutschland z. B. nur zu 43 % durch nationale Waldflächen gedeckt wird (vgl. Wuppertal-Institut & RWI 2008). Heute geht bereits rund ein Fünftel der globalen Holzernte in die Papierproduktion.

Zusätzliche Flächenansprüche sind künftig durch die stoffliche Nutzung von Biomasse, beispielsweise als Fasern, Kunststoffe oder technische Öle zu erwarten. Kunststoffe werden heute fast ausschließlich aus Öl und Gas produziert und beanspruchen etwa 8 % des Rohölverbrauchs. Biokunststoffe machen bislang weniger als 1 % der Gesamtproduktion aus; würden aber alle Kunststoffe, Bitumen und Schmierstoffe aus biogenen Rohstoffen hergestellt, dann nähme der Nutzungsdruck auf die Landflächen deutlich zu (vgl. WBGU 2008).

Wachsende Bedeutung von Energiepflanzen

Weil Alternativen zur Nutzung fossiler Energiequellen immer attraktiver geworden sind, hat auch der Anbau von Energiepflanzen in den letzten Jahren deutlich zugenommen. Während zwischen 2000 und 2008 die Verwendung von Getreide (inklusive Mais) für Nahrungs- und Futtermittelerzeugung um 4 % bzw. 7 % anstieg, erhöhte sich im gleichen Zeitraum die industrielle Verwendung von Getreide zur Energieproduktion um etwa 25 %. In den USA wurden 2008 bereits 30 % der Maisernte zu Bioethanol verarbeitet (vgl. Brockmeier & Klepper 2008). Global gesehen ist der Flächenanteil für den Anbau von Energiepflanzen mit rund 1 % des Ackerlandes noch relativ gering – und selbst in Brasilien, wo Bioethanol aus Zuckerrohr zum Einsatz in Verbrennungsmotoren weit verbreitet ist, beträgt dieser Anteil nur etwa 5 %. Setzt sich der Trend aber fort, dann könnte der Anbau von Energiepflanzen die Nutzungskonkurrenz um fruchtbare Flächen deutlich beeinflussen.

Der WBGU schätzt, dass mittelfristig bis zu einem Zehntel des Weltenergiebedarfs durch nachhaltige Bioenergie aus biogenen Reststoffen und aus Energiepflanzen gedeckt werden könnte, die nicht auf den heutigen Ackerflächen, sondern überwiegend auf marginalen Böden kultiviert werden. Ein nachhaltiger Anbau von Energiepflanzen auf marginalen Flächen würde langfristig dazu beitragen, diese Flächen zumindest teilweise zu restaurieren und somit in einigen Dekaden wieder für die Nahrungsproduktion nutzbar zu machen (vgl. WBGU 2008).

Zunehmende Urbanisierung

Die Nutzungskonkurrenz um fruchtbare Flächen wird zusätzlich durch den weltweiten Urbanisierungstrend verstärkt, vor allem dort, wo damit flächenverbrauchende Zersiedelung verbunden ist. Städte und städtische Agglomerationen liegen meist in besonders fruchtbaren Regionen, etwa in Küstenzonen, auf Schwemmflächen oder an Flussgabelungen; sie bedecken – je nach Art der Berechnung – derzeit zwischen 1,5 % und 2 % der Landoberfläche (vgl. WBGU 2008). Durch den als Folge des Klimawandels steigenden Meeresspiegel werden außerdem beträchtliche Landverluste in Küstenzonen erwartet (vgl. Battisi & Naylor 2009).

Flächenansprüche für Natur- und Klimaschutz

Durch die Konversion natürlicher Ökosysteme sowie die Intensivierung der Land- und Forstwirtschaft ist die biologische Vielfalt weltweit akut gefährdet. Urwälder und Feuchtgebiete sollten, auch aus Gründen des Klimaschutzes, daher nicht weiter angetastet werden. Besonders gravierend ist die Entwaldung in den Tropen, was den Ausstoß von Treibhausgasen deutlich erhöht. Im Jahr 2004 stammten ca. 17 % der globalen Emissionen langlebiger Treibhausgase aus tropischer Entwaldung und dem Zerfall von Biomasse (vgl. WBGU 2008). Um die Absorption des klimaschädlichen Kohlendioxids zu erhöhen, werden zudem Landflächen für Aufforstungsmaßnahmen benötigt. Doch selbst wenn die erfolgte historische Entwaldung durch Aufforstung wieder rückgängig gemacht würde, könnte damit lediglich eine Reduktion um 40 bis 70 ppm CO_2 in der Atmosphäre erreicht werden (vgl. House et al. 2002; Bezugsjahr 2000). Zum Vergleich: Die Konzentration liegt heute ca. 100 ppm über dem Niveau vor Beginn der Industrialisierung.

Landnutzung nachhaltig gestalten!

Die rasante Änderung der globalen Landnutzung ist ein bisher von Forschung und Politik weit unterschätztes Thema. Bei allen Überlegungen für ein nachhaltiges Landnutzungsmanagement muss im Vordergrund stehen, dass den elementaren, nicht-substituierbaren Nutzungsansprüchen, wie der Sicherung der Welternährung, Vorrang eingeräumt wird. Der WBGU empfiehlt vor diesem Hintergrund (vgl. WBGU 2008):

- verstärkte Investitionen in ländliche Entwicklung, nachhaltige kleinbäuerliche Agrarwirtschaft und Pflanzenzüchtung, um die landwirtschaftliche Produktivität zu steigern;
- die Entwicklung integrierter Strategien, um Nutzungskonkurrenzen der Nahrungsproduktion mit anderen Landnutzungsformen zu vermeiden;
- die verstärkte Berücksichtigung der sich global verbreitenden „Wohlstandsernährung" bei der Konkurrenz um Landflächen;
- die Erstellung eines globalen Landkatasters, um das Wissen über Zustand und Dynamik von Böden, Wasserressourcen und Landbedeckung (vor allem Entwaldung) zu verbessern;
- die Verbesserung der internationalen Zusammenarbeit bei der Sicherung der Welternährung. Dieses Ziel kann nicht mehr allein Gegenstand nationaler Bemühungen sein, weil nationale und globale Nahrungsmittel- und Energiemärkte immer enger verzahnt werden.

Fazit

Angesichts der beschriebenen Herausforderungen müssen Fragen der globalen Landnutzung international stärker thematisiert und institutionell besser verankert werden. Ein geeigneter Ansatz könnte die Einrichtung einer „Kommission für nachhaltige Landnutzung" beim UN-Umweltprogramm (UNEP) sein (so der WBGU 2008). Diese Kommission müsste die wichtigsten Herausforderungen der globalen Landnutzung identifizieren, den Stand des Wissens zusammentragen und belastbare Grundlagen für ein globales Landnutzungsmanagement erarbeiten. Auch das strategisch wichtige Forum der Staats- und Regierungschefs der G8+5 bzw. G20-Staaten sollte sich alsbald mit diesen Fragen befassen.

Literatur

Battisi, D. S. & R. L. Naylor (2009): Historical Warnings of Future Food Insecurity with Unprecedented Seasonal Heat, in: Science, 9.1.2009, Vol. 232, S. 240-244.

Brockmeier, M. & R. Klepper (2008): Hunger – ein vielschichtiges Problem, in: Forschungsreport Ernährung, Landwirtschaft, Verbraucherschutz, 2/2008, Heft 28, S. 4-7, Braunschweig.

Brüntrup, M. (2008): Steigende Lebensmittelpreise – Ursachen, Folgen und Herausforderungen für die Entwicklungspolitik. DIE Analysen und Stellungnahmen 4. Bonn.

Déry, P. & B. Anderson (2007): Peak Phosphorus. www.energybulletin.net/33164.html (veröffentlicht am 13.8.2007, gelesen am 21.2.2009). Energy Bulletin Online.

FAO – Food and Agriculture Organization of the United Nations (1990): Soil Map of the World. Revised Legend. Rom.

FAO – Food and Agriculture Organization of the United Nations (2003): World Agriculture: Towards 2015/2030. London.

de Fraiture, C., M. A. Giordano & L. Yonsong (2007): Biofuels and Implications for Agricultural Water Use: Blue Impacts of Green Energy. Colombo, Sri Lanka: International Water Management Institute.
House, J. F., C. I. Prentice & C. Le Quére (2002): Maximum Impacts of Future Reforestation or Deforestation on Atmospheric CO2, in: Global Change Biology 8, 10471052.
IPCC – Intergovernmental Panel on Climate Change (2007): Climate Change 2007: Impacts, Adaptation and Vulnerability. Cambridge.
MA – Millennium Ecosystem Assessment (2005): Ecosystems and Human Well-Being: Desertification Synthesis. Washington D. C.
OECD – Organisation for Economic Cooperation and Development & FAO – Food and Agriculture Organization of the United Nations (2008): OECD–FAO Agricultural Outlook 2008–2017. Paris.
von Koerber, K., J. Kretschmer, S. Prinz (2008): Globale Ernährungsgewohnheiten und -trends. Expertise für den WBGU. www.wbgu.de/wbgu_jg2008_ex10.pdf. Berlin: WBGU.
Widmann, M. (2009): Spekulieren mit dem Brot für die Welt, in: Süddeutsche Zeitung, 11.2.2009, S. 7.
Wissenschaftlicher Beirat der Bundesregierung Globale Umweltveränderungen – WBGU (2008): Welt im Wandel. Zukunftsfähige Bioenergie und nachhaltige Landnutzung. Berlin.
Wuppertal Institut & Rheinisch-Westfälisches Institut für Wirtschaftsforschung (RWI) (2008): Nutzungskonkurrenzen bei Biomasse. Wuppertal, Essen.

Anna-Katharina Wöbse

Der internationale Fettkampf: Walfang in der globalen Allmende

Schuld war der „Blubber". Diese dicke Speckschicht der Wale, die die großen Warmblüter in den Polargewässern vor Kälte schützt, war jahrhundertelang der Anlass, Jagd auf sie zu machen. Keine andere Tierart liefert solche Mengen verdichteter Energie. Es war der Fetthunger der modernen Gesellschaften, der den Walen den Garaus machen sollte. Als die gigantischen Rohstofflieferanten wie Pott- und Blauwal aber knapp wurden, entstanden im 20. Jahrhundert auf internationaler Ebene ernste Auseinandersetzungen um die letzten ihrer Art. Dieser Konflikt ist ein blutiges Kapitel globaler Umweltgeschichte, ein Lehrstück über den schwierigen Prozess, die Reichtümer der Erde als gemeinsamen Besitz der Menschheit – als globale Allmende – anzuerkennen.

Die Basken gehörten im Atlantikraum zu den ersten Völkern, die in ihren Küstengewässern seit dem 10. Jahrhundert den ungleich größeren Wesen – den Walen – systematisch nachstellten. Diese Praxis, die seit dem 11. Jahrhundert auch für den südlichen Nordseeraum belegt ist, endete allerdings im 16. Jahrhundert – die Wale waren aus den leicht zugänglichen küstennahen Gewässern verschwunden. Im 17. Jahrhundert segelten holländische und englische Walfangflotten daher gen Norden. Es war ein hartes, grausames und gefährliches Geschäft. Die Männer, die auf den Walfängern zur Grönlandfahrt anheuerten, riskierten ihr Leben im Kampf mit den Walen und ihre Gesundheit bei der Schinderei des Trankochens. Aber für die Walfanggesellschaften waren große Profite zu erzielen – solange man nur auf Wale traf.

Auf der anderen Seite des Atlantiks, in Neu-England, blühte in dieser Zeit ebenfalls das Geschäft. Doch es war dasselbe Spiel: Nach kurzer Zeit waren die küstennahen Bestände erschöpft. Der Hochseefang folgte den flüchtenden Pottwalen: Im Jahre 1774 jagten amerikanischen Walfänger bereits vor den Küsten Brasiliens.

Schmierstoff der westlichen Konsumgesellschaft

Was trieb diese Expansion der Walfangflotten an? Es war das Fett – ein variabler Stoff, der viele menschliche Bedürfnisse stillte. Zum Beispiel das nach Licht. Walöl erleuchtete als Kerzen oder Lampentran im großen Stil Europa und die USA. Man konnte damit gleichermaßen heizen als auch Seife, Kosmetika und Farben daraus herstellen. Es wurde in der Textilproduktion verwendet und die Maschinenindustrie lobte die guten Schmiereigenschaften.

Auch die elastischen Bartenplatten der Waltiere besaßen wirtschaftliches Potenzial. Sie befriedigten die Nachfrage einer modisch bewussten und an Komfort interessierten Gesellschaft nach Rasierpinseln, Korsettstangen, Regenschirmrippen und Wagenfedern. Für das Walfleisch allerdings gab es zunächst keine Abnehmer. Es entsprach nicht den europäischen Geschmacksvorstellungen – und wurde so ungenutzt versenkt.

Der Grauwal war bereits im 17. Jahrhundert im Nordatlantik ausgerottet, die Pottwalbestände schrumpften. Die Nordkaper gehören zu den Arten, von denen Ende des 19. Jahrhunderts nur noch Reliktbestände vorhanden waren. Aber Warnungen, der Walfang könne die Bestände erschöpfen, blieben Marginalien. Gemeinhin wurden die Weltmeere als Quell endlosen Reichtums betrachtet. Über Reproduktion, Wanderbewegungen und Biologie der Säugetiere war noch wenig bekannt. Hermann Melville fragte zwar bereits in seinem 1851 erschienenen Roman *Moby Dick,* ob der Leviathan „einer so weltweiten Verfolgung und einer so unbarmherzigen Schlächterei auf die Dauer standhalten" könne, erklärte jedoch selbst umgehend „den Wal als Gattung für ewig". Denn die Wale könnten im schlimmsten Fall „als letzte Zuflucht ihre polaren Zitadellen aufsuchen" und „in einem Zauberkreis ewigen Dezembers jeder menschlichen Verfolgung Trotz bieten".

Melvilles Einschätzung offenbart die damals vorherrschende Naturrezeption, die Meere als unerschöpfliches Füllhorn zu verstehen. Selbstbeherrschung zugunsten einer globalen Gemeinschaft und kommender Generationen war keine relevante Größe. Die allerdings forderte mit fast avantgardistischer Voraussicht ein Zeitgenosse Melvilles ein, der französische Historiker Jules Michelet.

In seinem Buch *Das Meer* (1861) analysierte er hellsichtig, wie sich bei der Ausbeutung des Meeres „der Naturhass des Mittelalters" mit der technisch aufgerüsteten „industriellen Gier" verband, aus der schließlich der „Fortschritt der Ausrottung" resultiere. Die großen Nationen, so formulierte Michelet seine aufklärererische Vision, müssten diesen „chaotischen Zustand" durch einen „Zustand der Zivilisation" ersetzen. Die Beziehung zwischen Mensch und Tier bedürfe eines gemeinsamen Kodex und der internationalen Regulierung. Er forderte

„Frieden für den Blauwal" – und eine Schonzeit von mindestens einem halben Jahrhundert.

Für einen Augenblick in der Geschichte schien es, als könne der Wal dem unersättlichen Fetthunger entkommen, denn ein neuer Rohstoff war dem miefigen Waltran überlegen: Petroleum. Doch zum Nachteil der Wale wurde gerade jetzt eine neue Technik marktfähig.

Die 1864 erfundene Harpune mit Sprengkopf erreichte, von Dampfschiffen abgeschossen, eine erhöhte Effizienz, die dazu führte, dass die Fanggründe rund um das europäische Nordkap innerhalb weniger Jahre von Finn- und Blauwalen geleert wurden. Das Öl wurde nun auch zu Dünger und Viehfutter verarbeitet. Die norwegische Walfangindustrie entwickelte sich zum globalen Trendsetter. Zunächst verlagerte sie ihr Geschäft gen Spitzbergen. Dort ankerten die ersten großen schwimmenden Trankochereien, die den Blubber an Ort und Stelle verwerteten. Die Reichweite der Flotten wuchs und immer mehr Walarten kamen als Fangobjekt in Frage.

So wurde im Jahre 1904 in Argentinien mit norwegischem Kapital die erste Walfanggesellschaft der Südpolarregion gegründet und leitete den Run auf die reichen Bestände der Antarktis ein. Ab 1908 tauchten die Norweger zudem vor der afrikanischen Küste auf. Die Geschichte offenbart ein Prinzip, das den Walfang über Jahrhunderte kennzeichnete: War eine Art so dezimiert, dass die Ausbeute mager wurde, verlagerten sich die Flotten auf neue Fanggründe oder eine andere Art. Die Walfanggesellschaften setzten auf eine kurzfristige Profitmaximierung – und wer zuerst fing, der kochte auch zuerst den Blubber aus.

Wale zu Margarine

In den ersten zwei Jahrzehnten des 20. Jahrhunderts erlebte der globale Walfang einen Boom. Walöl wurde zum Grundstoff eines industriellen Nahrungsmittels, das die wachsende Industriearbeiterschaft mit billigen Fetten versorgte: Margarine. Walöl wurde an den internationalen Börsen gehandelt. Chemiegiganten wie die *Lever Brothers* (später *Unilever*) und *Procter und Gamble* steuerten die Nachfrage, beherrschten Handel und Flotten.

Der Schweizer Naturwissenschaftler Paul Sarasin, einer der wichtigsten frühen Verfechter globaler Umweltregime, beobachtete die radikale Industrialisierung des Walfangs mit größter Sorge und nahm sie zum Anlass, 1910 eine „Weltnaturschutzorganisation" zu fordern.

Foto: Stefan Schorr

Das Überangebot an Walöl ersetzte das traditionelle Olivenöl und andere vegetative Fette in der Seifen- und Textilproduktion. Diese Verwendungszwecke entsprächen aber keinem Bedürfnis, so zürnte Sarasin. „Zwecklos" würden die Wale „hingeschlachtet und ausgerottet, nicht um dem Dürftigen Nutzen zu bringen, sondern um Kapitalisten Dividenden ‚auszuschütten'". Der Weltkrieg schuf noch eine weitere Nachfrage: Nun wurde auch das Nebenprodukt Glyzerin, Ausgangsstoff für Dynamit, interessant.

Anfänge der Walschutzdiplomatie

Im Jahre 1925 geriet der Wal in den Blickkreis internationaler Diplomatie. Im Völkerbund wurde von dem argentinischen Völkerrechtler José Léon Suárez ein „wise system of regulation for marine industries" gefordert. Suárez, der die rasante Ausbeutung der Gewässer vor der südamerikanischen Küste verfolgt hatte, sorgte sich um das ökologische Gleichgewicht der Meere, sprach den Walen ein Existenzrecht zu und stellte die ökonomische Hegemonie und Doktrin der Walfangnationen Großbritannien und Norwegen in Frage. Denn eins war klar: die Ströme des Walöls flossen aus den polaren Regionen nach Europa und in die USA.

José Léon Suárez ging es zudem darum, die Meeresressourcen gerechter zu verteilen und dauerhaft für die Menschheit zu erhalten. Gemeinsam mit dem deutschen Völkerrechtler Walter Schücking wollte Suárez einen Präzedenzfall für den juristischen Umgang mit der globalen Allmende Meer schaffen.

Tatsächlich bekam der Walfang Platz auf der Völkerbund-Agenda. Zwar war man sich einig, dass der Walfang einer universell gültigen Regulierung bedurfte, weil die Tiere zum einen quer durch die Weltmeere wanderten, zum anderen die Jagd wegen der auf hoher See operierenden Fabrikschiffe inzwischen jeglicher nationalen Kontrolle entzogen war. Doch paradoxerweise vertraute man in Genf auf den Markt als Schutzmechanismus. Bei der aktuellen Fangquote sei zwar das Ende der Wale absehbar; aber vor der biologischen käme die kommerzielle Ausrottung. Angesichts der hohen Investitionen der Aktiengesellschaften bedürfe es hoher Fangzahlen, um gewisse Renditen zu erwirtschaften. Würden nicht mehr genügend Wale gefangen, werde der Fang ganz unterbleiben. So blieben denn genug Tiere übrig, um das Fortbestehen der Art zu gewährleisten. Um diese Zeit, in der Fangsaison 1930/31, wurden in den Weltmeeren mehr Wale gefangen als jemals zuvor: 40 201, so vermeldete die offizielle Fangstatistik.

Kurioserweise waren es die beiden größten Walfangnationen Norwegen und Großbritannien, die die Verhandlungen vorantrieben. Besonders in Norwegen hing ein beträchtlicher Teil der Nationalökonomie von dem Sprudeln dieser Ölquelle ab. Beide Regierungen legten ihren nationalen Walfangflotten quantitative Beschränkungen auf. Aber diese Selbstdisziplinierung würde nur Sinn machen, wenn sich auch alle anderen Nationen beteiligten. Die Erfahrungen der beiden Länder lieferten den Rahmen für eine internationale Konvention, die 1931 zur Unterzeichnung vorlag. Die Ratifizierung allerdings verlief äußerst schleppend.

Die folgenden Debatten erinnern frappierend dem Muster heutiger Verhandlungen über die Reduktion der Treibhausgasmissionen. Denn inzwischen interessierten sich auch andere Nationen für das Geschäft, die kein Interesse an einer Regulierung zeigten. Großbritannien und Norwegen sollten sich gern bescheiden, so eins der gängigen Argumente; schließlich hätten sie die Walbestände jahrhundertelang hemmungslos ausgebeutet. Nun seien andere dran; das Recht auf einen Teil des Ölkuchens stehe nicht zur Disposition.

Deutschland beispielsweise wollte seine begrenzten Devisen nicht länger für norwegisches Walöl ausgeben. Die Firma Henkel investierte in das globale Geschäft, Japan rüstete eine eigene Flotte aus, auch die Sowjetunion stieg ein. Der Völkerbund war machtlos. Die Konvention wurde schließlich ratifiziert, aber sie zeitigte kaum Folgen.

Im Jahre 1946 wurde dann die *Internationale Walfang-Kommission* (IWC) als Reaktion auf den Ressourcenkonflikt, der nur noch auf internationaler Ebene zu regeln war, eingerichtet. Es setzte sich aus beteiligten und unbeteiligten Nationen zusammen, wurde aber klar durch ökonomische Interessen bestimmt. Die Fangzahlen stiegen weiter an. Im Jahre 1962 verzeichnete die Statistik 66 090 weltweit getötete Wale.

Die kontinuierliche Modernisierung der Flotten hatte es ermöglicht, allen Walbeständen nachsetzen zu können. Radar, Echolot, Hubschrauber und Schnellboote führten zu einer engmaschigen Treibjagd. Der Markt sorgte für keine Regulierung – er richtete sich selbst zugrunde und verhinderte eine nachhaltige Bewirtschaftung. Es war ein Prügeln um die Reste. Hier zeigte sich in aller Deutlichkeit die Schwachstelle bei der Bewirtschaftung einer globalen Allmende: Wer sich zurückhält, hat keinen Vorteil davon. Denn das, was man selbst nicht antastet, nehmen sich andere. Zwar kamen in den 60er Jahren die überlebenden Buckel- und Blauwale in den Genuss eines vollständigen Schutzes, aber die Kontrollmechanismen der IWC, die über keine Sanktionsinstrumente verfügte, blieben schwach.

Ikonen für den Meeresschutz

Die Delegierten der UN-Konferenz über „Mensch und Umwelt" in Stockkolm 1972 sprachen sich mit überwältigender Mehrheit für ein zehnjähriges Walfang-Moratorium aus. Die IWC aber sperrte sich. Gleichzeitig entstand aus der Zivilgesellschaft eine Wal-Lobby neuer Art. An deren Spitze positionierte sich *Greenpeace*, deren AktivistInnen sich bildmächtig und medienträchtig zwischen Walfänger und Wal warfen.

Diese junge Umwelt-Lobby holte die Giganten und ihren blutigen Todeskampf aus der Unsichtbarkeit der Weltmeere auf die Titelseiten und Fernsehschirme der Konsumgesellschaft und schaffte es, die schwimmenden Ölquellen in intelligente, emotional begabte, sozial hoch organisierte und leidende Mitlebewesen umzudeuten. Walöl verlor in dieser Zeit an ökonomischer Relevanz. Dafür wurden Wale zu einer emotionalen Ressource und zu Ikonen einer Umweltbewegung, die sich nicht nur um die Zukunft der Menschen sorgte, sondern auch der Kreatur Gerechtigkeit widerfahren lassen wollte.

Der schwerfällige Dampfer der internationalen Diplomatie bedurfte dringend des moralischen Drucks der Zivilgesellschaft *und* der wachsenden ökonomischen Marginalität des Walfangs. Sechs Jahrzehnte nachdem der Völkerbund angesetzt hatte, ein verbindliches Abkommen für das Überleben der Wale zu schaffen, wurde schließlich 1986 ein Moratorium durchgesetzt, das den kommerziellen Fang von Großwalen verbietet. Das Moratorium ist aber nur eine Fangpause – kein endgültiger Stopp.

Es bleiben einige Begehrlichkeiten. Besonders Norwegen und Japan vertreten vehement ihr Interesse, die Praxis eines (beschränkten) Walfangs aufrecht zu erhalten, was immer wieder den massiven Protest von Umweltschutzorganisationen hervorruft. Regelmäßige Konflikte entstehen jedoch auch zwischen Walschutzorganisationen und indigenen Völkern, die auf ihrem Recht, als Teil ihrer traditionellen Lebensweise eine begrenzte Zahl von Walen zu jagen, bestehen. Sollen sie sich beschränken, weil einige wenige Staaten die globale Allmende ruchlos aberntеten?

Diese aktuellen Auseinandersetzungen sind die Ausläufer einer alten Geschichte der Übernutzung und irrationalen Ausbeutung, die allein im 20. Jahrhundert etwa zwei Mio. Walen das Leben kostete.

Doch es gibt auch gute Nachrichten. Einige Bestände scheinen sich allmählich zu erholen, sie profitieren von der Schonzeit. Zurzeit genießen die Wale hohes moralisches Renommee, dank dessen sie sich zu einer touristischen und damit wirtschaftlichen Attraktion entwickelt haben. Die Öffentlichkeit erschaudert, wenn in den Medien vom Schicksal gestrandeter Tiere berichtet wird. Filme über Wale wie *Free Willy* spielen an der Kinokasse Millionen ein. Gleichzeitig wird die Lebenssituation der Tiere bedingt durch Klimawandel, Überfischung, Meeresverschmutzung, Lärm und steigende Schiffsbewegungen immer prekärer. Inzwischen sind weniger die Wale die unbekannte Größe bei der Schutzpolitik, sondern die sich wandelnden ökologischen Verhältnisse in den Weltmeeren. Außerdem muss das Moratorium immer wieder neu ausgehandelt werden. Wird der „Blubber" am Ende in einer Welt knapper werdender Rohstoffe doch wieder zur attraktiven Ölquelle?

Visionäre der Geschichte

Die Vergangenheit des Walfangs ist grausam und erzählt die ganze bittere Geschichte von kurzfristigen Profitinteressen und temporärem Massenkonsum, die den langfristigen Interessen der Menschheit zuwiderlaufen. Sie erzählt aber auch davon, wie sich im 20. Jahrhundert ein Umweltregime zu entwickeln begann, das versucht, die Vielfalt der Interessen erst in den Blick und schließlich auch in den Griff zu bekommen. Am Ende auch die der Wale. Es ist und bleibt ein schwieriger Aushandlungsprozess.

Und auch von einem weiteren ungebrochen gültigen Phänomen erzählt die Geschichte des Walfangs: dass die Zweifler an der Theorie der Unerschöpflichkeit, zu ihrer Zeit oft als Alarmisten verhöhnt, nichts weiter taten, als bestimmte Entwicklungen konsequent und realistisch weiterzudenken – ein Talent, das für die Vermeidung von Ressourcenkonflikten unabdingbar ist. Es sind diese Bremser und Entschleuniger, die aus heutiger Sicht die eigentlichen Visionäre der Geschichte liefern.

Literatur

Ellis, Richard (1993): Mensch und Wal. Die Geschichte eines ungleichen Kampfes. München.

Juda, Lawrence (1996): International Law and Ocean Management. London, New York.

Michelet, Jules (2006): Das Meer. Frankfurt a. M.

Roberts, Callum (2007): The Unnatural History of the Sea. Washington D.C.

Tonnessen, Johan N. & Arne O. Johnson (1982): The History of Modern Whaling. London, Canberra.

Karl Otto Henseling

Ineffiziente Ressourcennutzung – und was man dagegen tun kann

Alle reden vom Klimawandel als wichtigstem globalem Umweltproblem. Doch ebenso bedrohlich sind andere Formen des Zerstörung unserer natürlichen Lebensgrundlagen – wie die Verluste an fruchtbaren Böden, der Verschleiß seltener Metalle, der Verlust an Tier- und Pflanzenarten, der zunehmende Mangel an nutzbarem Süßwasser, die Überfischung der Weltmeere. Wie also dem Raubbau an den natürlichen Ressourcen durch sparsame und effiziente Nutzung gegensteuern? Die Vorstellung, dies könne durch Prozess- und Produktinnovationen oder eine „Kreislaufwirtschaft" erreicht werden, erweist sich zunehmend als trügerische Illusion. Energie und Material sparende Prozesse und Produkte sind bisher in aller Regel durch steigenden Konsum – den „Reboundeffekt" – (über-)kompensiert worden. Auch dürften die noch aktivierbaren Effizienzpotenziale, die bei den meisten etablierten Prozessen und Produkten im unteren Prozentbereich liegen, nicht ausreichen, um Nachhaltigkeit zu erzielen. Als ungefährer Maßstab für die Dimension, in der die erforderliche Effizienzsteigerung liegen müsste, kann das Reduktionsziel für die globalen Treibhausgasemissionen dienen – die Verringerung des Ressourcenverbrauchs bis 2050 auf weniger als ein Sechstel gegenüber 2000.

Schwerpunkte unserer Ressourceninanspruchnahme

Wir nutzen die natürlichen Ressourcen hauptsächlich, um unsere elementaren Bedürfnisse nach sicherer und behaglicher Behausung, nach Kleidung, Nahrung und Mobilität sowie Information und Kommunikation zu befriedigen. Die Art und Weise, wie wir das tun, scheint uns selbstverständlich. Sie ist es jedoch nicht. Die zentralen Fragen lauten: Wie können wir unsere Bedürfnisse befriedigen, wenn wir mit weniger als einem Sechstel des heutigen Verbrauchs an fossilen Energieträgern auskommen und auch mit allen anderen natürlichen Ressourcen pfleglicher umgehen müssen? Wie flexibel sind unsere Konsum- und Produktionsmuster hinsichtlich der durch sie verursachten Umweltinanspruchnahme?

Die Notwendigkeit, sparsam mit den verfügbaren Ressourcen umzugehen, hatte die Menschen früher eng zusammen rücken lassen, in Dörfern ebenso wie in Städten. Nach dem Zweiten Weltkrieg setzte dagegen eine Stadtflucht ein, die den damals aufkommenden Leitbildern der Siedlungsentwicklung – wie „autogerechte Stadt" und „Wohnen im Grünen" – entsprach. Die heutigen Raum- und Siedlungsstrukturen sind das Abbild der Transportkosten von gestern, das Ergebnis der Werbung und Lobbyarbeit von Bauindustrie, Banken, Bausparkassen und Autoindustrie. Die Folge sind zersiedelte Landschaften und sinn- und nutzlose Erschließungen – „beleuchtete Wiesen" und Straßen nach Nirgendwo. Bei abnehmenden Bevölkerungszahlen sind diese „Investitionen" besonders schwere Hypotheken für die Zukunft.

Diese strukturellen Fehlentwicklungen führten vielfach zu paradoxen Erscheinungen: Viele der mit erhöhtem Kostenaufwand errichteten Passivhäuser stehen an Standorten, von denen aus alle erforderlichen Versorgungseinrichtungen – wie Kindergarten und Schule, Ärzte, Ämter, Einkaufsstätten, Kulturangebote, Arbeitsstätten – von Familien mit Kindern oft nur mit zwei Autos erreichbar sind. Dabei ist das Auto zugleich ein eklatantes Beispiel ineffizienter Technik, was das Verhältnis von Betriebsaufwand und Nutzen betrifft. Für die Bewegung einer Masseneinheit unseres Selbst wird die 20-fache Masse des Transportmittels aufgewendet: Dem durchschnittlichen Körpergewicht von 70 kg steht die Masse eines Pkw von 1400 kg und mehr gegenüber. Hinzu kommt, dass im Automotor auch die Energiequelle – der Kraftstoff – nicht effektiv genutzt wird.

Bedürfnisse und Bedarf

Bedürfnisse wie das nach ausreichender Nahrung, sicherer und angenehmer Behausung, nach Muße und Zuwendung sind elementarer Art. Offen ist aber, wie ein Bedürfnis befriedigt wird. So kann etwa die „Erholung am Wochenende" zu völlig unterschiedlichen Mobilitätsbedarfen führen: Arbeit im eigenen Garten, Wahrnehmung lokaler kultureller Angebote, Besuch von Freunden in der Nachbarstadt oder Shopping per Flugzeug in Paris. Jede dieser Bedarfsausprägungen lässt sich unterschiedlichen Nutzungssystemen zuordnen. Ein typisches Nutzungssystem im Bedarfsfeld Mobilität ist der motorisierte Individualverkehr, der durch die Produktion von Autos und die Bereitstellung dazugehöriger Infrastruktur befriedigt wird. Die Einsparungen, die durch den Wechsel des Nutzungssystems (z. B. Fahrrad statt Auto) realisiert werden könnten, sind in der Regel um ein Vielfaches größer, als diejenigen, die durch technische Anpassungen innerhalb des Nutzungssystems erreicht werden können. Wer seine Brötchen statt mit dem Auto zu Fuß oder per Fahrrad besorgt, bewegt sich ungefähr um den Faktor 100 material- und energieeffizienter.

Alternative Nutzungssysteme erfordern allerdings funktionierende und auch attraktive Infrastrukturen – und die sind das Ergebnis politischer Entscheidungen. Die Schwerpunktsetzung bei der Infrastrukturentwicklung, z. B. durch den Bundesverkehrswegeplan, fördert oder vernachlässigt bestimmte Nutzungssysteme und mit diesen verbundene Lebensstile. Wer Straßen baut, wird Autoverkehr ernten. Wer Radwege baut, erntet Fahrradverkehr. Entsprechendes gilt auch für andere Bereiche wie Landwirtschaft und Ernährung. Das Fazit lautet: Die notwendige Reduzierung unserer Umweltinanspruchnahme können wir nur durch systematische Förderung ressourcenschonender Nutzungssysteme erreichen.

Irrwege

Es gibt materielle, personelle und institutionelle Innovationen, die wichtige Bausteine für eine nachhaltige Entwicklung darstellen. Doch die Dominanz kurzsichtigen Denkens stabilisiert vielfach die veralteten Strukturen und Nutzungssysteme des fossilen Zeitalters. Ein Beispiel ist die Einführung so genannter „Biokraftstoffe", die ehrlicher Agrokraftstoffe genannt werden sollten. Agrokraftstoffe sollen – das muss deutlich gesagt werden – eine Ressourcen verschleudernde Mobilitätsstruktur mit Hilfe einer Ressourcen verschleudernden Landwirtschaft erhalten helfen. Die deutsche Landwirtschaft ist für Treibhausgasemissionen verantwortlich, die in etwa der Größenordnung des Autoverkehrs entsprechen. Mit ca. 126 Mio. t Kohlendioxidäquivalenten pro Jahr (CO_2-eq/a, Stand 2005) ist sie zu etwa 12 % an den Gesamtemissionen beteiligt. Der wesentliche Unterschied zum Autoverkehr besteht darin, dass die Landwirtschaft auch durch andere, noch klimawirksamere Treibhausgase (Distickstoffmonoxid, N_2O, und Methan, CH_4) zum Klimawandel beiträgt (zu den Details siehe Bundestagsdrucksache 16/5346, 14. Mai 2007). Gewinner der Politik der Förderung von Agrokraftstoffen sind u. a. die Düngemittelhersteller, ein Wirtschaftszweig, dessen Aktien von der aktuellen Finanzkrise nicht oder nur marginal betroffen sind.

An diesem Beispiel kann auch gezeigt werden, wie die an dieser Wertschöpfungskette (besser: Schadensschöpfungskette) beteiligten Wirtschaftsakteure agieren und die Politik beeinflussen. Die 2006 veröffentlichte „EU Strategy for Biofuels" wurde maßgeblich von dem „Biofuels Research Advisory Council" formuliert, einer Gruppe von

Experten aus verschiedenen Bereichen der „Wert"schöpfungskette von Agrokraftstoffen. Diese Initiative umfasst sieben „strategische Achsen" für die Förderung von Agrokraftstoffen, darunter die Forderung nach einer Reduzierung von Treibhausgasemissionen. Dabei hielt es dieser Kreis nicht einmal für erforderlich festzustellen, ob „biofuels" überhaupt einen Beitrag zur Minderung der Treibhausgasemission erbringen und gegebenenfalls welchen. Für seine führende Rolle in diesem Spiel war 2007 der spanische Ölkonzern Repsol von der Organisation „Lobbycontrol" für den „Worst EU Lobbying Award" nominiert worden.

Strukturelle Alternativen – kurz gefasst

Wie aber können echte ressourcenschonende Nutzungssysteme aussehen? Kurz und knapp gesagt: Unsere Siedlungen müssten flächen- und energiesparend umgestaltet werden. Eine bessere Mischung von Wohnen, Arbeit, Versorgung und Kultur würde nicht nur mit höherer Wohnumfeldqualität verbunden sein, sondern auch die Flächeninanspruchnahme und den Mobilitätsbedarf senken. Fahrrad- und fußgängerfreundliche Infrastrukturen und ein gut funktionierender ÖPNV könnten den Autoverkehr mit wirklich sparsamen Fahrzeugen auf das Notwendige einschränken. Die Gebäude müssten dem Passivhausstandard entsprechen, die Nahrungsmittel aus regionalem ökologischem Anbau stammen. Wir müssten uns fleischärmer ernähren.

Ein Beispiel: das Bedürfnisfeld Bauen und Wohnen

Heute beansprucht der Bau, die Bewirtschaftung und die Nutzung von Häusern und Straßen viel zu viele natürliche Ressourcen und beschleunigt so den Klimawandel. Der weiterhin hohe Bedarf an fossilen Energieträgern wie Kohle, Öl und Gas für Heizung und Warmwasser beeinträchtigt die Umweltbilanz des Sektors Bauen und Wohnen; auch die Nachfrage nach Baumaterialien wie Steinen und Erden oder Metallen trägt dazu bei.

Neue Wege zu einer dauerhaft-umweltgerechten Bau- und Siedlungsentwicklung beschreibt die Broschüre *Nachhaltiges Bauen und Wohnen* des Umweltbundesamtes. Praxisnahe Szenarien zeigen, dass sich bis 2025 die zusätzliche Flächeninanspruchnahme ohne Komfortverlust um bis zu 84 % reduzieren ließe; der jährliche Verbrauch mineralischer Rohstoffe wie Sand, Ton, Kalk, Kies und Schiefer könnte um rund 33 %, die jährlichen Kohlendioxidemissionen um 52 % gesenkt werden (siehe Abbildung 1). Dazu wären die Gebäude zu sanieren und zu modernisieren, die Attraktivität der Siedlungskerne zu steigern und unnötiger Wohnungsleerstand zu vermeiden. Neuansiedlungen sollten innerhalb der Siedlungen auf Brachflächen stattfinden, auf ehemals von Industriebetrieben, Bahn, Post und Bundeswehr genutzten Flächen sowie in Baulücken. Für das Wohnen im Alter ist eine Wohnung in Zentrumsnähe wesentlich geeigneter als ein Eigenheim im Grünen, weil Arzt und Lebensmittelgeschäft gleich um die Ecke liegen.

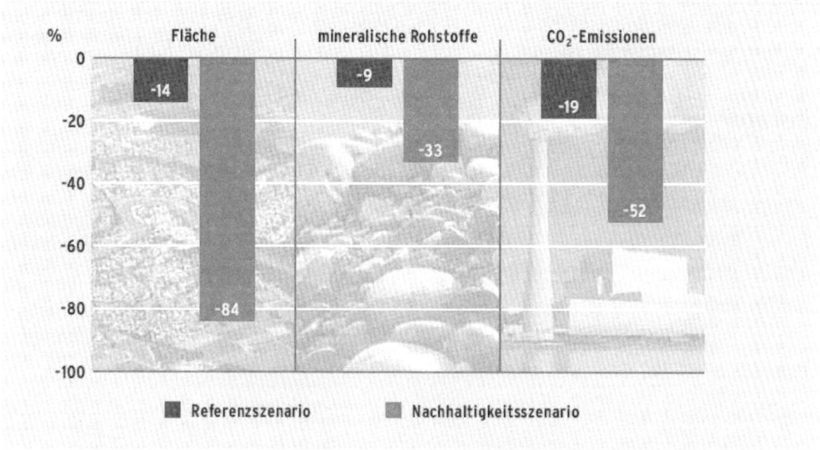

Abb. 1: Umweltentlastungspotenziale im Bedürfnisfeld „Bauen und Wohnen" für 2025 als prozentuale Veränderung gegenüber dem Ausgangsjahr 2000

Quelle: Umweltbundesamt 2008

Wie aber wird „Bauen und Wohnen" nachhaltig(er)? Die Abschaffung der Eigenheimzulage und die Aufstockung der Gelder für die energetische Gebäudesanierung waren erste wichtige Schritte in die richtige Richtung. Das UBA schlägt des Weiteren vor, die Neuinanspruchnahme von Flächen steuerlich zu belasten. Das stärke die Siedlungskerne und würde der weiteren Zersiedelung entgegenwirken. Wünschenswert wäre ferner die Vereinheitlichung des Einkommensteuerrechts, so dass die Kosten, die in den ersten drei Jahren nach Erwerb eines bestehenden Wohngebäudes für energetisch sinnvolle Instandsetzungs- und Modernisierungsmaßnahmen entstehen, sofort oder über zwei bis fünf Jahre verteilt abgeschrieben werden könnten. Das würde erhebliche Investitionen in die energetische Sanierung der Gebäude auslösen und die lokale Wirtschaft beleben. Die Aufnahme der wärmetechnischen Beschaffenheit eines Gebäudes als Kriterium in den Mietspiegel würde eine solche Entwicklung unterstützen.

Innovative ressourcenschonende Nutzungssysteme, Infrastrukturen und Produkte sind wichtige Bausteine einer nachhaltigen Entwicklung, die mit politischem Engagement und praktischem Gemeinsinn gegen den Widerstand der Profiteure des Raubbaus an den natürlichen Lebensgrundlagen und gegen den unseligen Wachstumsfetischismus durchsetzt werden müssen. Dabei spielen neue Netzwerke, die von Ideen für einen „strategischen Konsum" über kommunale *Agenda 21-Aktivitäten* bis zu phantasievollen Aktionen gegen nicht nachhaltige politische Entscheidungen reichen, eine entscheidende Rolle.

Literatur

Angrick, Michael (2008): Ressourcenschutz für unseren Planeten. Marburg.

Henseling, Karl Otto (2008): Am Ende des fossilen Zeitalters. Alternativen zum Raubbau an den natürlichen Lebensgrundlagen. München.

Umweltbundesamt (Hg.) (2008): Nachhaltiges Bauen und Wohnen. Ein Bedürfnisfeld für die Zukunft gestalten. Dessau. Kostenlose Broschüre. Download unter: http://www.umweltdaten.de/publikationen/fpdf-l/3668.pdf

Andreas Hermann & Hartmut Stahl

„Lebensabend in Afrika" – Export gebrauchter Güter und die Folgen

Um dem Einbruch beim Neuwagenverkauf in Deutschland aufgrund der Finanz- und Wirtschaftskrise entgegen zu wirken, hat die Bundesregierung im Januar 2009 eine Abwrackprämie für den Kauf eines Neuwagens in Höhe von 2500 Euro beschlossen. Damit sollen Pkws, die mindestens neun Jahre alt sind, aus dem Verkehr gezogen und die darin enthaltenen Rohstoffe verwertet werden. Nach einem Ansturm auf die Autohäuser wurde das genehmigte Fördervolumen weiter aufgestockt.

Was aber ist bislang mit gebrauchten Fahrzeugen und anderen Geräten passiert? Deren Entsorgung findet vielfach nicht – wie nach den rechtlichen Vorschriften vorgesehen – in Deutschland oder Europa statt. Stattdessen verbringen viele Produkte ihren „Lebensabend" in Afrika und Asien, nachdem sie als Gebrauchtgüter oder getarnt als Gebrauchsgüter exportiert wurden. Je nach Zustand und Verbrauchswerten können auch gebrauchte Fahrzeuge und Geräte nach ihrem „ersten Leben" bzw. der ersten Nutzungsphase noch weiter genutzt werden und damit einen Beitrag zur Ressourcenschonung leisten. Ob das im Einzelfall jeweils sinnvoll ist, wird aber beim Export leider nicht geprüft. Und über die Mengenströme dieser Gebrauchtgüter in definierte Zielregionen sowie über die involvierten Akteure gibt es bislang nur wenig systematisches Wissen.

Der Handel mit Gebraucht-Pkws in Regionen wie Westafrika ist dort ein wichtiger Wirtschaftsfaktor, der eine hohe Zahl an Arbeitsplätzen (Transport, Handel, Reparaturdienste etc.) generiert. Ebenso ist die sinnvolle Weiternutzung von Gebrauchtgütern im Ausland im Sinne des freien Warenverkehrs grundsätzlich nicht zu beanstanden. Problematisch am Export von gebrauchten Gütern ist jedoch, dass in vielen Empfangsländern keine den Industriestaaten vergleichbaren Recyclingstrukturen vorhanden sind und die Rückgewinnung wertvoller Metalle oft nur mit primitivsten Techniken (Verbrennung unter freiem Himmel, Einsatz von Cyanid und Quecksilber) erfolgt. Dies führt neben unhaltbaren Gefährdungen für Mensch und Umwelt auch zum Verlust wertvoller Sekundärrohstoffe (Edelmetalle, Stahl, Blei etc.). Mit dem Export gebrauchter Güter stellt sich zudem die Frage, ob damit auch nicht nachhaltige Mobilitäts- und Konsummuster exportiert werden.

Stoffströme der Gebrauchtfahrzeuge und Elektro(nik)geräte

Ausgehend von gut 3 Mio. in Deutschland gelöschten und nur 538 765 verwerteten Pkws ergab sich nach Ermittlungen des Umweltbundesamtes für das Jahr 2004 eine Lücke von fast 2,5 Mio. Pkws, die exportiert und damit nicht in Deutschland verwertet wurden. Der überwiegende Teil dieser exportierten Pkws verließ und verlässt weiterhin Deutschland in Richtung anderer EU-Staaten, doch besteht ein bisher nicht quantifizierbarer Anteil davon im Weiterexport in Länder außerhalb der EU.

Ein wichtiger Weg für den Export aus Deutschland läuft über den Hamburger Hafen. Recherchen des Öko-Instituts haben gezeigt, dass Westafrika die wichtigste Destination für den Export von Gebraucht-Pkws aus Hamburg ist. Nach den Untersuchungen des Instituts für das Jahr 2005 wurden etwa 100 000 bis 110 000 Gebrauchtwagen in westafrikanische Länder transportiert, von Mauretanien über Nigeria bis nach Angola. Eine weitere wichtige Destination für Gebraucht-Pkws waren der Nahe und der Mittlere Osten mit 15 000 bis 20 000 Fahrzeugen. In der Summe ergab sich für den Export allein über den Hamburger Hafen damit eine Anzahl von bis 130 000 Gebrauchtwagen, die einem angemessenen Recycling und dem Sekundärrohstoffmarkt in Deutschland entgehen. Andere Untersuchungen haben gezeigt, dass Antwerpen neben Hamburg der zweite wichtige Exporthafen für deutsche Gebrauchtfahrzeuge ist. Der Export nach Übersee über Antwerpen beginnt entlang der Rheinschiene. Insgesamt kann von rund 300 000 exportierten Gebraucht-Pkws allein über die Häfen Hamburg und Antwerpen ausgegangen werden. Davon gehen ungefähr 220 000 Fahrzeuge nach Westafrika.

Mit den 2,5 Mio. Gebrauchtfahrzeugen (2004) entgeht Deutschland ein Potenzial von rund 6,25 t PGM (Platingruppenmetalle) pro Jahr. Hinzu- kommen rund 1,3 Mio. t Stahl, 180 000 t Aluminium und 110 000 t sonstige NE-Metalle (Kupfer, Blei etc.). Die Bedeutung der genannten 6,25 t PGM erschließt sich durch den Vergleich mit deren Weltjahresproduktion aus der Primärgewinnung, die für Platin, Palladium und Rhodium zusammen bei rund 440 t liegt.

Was gebrauchte Elektro(nik)geräte angeht, liegen ebenfalls keine genauen Exportzahlen vor. Allerdings kann auch hier von erheblichen Mengenströmen ausgegangen werden. Nach Schätzungen fallen weltweit im Jahr zwischen 20 bis 50 Mio. t Elektro-Schrott an (ca. 9 Mio. davon in der EU).

Gebraucht-Lkw werden beim Export in der Regel mit Gebrauchtgütern voll beladen, mit Elektronikgeräten, aber auch mit Hausrat wie Teppiche, Möbel, etc. Eine einzelne Reederei soll 5000 bis 6000 Lkws pro Jahr von Hamburg nach Westafrika (Schwerpunkt Nigeria) transportieren, dazu rund 1000 Schiffscontainer, die mit „Second-Hand-Ware" beladen sind.

Das Potenzial an Sekundärressourcen im Bereich der gebrauchten Elektro(nik)geräte kann an Beispielen verdeutlicht werden. So enthalten 1 Mio. Mobiltelefone unter anderem rund 250 kg Silber, 24 kg Gold, 9 kg Palladium sowie 9 t Kupfer. Eine Million PCs bzw. Laptops enthalten unter anderem etwa 1,2 t Silber, 200 kg Gold, 80 kg Palladium sowie 500 t Kupfer. In Deutschland gelangen rund 11 Mio. Handys und gut 5 Mio. PCs neben vielen weiteren E-Gerätetypen jährlich in die Nachgebrauchsphase (bezogen auf den Primärnutzer).

Rechtliche Abgrenzungsprobleme

Ein wesentliches Problem ist der illegale Export von Altfahrzeugen und Elektro(nik)geräten, die als Abfall einzustufen sind. Nach behördlichen Untersuchungen handelt es sich bei 10 bis 15 % der von Deutschland nach (West-)Afrika oder Asien ausgeführten Gebrauchtwagen um Abfall, für den nach internationalen Abkommen (*Baseler Konvention*) ein Export verboten ist. Zum Teil existieren auch Restriktionen in den Bestimmungsländern, wie z. B. Verbote für die Einfuhr von Autos, die älter als acht Jahre sind. Aber die Kontrolle zur Einhaltung dieser Vorschriften sowie die Abgrenzung zwischen Gebrauchtfahrzeug und Altfahrzeug (bzw. zwischen einem funktionsfähigem gebrauchten Elektro(nik)gerät und Elektroschrott) gestalten sich in der Praxis schwierig. Es fehlt vor allem an klaren Abgrenzungskriterien und ausreichenden Kontrollen.

Für den Bereich der gebrauchten Elektro(nik)-Güter hat die EU Ende 2006 eine Handlungsempfehlung zur Abgrenzung für den Export erarbeitet. Diese beinhaltet als Kernkriterium den Nachweis der Funktionsfähigkeit und gibt z. B. eine unzureichende Verpackung der Ware als Indiz für die fehlende Funktionsfähigkeit an. Eine entsprechende Regelung für Altfahrzeuge existiert bislang aber nicht. Diskutiert wird, ob Kriterien der Fahrtüchtigkeit, des Abgasverhaltens und der Verkehrssicherheit herangezogen werden sollen – beispielsweise die Notwendigkeit einer TÜV-Plakette (und ASU) mit mindestens einem

Jahr Gültigkeit. Diese Regelungen müssten jedoch in der EU einheitlich getroffen werden, um Ausweicheffekte in Nachbarländer zu vermeiden. Doch selbst wenn verlässliche Kriterien für die Abgrenzung von Gebrauchtwaren und Abfall vorlägen, wird eine wirkungsvolle Bekämpfung des illegalen Exports nur mit ausreichenden Kontrollen gelingen.

Sekundärrohstoffe in Afrika

Unabhängig von der Frage, ob der Export von Gebrauchtfahrzeugen legal erfolgt oder nicht, ist die Entsorgung oder Verwertung von Altfahrzeugen zukünftig eine wichtige Frage für Europa wie für Afrika. Nimmt man den afrikanischen Blickwinkel ein, kann ohne die billigen Fahrzeuge aus Europa das Bedürfnis nach verbesserter Mobilität nicht befriedigt werden. Wohin aber führt dies und was bedeutet das für die globalen Stoffströme von Rohstoffen, Produkten und Wertstoffen – und damit verbunden für das Klima?

Das Beispiel des Autokatalysators zeigt das ganze Dilemma der fehlenden Verwertung von Altfahrzeugen. Eine flächendeckende Erfassung und Aufarbeitung von Katalysatoren gibt es in den westafrikanischen Ländern noch nicht, lediglich Informationen über einzelne, kleinere Chargen an Katalysatoren, die zur Verwertung nach Deutschland gekommen sind, sind bekannt. Die fehlende Verwertung der Autokatalysatoren stellt aber nicht nur einen ökonomischen Verlust dar, der Verlust der Sekundärrohstoffe hat auch eine nicht unbeträchtliche Belastung des Klimas zur Folge.

Allein beim Recycling der Edelmetalle des Autokatalysators werden annähernd 2,2 t an Treibhausgasemissionen (CO_2-Äquivalente) pro kg PGM freigesetzt. Bei der Primärherstellung der PGM für den Katalysator sind dies fast das 7-fache, nämlich ca. 14,2 t pro kg. Hochgerechnet auf die 220 000 Gebrauchtwagen und 550 kg PGM, die jährlich von Deutschland aus auf die Reise nach Westafrika und damit dem Wertstoffkreislauf verloren gehen, entspricht dies einer Differenz bzw. zusätzlichen Belastung durch die Primärherstellung von ungefähr 6600 t CO_2-Äquivalenten.

PGM und Gebrauchtwagen aus Deutschland stehen aber nur für einen kleinen Teil der Stoffströme. Erste Abschätzungen für Westafrika haben, ausgehend von einem Bestand von knapp über 6 Mio. Pkws im Jahr 2005, ein Potenzial von ca. 520 000 Pkws ergeben, die dort jährlich zur Verwertung anstehen. Dies entspricht einer PGM-Menge von ungefähr 1290 kg sowie ca. 270 000 t Stahlschrott, ca. 37 000 t Aluminium und ca. 23 000 t NE-Metallen pro Jahr. Allein das Recycling der PGM-Mengen erbrächte im Vergleich zur Primärförderung Einsparungen von ca. 16 000 t an CO_2-Äquivalenten.

Für das Recycling von PGM und anderen Metallen wie Stahlschrott oder Kupfer in Westafrika wird es mittel- und langfristig zu einem Anstieg der zur Verwertung anstehenden Potenziale aus dem Gebraucht- und Neuwagenbereich kommen. Zur Erschließung der Potenziale muss nach und nach eine flächendeckende Verwertungs- und Logistikkette aufgebaut werden. Jedes Kilogramm an Platin und anderen Metallen, das nicht über das Recycling wieder dem Stoffkreislauf zugeführt werden kann, wird durch Primärförderung mit deutlich höheren Treibhausgasemissionen und Umweltbelastungen bereitgestellt.

Mobilität in Afrika – quo vadis?

Zurück zu der Frage nach einer verbesserten Mobilität in Afrika. Anhand dreier Szenarien soll die Bandbreite möglicher Entwicklungen und Alternativen vorgestellt werden.

Szenario 1: Ein afrikanisches Billigauto

Geht man von einem hypothetischen Exportverbot von alten Gebraucht-Pkws nach Westafrika aus, bedeutet dies vor dem Hintergrund der Mobilitätsbefriedigung, dass Neufahrzeuge für den afrikanischen Markt zur Verfügung stehen müssten. Golf oder Opel Corsa, egal ob neu oder gebraucht, sind in Afrika für die breite Masse finanziell aber nicht erschwinglich. Das Beispiel eines indischen Billigautos zeigt, dass mit ca. 1700 Euro auch kostengünstige Fahrzeuge für weniger kaufkräftige Kunden produziert werden könnten. Ein fahrtüchtiger Gebrauchtwagen kostet auf dem westafrikanischen Markt mindestens 1500 Euro. Kann für einen Preis in der Größenordnung von 2000 Euro eine Fabrik in Afrika einfache, aber sichere, emissionsarme und sparsame Pkws (Euro4-Norm, 3-Liter-Auto) für den heimischen Markt produzieren? Und was würde dies für die Umwelt bedeuten? Ist Weiternutzung von Gebrauchtfahrzeugen aus Europa und anderen Industrieländern mit hohem Spritverbrauch die bessere oder die schlechtere Alternative im Vergleich zur Option eines kostengünstigen neuen 3-Liter-Pkws, der in Afrika eigens für den heimischen Markt produziert wird?

Szenario 2: Straßen frei für „Tro Tro“ und „BRT“

Der oben beschriebene, gängige Weg zur Befriedigung der Mobilitätsbedürfnisse, nämlich der Individualverkehr, kommt unserem europäischen Denken am Nächsten. Wie das Beispiel Südafrika zeigt, wird damit eine auch für den afrikanischen Kontinent durchaus wahrscheinliche Entwicklung beschrieben. Bereits 2005 waren auf Südafrikas Straßen mehr als 4,5 Mio. Pkws (ungefähr 100 Pkws pro 1000 Einwohner) unterwegs. Öffentlicher Personenverkehr (ÖPV) ist dagegen meist schlecht entwickelt, Busse sind veraltet und haben schlechte Emissionsstandards. Die logische Folge, die der Vorzug des Individualverkehrs mit sich bringt, sind hohe Emissionen, schlechte Luft in den Städten und eine miserable Klimabilanz.

In Südafrika ist man sich der bestehenden Verkehrsmisere durchaus bewusst. Die 2010 anstehende Fußball-WM wird als Chance verstanden, den ÖPV in den Großstädten auszubauen und zu verbessern. Dafür ist die Einführung des Bus Rapid Transit (BRT – Bussen wird über speziell eingerichtete Busspuren Vorfahrt gewährt) geplant, einer kostengünstigen und zukunftsfähigen Alternative zur U- oder Straßenbahn. BRT hat sich schon an anderer Stelle bewährt und kann gewissermaßen als Fortentwicklung der überall gegenwärtigen „Tro Tro“ (Minibustaxis) verstanden werden.

Die Situation in südafrikanischen Ballungsräumen steht stellvertretend für die Metropolen in Westafrika, wo mit zunehmender Entwicklung eine immer höhere Mobilität an Bedeutung gewinnt. Doch noch können die Weichen hin zu einer umweltfreundlicheren Mobilität mit Vorrang von Bus und Bahn gegenüber dem Individualverkehr gestellt werden.

Szenario 3: Sonniges Afrika

„Sonniges Afrika“ stellt einen Ausblick in die Zukunft dar, setzt auf umweltfreundlichen ÖPV, geht aber einen Schritt weiter und bezieht alternative Antriebssysteme für die öffentlichen Verkehrsmittel in die Betrachtung ein. Deren Energiebedarf wird über regenerativ erzeugte Energien bereitgestellt. Ein Netz von Solarkraftwerken und Tankstellen für regenerativ erzeugte Energie würde Westafrika durchziehen und die aufstrebenden Metropolen mit umweltfreundlicher Energie für die Mobilität beliefern. Busse oder Züge würden umweltfreundlich fahren. Eine Option wäre aus heutiger Sicht Solarstrom, der in Elektrofahrzeugen zum Antrieb genutzt wird.

Prinzipiell gilt ein solches Antriebssystem mit regenerativer Energie natürlich auch für den privaten Pkw. Allerdings sollte man sich nochmals die Überlegungen aus dem oben Gesagten zu den Stoffströmen der Edelmetalle, Stahl und Buntmetalle ins Gedächtnis rufen. Bedenkt man, wie viele hunderttausend Tonnen an Stahl und Aluminium bereits heute über die westafrikanischen Straßen rollen, wird schnell klar, dass die Emission des Antriebssystems nicht das allein entscheidende Kriterium für ein nachhaltiges Verkehrsmittel sein kann. Die Stoffströme stellen einen weiteren Grund zur Vorfahrt des ÖPV gegenüber dem Individualverkehr dar. „Sonniges Afrika" beschreibt insofern eine zukunftsfähige Mobilität für alle: Busse und Bahnen fahren praktisch klimaneutral, mit den natürlichen Ressourcen wird sparsam umgegangen.

Die Weichenstellung für zukünftige Verkehrssysteme in Afrika wird einen großen Einfluss auf die Umwelt haben, in Afrika, aber auch weltweit. Die wirtschaftliche Entwicklung wird davon betroffen sein, genauso wie die Schaffung von Arbeitsplätzen. Anreize genug, sich mit nachhaltiger Mobilität in Afrika näher zu beschäftigen und die beschriebenen Szenarien mit deren Stoffströmen, Rohstoffbedarfen und resultierenden Umweltauswirkungen einmal systematisch zu analysieren und zu bewerten.

Man sollte jedoch nicht vergessen: Wenn es Europa nicht gelingt, selbst ein Vorbild hinsichtlich nachhaltiger Mobilität zu werden, wird man sich in Afrika weiter auf den vorgezeichneten Pfaden fortbewegen und sich unweigerlich mit den Folgeerscheinungen wie Blechlawinen und schlechter Luft arrangieren müssen.

Literatur

EU (2006): Correspondents' Guidelines: Shipment of Waste Electrical and Electronic Equipment.

Hagelüken, C., M. Buchert & H. Stahl (2005): Materials Flow of Platinum Group Metals – Systems Analysis and Measures for Sustainable Optimization of the Materials Flow of Platinum Group Metals. London.

International Road Federation (2007): World Road Statistics 2007. Geneva.

Öko-Institut (2007): Verbesserung der Edelmetallkreisläufe – Analyse der Exportströme von Gebraucht-Pkw und -Elektro(nik)geräten am Hamburger Hafen. Hamburg, Darmstadt. Publikation des Umweltbundesamtes: www.umweltdaten.de/publikationen/fpdf-l/3199.pdf

Stahl, H. (2008): Materials flow and recycling of ELVs: Used cars on the way to Africa – dead-end or the path to mobility? In: Recycling Magazine, 07/08.

Georg Wilke

Ressourcenschonung durch Car-Sharing – Aussichten veränderlich

Als im Oktober 2008 in Ulm der Daimler-Konzern unter der Bezeichnung „car2go“ einen Modellversuch startete, in dem ein im Vergleich zu den heutigen Angeboten stark flexibilisiertes Car-Sharing getestet werden sollte, wurden von Seiten des Bundesverbandes Car-Sharing (*bcs*) Zweifel angemeldet, ob es sich dabei überhaupt noch um Car-Sharing handele. Voraussetzung dafür sei, dass durch das Angebot positive ökologische Effekte erzielt würden – beispielsweise in Form einer Reduktion der CO_2-Emissionen. Durch das vereinfachte Tarifsystem, das nicht dazu anhalte, unnötige Autofahrten zu vermeiden, sah der *bcs* diese positiven ökologischen Effekte gefährdet.

Die Reaktion des Bundesverbandes macht nicht nur deutlich, dass Ressourcenschonung zum definitorischen Kern von Car-Sharing gehört. Sie zeigt auch, dass die Beantwortung der Frage nach dem spezifischen Beitrag des Car-Sharing genaueres Hinsehen erfordert. Die ökologischen Effekte wie auch die Diffusionschancen von Car-Sharing variieren stark in Abhängigkeit vom jeweiligen Modell, in dem die Anbieter, die Gestaltung des Angebots, die Nutzergruppen und die Nutzungsweisen in einem engen Zusammenhang stehen.

Ökobilanzierung des Car-Sharing

Positive ökologische Effekte durch Car-Sharing lassen sich vor allem durch eine Reduzierung der zurückgelegten Pkw-Fahrleistungen und der Gesamtzahl der Pkw erwarten. Im Zentrum der Ökobilanzierung von Car-Sharing stehen diejenigen Nutzer, die im Zusammenhang mit der Entscheidung für Car-Sharing ihr eigenes Auto verkaufen. Lange Zeit wurde das Bild durch die Vorstellung geprägt, dass die Entscheidung für Car-Sharing eine individuelle „Verkehrswende“ und eine Veränderung der Lebensführung auslöse. Untersuchungen, in denen Autobesitz und Autonutzung vor der Praktizierung von Car-Sharing mit Hilfe von Befragungen rekonstruiert und mit den neuen Mobilitätsmustern verglichen wurden, schienen dieses Bild zu bestätigen. Nachdem aber aufgrund theoretischer Überlegungen Zweifel an einer solchen Kausalität angemeldet worden waren, haben neuere empirische Untersuchungen gezeigt, dass der Entscheidung für Car-Sharing zumeist Änderungen im Lebenskontext vorausgehen, die eine Reorganisation der Lebensführung und die Entscheidung für die Abschaffung des eigenen Autos bewirken. Bei längerer Zeit autolosen Personen wie auch bei Personen, die Car-Sharing zusätzlich zu einem eigenen Pkw nutzen, wurden solche Änderungen aber nur selten beobachtet.

Mit anderen Worten: Nicht Car-Sharing verändert die Lebensführung, sondern durch eine veränderte Lebensführung entsteht eine alltagsorganisatorische Passung mit Car-Sharing. Erst dann gerät Car-Sharing als Mobilitätsoption in den Blick, und es findet eine bewusste Entscheidung für oder gegen Car-Sharing statt. Car-Sharer sind demnach Optimierer, die Car-Sharing zur Abrundung ihrer Mobilitätsoptionen nutzen.

Vor diesem Hintergrund ist die zuverlässigste Methode, die Auswirkungen von Car-Sharing auf die Mobilitätsmuster zu messen, ein Vergleich der realen Mobilitätsmuster unter Einschluss von Car-Sharing mit den fiktiven Mobilitätsmustern in einem Szenario, in dem kein Car-Sharing-Angebot existiert, ansonsten aber die gleichen Bedingungen herrschen. Von Bedeutung ist dabei, ob sich die Befragten im Szenariofall ein (weiteres) Auto kaufen und in welchem Umfang sie es nutzen.

Unabhängig davon, ob bei der Praktizierung von Car-Sharing die mit dem Pkw zurückgelegten Kilometer reduziert werden, ergibt sich ein ökologischer Basiseffekt auch daraus, dass die Fahrzeuge der Car-Sharing-Flotten in der Regel im Vergleich zur Gesamtflotte verbrauchsärmer sind, weil es sich um „jüngere" (2005: zwei gegenüber sieben Jahren) und „kleinere" Fahrzeuge handelt.

Als Zwischenfazit ist festzuhalten, dass die durch Car-Sharing erzielbaren ökologischen Effekte tendenziell überschätzt wurden. Zu validen Ergebnissen gelangt man durch die dargestellte Hilfskonstruktion. Allerdings variieren auch bei diesem Ansatz die Befunde einzelner Studien aufgrund unterschiedlicher methodischer Detaillierung (vgl. Haefeli et al. 2006; Wilke et al. 2007).

Solche Einschränkungen lassen sich vermeiden, wenn man statt intra-individueller Vergleiche von Verhaltensmustern einen inter-individuellen Vergleich anstellt. Vergleicht man die Nutzer von Car-Sharing mit dem Durchschnitt der großstädtischen Bevölkerung, haben die Kunden von Car-Sharing eindeutig ökologischere Mobilitätsmuster (vgl. Maertins 2006). Die Flotteneffekte durch Car-Sharing setzen wiederum eine Reduzierung der Pkw-Kilometer auf der individuellen Ebene voraus. Allein die Bündelung der individuellen Nachfrage nach Automobilität, d. h. dass sich jeweils eine Anzahl von Nutzern ein Car-Sharing-Fahrzeug sequentiell „teilen", bewirkt noch keine Verminderung der Zahl der benötigten Pkw (vgl. Wilke 2002).

Geht man in der beschriebenen Weise vor, so ergibt sich für Deutschland eine CO_2-Einsparung pro Car-Sharing-Nutzer von durchschnittlich 142 kg jährlich; ein Car-Sharing-Fahrzeug ersetzt (bei einer Jahresfahrleistung von 30.000 Kilometern) 6,2 Privat-Pkws.

Ein Blick zurück: Car-Sharing in Deutschland

Die sozial-ökologische Innovation Car-Sharing ist in Deutschland ein Produkt der neuen sozialen Bewegungen der 70er und 80er Jahre, vor allem der Alternativ- und der Ökobewegung. Für Menschen, die ohne eigenes Auto leben oder mit dem Gedanken spielen, ihr Auto zu verkaufen, sollte mit Car-Sharing eine umweltfreundliche Alternative geschaffen werden, gelegentliche Bedarfe an Automobilität befriedigen zu können. Erstellt wurde Car-Sharing zunächst in zivilgesellschaftlicher Selbstorganisation. Die Aktiven waren Angehörige derselben Milieus wie die Nutzer. Man war oder wurde Mitglied einer lokalen Gemeinschaft, in der man sich (Betreiber und Nutzer) kannte, zumindest aber durch ähnliche Werte und Einstellungen verbunden wusste. Diese Wurzeln spiegeln sich noch heute im Car-Sharing-Vokabular. Konkurrenz innerhalb einer Stadt hätte dem Selbstverständnis sowohl der Anbieter als auch der Nutzer widersprochen. Bestandteile der in diesen Milieus gültigen „sozio-kulturellen Interpretationsmuster" (Axel Honneth) vom guten Leben war ein suffizienzorientierter und teilweise asketischer Lebensstil ohne eigenes Auto mit Car-Sharing als möglichem Element. Aufgrund dieser Einbettung stellten die bei der Praktizierung von Car-Sharing anfallenden Transaktionskosten in der Regel kein Nutzungshindernis dar.

Mitte der 90er Jahre vollzog ein Teil der Car-Sharing-Anbieter die Wende zu einer unternehmerischen Orientierung. Gleichzeitig setzten die größeren Car-Sharing-Organisationen auf eine Marktdiffusion jenseits der Nische. Mitauslöser waren Einschätzungen, die Car-Sharing in Deutschland ein Potenzial von 7 Mio. Nutzern bescheinigten.

In dieser Zeit wurden Autobesitzer, die Car-Sharing an Stelle eines Zweitwagens nutzen, als spezielle Zielgruppe entdeckt. Auch das eine oder andere „Spaßauto" in den Car-Sharing-Flotten erschien vertretbar. Durch die Inkaufnahme individuell geringerer oder teilweise sogar negativer ökologischer Effekte sollte Car-Sharing attraktiver werden, um so größere Kundengruppen zu erreichen und den ökologischen Gesamteffekt von Car-Sharing zu steigern.

Um das Jahr 2000 kam „Business-Car-Sharing“ als weiteres Geschäftsfeld hinzu. Den Vertretern eines konsequenten Expansionskurses reichten diese Veränderungen jedoch nicht. Sie sahen in Flexibilisierung, Professionalisierung und Standardisierung des Angebots sowie in der Zentralisierung der Anbieterlandschaft die Voraussetzungen für den Markterfolg. Die „unternehmerische Wende“ wurde jedoch nicht von allen Car-Sharing-Organiationen, nicht von allen im gleichen Tempo und mit der gleichen Konsequenz vollzogen. Eine relativ lange Phase war geprägt von Suchbewegungen, bei denen verschiedene „Versuchsanordnungen“ erprobt wurden (vgl. Byzio et al. 2002). Heute verstehen sich die großstädtischen Car-Sharing-Anbieter als Unternehmen, während sich Anbieter in mittleren und kleineren Städten weiterhin am Ursprungsmodell des Car-Sharing orientieren.

Die Erwartungen der Expansionsbefürworter wurden jedoch nur teilweise erfüllt. Im Verlaufe von Zentralisierungsprozessen sind einige große, überörtlich tätige Anbieter entstanden; allerdings gibt es nach wie vor eine große Zahl mittlerer und kleinerer Betreiber. Zugleich ist der Car-Sharing-Markt bei aller Dynamik und verbleibenden Vielfalt bis heute relativ geschlossen. Einzelne Versuche branchenfremder Investoren, im Markt Fuß zu fassen, darunter der Versuch des Mineralölkonzerns Shell, blieben Episode. Eine Ausnahme bildet allerdings die Deutsche Bahn, die Ende 2001 als Akteur in den Markt eintrat, ohne diesen allerdings dominieren zu wollen. Man entschied sich für eine Kooperation mit den örtlichen Betreibern.

Weitgehend unabhängig von der Unternehmensgröße hat jedoch eine Professionalisierung des Car-Sharing stattgefunden. Eine Standardisierung der Angebote ist dagegen weitgehend ausgeblieben, sieht man von dem überörtlichen Angebot der Deutschen Bahn und den Effekten ab, die aus der Größe einiger überörtlicher Anbieter resultieren. Vor allem aber wurde auf die geforderte Flexibilisierung des Angebots verzichtet: Spontannutzung, Nutzung ohne feste Rückgabezeitpunkte und Einwegnutzung wurden nicht umgesetzt. Der Nutzungsprozess ist daher nach wie vor mit nicht unerheblichen Transaktionskosten verbunden. In der Regel müssen die Fahrzeuge für einen festen Zeitraum gebucht, an speziellen Stationen abgeholt und auch dort wieder abgegeben werden. Die Tarifsysteme umfassen neben Zeit- und Kilometerpreisen eine Aufnahmegebühr und monatliche Grundgebühren, vielfach ist darüber hinaus eine Kaution zu zahlen.

In Deutschland konzentriert sich die heutige Car-Sharing-Kundschaft auf fünf von insgesamt neun sozialen Milieus im oberen und im mittleren Bereich der Gesellschaft. In den unteren Milieus wird Car-Sharing dagegen so gut wie nicht praktiziert (Wilke et al. 2007). Dieser Befund belegt, dass Car-Sharing nach wie vor eine spezifische, an bestimmte sozio-kulturelle Voraussetzungen gebundene Praxis darstellt. Allerdings ist daran zu erinnern, dass Car-Sharing keine „billige" Mobilitätsdienstleistung darstellt und daher für einkommensschwache Bevölkerungskreise, wie sie sich vorwiegend in den unteren Milieus finden, auch aus Kostengründen kaum in Frage kommt.

Diffusion durch Modernisierung oder durch Transformation?

Vor diesem Hintergrund zeichnen sich für das Car-Sharing in Großstädten perspektivisch zwei Entwicklungspfade ab: Die Fortsetzung der mit der Wende zum unternehmerischen Car-Sharing begonnenen Modernisierung einerseits und die Transformation des Car-Sharing-Systems durch konsequente Flexibilisierung andererseits.

Car-Sharing wird in Deutschland inzwischen von rund 137 000 Personen praktiziert (Stand: Januar 2009). Seit einiger Zeit können die Anbieter jährliche Kundenzuwächse in zweistelligem Umfang verbuchen, was für die Fortsetzung des Modernisierungspfades sprechen könnte. Allerdings ist es schwierig zu beurteilen, inwieweit es tatsächlich gelungen ist, die Potenziale in den bisherigen Nutzermilieus auch auszuschöpfen, weil ein nicht unerheblicher Teil der Zuwächse auf die räumliche Ausdehnung des Car-Sharing-Angebots zurückgeht, also auf die Einrichtung neuer Stationen in weiteren Stadtteilen oder Städten. Hinzu kommt, dass die Entwicklung nicht einheitlich verläuft. In einigen Städten, wo innerhalb kurzer Zeit ein umfangreiches Car-Sharing-Angebot geschaffen werden konnte, sind nach anfänglich hohen Kundengewinnen größere Kundenzuwächse ausgeblieben. In anderen Städten ist dagegen ein stetiges Wachstum zu verzeichnen.

Für die Fortsetzung des Modernisierungspfades sprechen auch die seit längerem zu beobachtenden Öffnungstendenzen innerhalb der Kundschaft. Die Verteilung der Car-Sharing-Kundschaft auf fünf von neun sozialen Milieus stellt insofern einen Beleg für die Öffnungstendenzen dar, als das Car-Sharing im ursprünglichen „Alternativen Milieu" seinen Ausgang nahm. Auch die Zunahme des Anteils autoaffiner Kunden, die Car-Sharing zusätzlich zu einem eigenen Auto nutzen (vgl. Maertins 2006), lässt sich als Beleg für eine Öffnung interpretieren. Gleichzeitig sprechen diese Befunde für eine „gebremste" Marktdiffusion: Neue Kundengruppen nehmen die zum Modell des heutigen Car-Sharing gehörenden Transaktionskosten in Kauf, obwohl ihnen der entsprechende sozio-kulturelle Hintergrund fehlt. Sie deuten Car-Sharing für ihre eigenen Zwecke um. Dass diese Umdeutung notwendig ist, verlangsamt die Ausbreitung des Car-Sharing und begrenzt zugleich die ökonomischen Möglichkeiten der heutigen Betreiber.

Dagegen scheint ein flexibilisiertes Car-Sharing geeignet zu sein, wesentlich größere Kreise potenzieller Kunden anzusprechen, als das Car-Sharing in seiner jetzigen Form. So wurden rund 6,2 Mio. Interessenten in deutschen Großstädten ermittelt (Wilke et al. 2007), die sich auf alle sozialen Milieus verteilen, wenngleich die unteren Milieus auch hier nur schwach repräsentiert sind. Dies zeigt, dass ein flexibilisiertes Car-Sharing offen ist für unterschiedliche sozio-kulturelle Deutungen. Durch ein flexibilisiertes Car-Sharing könnten positive ökologische Effekte entstehen, die intra-individuell allerdings auf einem niedrigeren Niveau lägen als beim heutigen Car-Sharing.

Ähnlichkeit mit dem untersuchten alternativen Car-Sharing hat das eingangs erwähnte „car2go" des Daimler-Konzerns, das sich durch eine konsequente Flexibilisierung, durch Standardisierung und Tarifvereinfachung auszeichnet. Ist man einmal als Kunde registriert, hat man jederzeit spontanen Zugriff auf eines der im Stadtgebiet verteilten Fahrzeuge. Angeboten wird ausschließlich der Fahrzeugtyp „Smart". Man nutzt das Fahrzeug, so lange man es braucht. Danach stellt man es am Straßenrand, auf einem nicht bewirtschafteten öffentlichen Parkplatz oder an einer der vorgesehenen Stationen ab. Die Kosten sind variabilisiert und bemessen sich nach einem einfachen Zeittarif auf Minuten- (19 Cent), Stunden- (9,90 Euro) oder Tagesbasis (49,90 Euro); gezahlt werden muss nur bei Nutzung eines Fahrzeugs.

Resümee

Car-Sharing leistet ohne Zweifel einen Beitrag zur Ressourceneinsparung. Konkrete Aussagen über die Größenordnungen dieses Beitrages sind jedoch wegen der begrenzten Reichweite der vorliegenden Analysen und der Dynamik des Car-Sharing-Systems problematisch. Die Autolosigkeit der Mehrzahl der heutigen Car-Sharing-Haushalte ist primär nicht Resultat einer durch Car-Sharing ausgelösten individuellen „Verkehrswende", sondern Folge der jeweiligen Lebensumstände. Bei der Ökobilanzierung von Car-Sharing variieren die Ergebnisse in Abhängigkeit vom methodischen Vorgehen im Detail.

Auf die sichere Seite begibt man sich mit einem inter-individuellen Gruppenvergleich, bei dem sich zeigt, dass die Nutzer von Car-Sharing im Durchschnitt ressourcensparendere Mobilitätsmuster haben als die Großstadtbevölkerung insgesamt. In erster Linie sind dies Mobilitätsmuster ohne eigenes Auto, doch Car-Sharing trägt zur Stabilisierung dieser Mobilitätsmuster bei. Dieser Befund ist nicht überraschend, gleichwohl aber in seiner Bedeutung nicht zu unterschätzen.

Sieht man von den positiven Ressourcenschonungseffekten ab, wäre von einem flexibilisierten Car-Sharing auch eine verhaltensstabilisierende Wirkung zu erwarten. Beispielsweise lässt sich „car2go" auf der Ebene der Einzelfahrten als Konkurrenz zum ÖPNV sehen; insgesamt dürfte es jedoch eher von Personen ohne eigenes Auto genutzt werden und damit auch den ÖPNV stützen. In jedem Fall dürfte es ein flexibilisiertes Car-Sharing leichter haben, größere Kundenkreise zu gewinnen. Damit wäre ein flexibilisiertes Car-Sharing auch für die Betreiber ökonomisch attraktiver, weil es sie in die Lage versetzen würde, schneller und stärker zu expandieren, als dies heute der Fall ist.

Auszuschließen ist darüber hinaus auch nicht, dass durch die laufende Ressourcendebatte, die zu verstärkten Bemühungen um alternative Antriebs- und Kraftstofftechniken geführt hat, und durch die derzeitige Finanz- und Wirtschaftskrise die vielfach geforderte neue Mobilitätskultur entsteht.

Literatur

Byzio, A., H. Heine & R. Mautz (2002): Zwischen Solidarhandeln und Marktorientierung. Ökologische Innovationen in selbstorganisierten Projekten. Autofreies Wohnen, Car Sharing und Windenergienutzung. Göttingen.

Haefeli, U. et. al. (2006): Evaluation Car-Sharing. Schlussbericht. Forschungsvorhaben im Auftrag des Bundesamtes für Energie. Bern.

Harms, S. (2003): Besitzen oder Teilen. Sozialwissenschaftliche Analyse des Car Sharings. Zürich.

Maertins, Ch. (2006): Die intermodalen Dienste der Bahn. Mehr Mobilität und weniger Verkehr? WZB-Diskussionspapier SP III 2006-10. Berlin.

Wilke, G., S. Böhler, D. Bongardt & C. Schäfer-Sparenberg (2007): Zukunft des Car-Sharing in Deutschland. Forschungsvorhaben, Abschlussbericht. Wuppertal.

Wilke, G. (2002): Professionalisiertes Car-Sharing im Dilemma Ökologie/Ökonomie? In: Internationales Verkehrswesen. Heft 12, S. 608-613.

Christian Hagelüken

„Urban mining" – die Stadt als Bergwerk

Metallschätze im Altprodukt

Elektronik ist in der modernen Welt nicht mehr wegzudenken und fast täglich kommen neue Produkte auf den Markt. Elektronische Bauelemente sind das Herz von Informationstechnologie und Kommunikation, bei Haushalts- und Unterhaltungselektronik, aber auch im Automobil, im Maschinen- und Anlagenbau, in Energie- und Umwelttechnik. Um immer ausgeklügeltere Funktionen zu erzielen, werden heutzutage in der Elektronik bis zu 60 verschiedene chemische Elemente eingesetzt. In einem komplexen Materialverbund sind neben den beim Massenanteil dominierenden Kunststoffen, Glas, Keramik, Eisenmetalle und Kupfer auch weitere Buntmetalle wie Aluminium, Nickel, Zinn, Quecksilber, Kadmium und Blei sowie eine große Bandbreite an Edel- (Gold, Silber, Palladium) und Sondermetallen (Kobalt, Antimon, Wismut, Indium, Selen, Tellur) enthalten. Letztere kommen zwar nur im Spurenbereich vor, haben aber oft einen dominierenden Anteil am Materialwert der Geräte. So entfallen zum Beispiel beim ausgemusterten Handy auf die Edelmetalle deutlich über 80 % des gesamten stofflichen Wertinhaltes.

Da die spezifischen Eigenschaften der Edel- und Sondermetalle ausschlaggebend für die wachsende Funktionalität der Geräte sind, hat die stürmische Entwicklung in der Elektronik zu einem, in absoluten Zahlen gemessen, rasanten Nachfrageanstieg dieser Metalle in diesem Segment geführt. Im einzelnen Handy oder Computer stecken nur wenige Milligramm an Gold, Silber und Palladium (und der Metallwert liegt in der Regel unter einem Euro); multipliziert man diese aber mit 1,3 Mrd. Mobiltelefonen und 260 Mio. PCs und Laptops, die 2008 weltweit verkauft wurden, dann kommen beeindruckende Metallmengen und Werte zusammen. Diese beiden Gerätegruppen benötigen allein jeweils rund 3 % der weltweiten Bergbauproduktion an Gold und Silber sowie deutlich über 10 % an Palladium und Kobalt. Der Wert dieser vier Metalle plus Kupfer summiert sich dabei zu Preisen von 2007 auf rund 4,1 Mrd. US-Dollar. Nimmt man die Vielzahl weiterer Geräte hinzu – von der Digitalkamera bis zum Laserdrucker – dann wird die Dimension des Elektro- und Elektroniksegments für den weltweiten Metalleinsatz besonders deutlich.

Auch unsere Fahrzeuge sind eine „Metallmine auf Rädern". Das liegt zum einen an der inzwischen auch dort sehr stark vertretenen Elektronik. Eine noch größere Bedeutung für Edelmetalle im Auto hat aber der Abgas-Katalysator: Rund 50 % des Weltbergbaus nach Platin und Palladium entfallen allein auf dieses unscheinbare Bauteil, bei Rhodium sind es sogar über 80 %. In der gesamten Menschheitsgeschichte wurden bisher erst rund 10 000 t abgebaut. Von dieser Menge ist schätzungsweise noch ein knappes Viertel als Auto-Kat auf der Straße im Einsatz. Zusätzlich stecken in jedem deutschen Neuwagen (Bezugsjahr 2004) aber noch große Mengen weiterer Metalle: durchschnittlich 870 kg Stahl, 120 kg Aluminium, 16 kg Blei und 13 kg Kupfer, dazu Zinn, Zink, Chrom und jede Menge Sondermetalle.

Eine effiziente Rückgewinnung dieser Metalle am Lebensende von Elektro-/Elektronikgeräten, von Altautos und sonstigen Konsum- und Investitionsgütern könnte daher eine große rohstoffwirtschaftliche und umweltpolitische Bedeutung haben.

„Urban mining" kann den Schatz heben

In technischer Hinsicht können mit modernen Recyclinganlagen die meisten dieser Metalle mit guten Ausbeuten zurück gewonnen werden. Der Wertstoffhof und der Schrottplatz werden damit zu „anthropogenen Lagerstätten", der Bergbau kommt in die Städte – *urban mining*. Voraussetzung ist allerdings, dass die Altprodukte möglichst vollständig erfasst und in eine auf Menge und Qualität des Materials abgestimmte Recyclingkette eingesteuert werden. Diese besteht aus den Stufen Logistik, Sortierung/Zerlegung, Aufbereitung und Endverarbeitung. Die einzelnen Schritte sind hochgradig voneinander abhängig, eine gute Abstimmung an den Schnittstellen ist daher wichtig für das Erzielen insgesamt hoher Recyclingquoten. Während bei Elektroaltgeräten und Autos die ersten Stufen der Recyclingkette aus manuellen (Demontage) und mechanischen Verfahren (Shredder mit Sortierstrecke) bestehen, findet im letzten Schritt der Recyclingkette (Endverarbeitung) das eigentliche Metallrecycling mit metallurgischen Verfahren statt, an deren Ende hochreine Metalle erneut für den Produktionskreislauf zur Verfügung stehen.

Zu unterscheiden sind beim metallurgischen Recycling drei Hauptwege: Eisen und Stahlschrotte werden in Elektrostahlöfen als Rohstoff eingesetzt, Aluminium geht in Aluminiumschmelzen, während die Fraktionen mit Kupfer und weiteren Buntmetallen, Edel- und Sondermetallen in Kupferhütten sowie integrierten Metallhütten verarbeitet werden. So betreibt zum Beispiel *Umicore Precious Metals Refining* am Standort Hoboken bei Antwerpen die weltgrößte integrierte Metallhütte zur Rückgewinnung von (Edel-)Metallen aus komplexen Materialien. Eingesetzt werden Leiterplatten, Katalysatoren, Lithium-Ionen Batterien sowie eine große Bandbreite weiterer, meist edelmetallhaltiger Materialien. Insgesamt werden in dieser integrierten Metallhütte 18 verschiedene Metalle zurückgewonnen, neben allen Edelmetallen sind dies zusätzlich viele Sonder- und Basismetalle. Im Jahre 2007 wurden insgesamt rund 300 000 t weitgehend sekundäres Einsatzmaterial verarbeitet und daraus etwa 70 000 t Metall erzeugt (davon 65.000 t Cu/Pb/Ni, 1000 t Ag, 30 t Au, 37 t PGM und in Summe 3500 t Sn, Sb, Se, Te, In, Bi, As, Co).

Durch solche Recyclingaktivitäten werden nicht nur wertvolle Rohstoffe zurück gewonnen und Schadstoffemissionen vermieden, sondern auch ein beachtlicher Beitrag zum Klimaschutz geleistet. Denn der Energiebedarf zur Gewinnung von Edelmetallen aus dem modernen Recycling erfordert nur einen Bruchteil der Energie, die bei Gewinnung dieser Metalle im Bergbau benötigt würde. Entsprechend niedriger fallen die mit der Metallproduktion verbundenen CO_2-Emissionen aus. Besonders signifikant ist das bei den in Lagerstätten nur in sehr geringen Konzentrationen vorkommenden Edelmetallen: Bei Minengold zum Beispiel (typischer Gehalt 5 g Gold pro Tonne Gestein) werden im Durchschnitt pro Tonne Feinmetall rund 17 000 t CO_2 generiert (Datenbank *ecoinvent* der ETH Zürich). Der größte Teil davon entfällt auf den aufwendigen Abbau und die Aufbereitung (großer „ökologischer Rucksack.") Beim „urban mining" des alten Computers muss nicht 3000 m tief in die Erde vorgedrungen werden und mit über 200 g Gold pro t Leiterplatten ist diese Lagerstätte um ein vielfaches reicher.

Dafür muss allerdings zunächst das „städtische Bergwerk" gefüllt werden (gute Erfassung der Altgeräte), und die Verfahren entlang der zuvor beschriebenen Recyclingkette müssen sorgfältig aufeinander abgestimmt werden. Ist dies der Fall, dann lassen sich mit modernen Verfahren gute Metallausbeuten auch bei den „Spurenelementen" erzielen. So werden bei Einsatz der passenden Metallurgie (Verhüttung und Raffination) Metall-Rückgewinnungsraten von 90 % und darüber erzielt, bei einigen Edelmetallen steigt die Ausbeute sogar auf 98 % von dem im angelieferten Material enthaltenen Inhalt.

Ressourcenverluste durch Nichterfassung und Exporte

Trotz des großen Potenzials für Umwelt- und Ressourcenschutz, trotz des inzwischen entwickelten hohen Technologieniveaus und trotz unterstützender Gesetzgebung bestehen jedoch noch immer erhebliche Schwachstellen in der realen Kreislaufwirtschaft. Die Sammelquoten sind unbefriedigend niedrig und viele Altgeräte oder Fraktionen daraus gehen durch oft dubiose Exporte in Entwicklungs- und Schwellenländer verloren.

Nach Schätzungen (WEEE Review 2007) werden rund 60 % des Anfalls an Elektroaltgeräten in Europa nicht ordnungsgemäß recycelt, die darin enthaltenen Metalle gehen verloren. Für die in Bezug auf Edel- und Sondermetalle besonders relevanten Geräte aus dem Bereich IT, Telekommunikation und Unterhaltungselektronik liegen die Verluste sogar bei 70 % des Potenzials. Insgesamt entspricht das einem Metallverlust im Wert von über 4 Mrd. Euro und einem nicht genutzten CO_2-Einsparpotential von mindestens 4 Mio. Tonnen.

Während ein Teil dieser Verluste durch Nicht-Erfassung oder Entsorgung über den Restmüll verantwortet wird, stellt der Export von Altgeräten in Entwicklungs- und Schwellenländer wahrscheinlich die größte Verlustquelle dar (vergleiche hierzu den Beitrag von Hermann & Stahl in diesem Band). Hierunter fallen zum gewissen Teil legitime Exporte von Gebrauchtgeräten (z. B. Computer, Mobiltelefone), die im Empfängerland noch eine Zeit lang genutzt, am Ende ihrer Lebensdauer dort aber in den aller meisten Fällen dann nicht recycelt werden. Mengenmäßig von weit größerer Bedeutung sind aber illegale oder halblegale Exporte von Altgeräten, die unter dem Deckmantel des „reuse" verschifft werden, um damit die Exportbeschränkungen der *Baseler Konvention* zu umgehen. Der überwiegende Teil dieser Exporte beinhaltet nur geringe Anteile tatsächlich gebrauchsfähiger Güter, der größte Teil wird ausgeschlachtet und danach – unkontrolliert – verworfen oder mit primitiven Verfahren „recycelt".

In einem gemeinsamen Projekt der Eidgenössischen Materialprüfanstalt (EMPA) der ETH Zürich und von *Umicore* wurden die Verfahren und Metallausbeuten von solchen „Hinterhof-Recyclingbetrieben" in Bangalore/Indien untersucht. Dabei konnte nachgewiesen werden, dass die Goldausbeuten aus Leiterplatten bei insgesamt nur knapp 25 % liegen. Daneben werden noch geringe Mengen an Kupfer und Silber zurückgewonnen, während Palladium, Blei, Nickel und die Sondermetalle vollständig verloren gehen. Die mit dieser Art von Recycling verbundenen Umwelt- und Gesundheitsauswirkungen sind vielfach dramatisch. Durch Verbrennung von Elektronikschrott (zur Konzentration der Metalle) werden große Mengen Dioxin erzeugt, die Laugung mit Zyanid oder anderen starken Reagenzien erfolgt oft völlig unkontrolliert (Rückstände gehen ungeklärt in die „Kanalisation") und zur Amalgamierung des Goldes wird häufig Quecksilber eingesetzt, das dann über dem offenen Feuer verdampft wird.

In den letzten Jahren sind in Asien einige industrielle Recyclingfirmen entstanden, die vorgeben, mit rein hydrometallurgischen Verfahren umweltfreundlich Leiterplatten und andere komplexe E-Schrottfraktionen verarbeiten zu können. Auskünfte über die tatsächlich angewandte Prozesstechnik, über gewonnene Metalle, Verbleib der Rückstände und Stoffbilanzen bleiben oft aber äußerst vage. Solche Verfahren können zwar für einfache Materialien gute Ergebnisse liefern, z. B. beim Ablösen von Edelmetallbeschichtungen von frei zugänglichen Oberflächen, für komplexe Materialverbünde, wie sie in Leiterplatten oder Mobiltelefonen vorliegen. Rein hydrometallurgische Verfahren stoßen aber an technische Grenzen und sind deshalb nicht empfehlenswert – sowohl im Hinblick auf die erzielbaren Metallausbeuten als auch unter dem Gesichtspunkt der Umweltwirkungen. Anzeichen deuten darauf hin, dass in vielen industriellen Refining-Betrieben in Asien ein „Rosinenpicken" stattfindet und dass Restfraktionen dann auf irgendwelchen Wegen doch ins „Hinterhof-Recycling" gelangen.

Ähnlich wie bei der Elektronik bestehen auch bei Altfahrzeugen erhebliche Defizite am Lebensende. „Urban mining" findet hierbei nur in einem viel geringeren Umfang statt als möglich ist und sinnvoll wäre. Nach statistischen Erhebungen des Umweltbundesamtes wurden 2006 in Deutschland von 3,2 Mio. Fahrzeuglöschungen nur rund 500 000 Autos im Land recycelt, 2,1 Mio. wurden als Gebrauchtfahrzeuge exportiert. Die Lücke von etwa 600 000 Autos entfällt auf „unregistrierte Exporte". Im Lichte dieser erheblichen Ausflüsse relativiert sich die zunächst berichtete imposante Recyclingquote von 86,2 %, denn diese bezieht sich nur auf die in Deutschland verwerteten Altautos. Bezogen auf die gesamten Fahrzeuglöschungen fällt die Quote auf klägliche 13,5 % ab. Eine echte Kreislaufwirtschaft sieht gewiss anders aus.

Der (registrierte und nicht registrierte) Export von 2,7 Mio. Altautos repräsentiert einen Metallinhalt von mehr als 1,3 Mio. t Stahl, 180 000 t Aluminium, rund 110 000 t weitere NE-Metalle sowie 6,25 t Platingruppenmetalle. Auch aus vielen anderen europäischen Ländern werden große Mengen an Altfahrzeugen exportiert. Die Importländer liegen vor allem in Westafrika, im Nahen und Mittleren Osten sowie in Osteuropa. Das Problem wären nicht die Exporte selber, wenn nur am Lebensende des Fahrzeuges ein effizientes Recycling stattfinden würde. Genau das geschieht meistens aber nicht, unsere „urbane Mine" wird global verstreut.

Bei Platinmetallen in Autokatalysatoren tritt noch ein zusätzliches Problem auf. Unter normalen europäischen Betriebsbedingungen (guter Straßenzustand, Wartung und Überwachung der Fahrzeuge, gute Spritqualität) sind die Edelmetallverluste während des Fahrzeugbetriebes äußerst gering. Bei Schlaglochpisten, mangelnder Wartung und Fehlzündung kann es aber zu mechanisch-thermischer Zerstörung des Katalysators kommen, so dass Edelmetalle durch das Auspuffrohr ausgetragen werden. Im Extremfall ist der Kat dann leer, und selbst wenn er einmal ins Recycling gelangt, ist außer dem Stahlmantel nichts mehr zu holen. Dies führt dazu, dass trotz des attraktiven Metallwertes von Altkatalysatoren und trotz einer Recyclingtechnologie, die 98 % des enthaltenen Platins zurückgewinnen kann, global in der Summe nur rund 50 % des Recyclingpotenzials ausgeschöpft werden, der Rest geht verloren.

Der schwierige Weg zur Kreislaufwirtschaft

Zusammenfassend lässt sich festhalten:

- Der Boom in der Elektronikindustrie hat zu einer starken Nachfrage nach „Technologiemetallen" (Edel- und Sondermetalle) geführt.
- In Europa gibt es nach vielen Jahrhunderten des Bergbaus nur noch wenige Primärlagerstätten dieser Metalle, die Ressourcenbasis hat sich in die Technosphäre verschoben. Altprodukte bilden damit eine neue riesige „Lagerstätte".
- Der durch den Bergbau bedingte „ökologische Rucksack" für viele Produkte lässt sich durch modernes Recycling deutlich verkleinern.
- Trotz Gesetzgebung und vorhandener Recycling-Infrastruktur verliert Europa große Mengen an Altgeräten mit wertvollen Rohstoffen durch Exporte – legale wie illegale Exporte.
- Sofern in vielen Entwicklungs- und Schwellenländern überhaupt Recycling von komplexen Produkten stattfindet, ist dies in der Regel vergleichsweise ineffizient in Bezug auf Metallausbeuten und oft mit erheblichen Umwelt- und Gesundheitsgefährdungen verbunden.

- „Reuse“ von Produkten – wo auch immer dieser stattfindet – muss letztlich ins Recycling münden, dafür ist der Aufbau einer globalen Kreislaufwirtschaft unerlässlich. Derzeit besteht die Gefahr des „reuse paradox“: Mehr reuse in Drittländern führt unterm Strich zu weniger Recycling und zu größeren Schadstoffemissionen.
- Komplexe Produkte wie Elektronik oder Altautos erfordern ein „High-Tech“-Recycling. Schlüsselfunktionen kommen dabei einer Spezialisierung/Arbeitsteilung, der Optimierung von Schnittstellen und der Realisierung von Größenvorteilen in den Endverarbeitungsschritten zu.
- Für ein „grünes Produkt“ ist der Nachweis der Recyclingfähigkeit allein nicht ausreichend; es muss vielmehr sichergestellt werden, dass am Ende der Lebensdauer auch nachweisbar ein „grünes Recycling“ stattfindet. Transparenz und Überwachung der Altproduktströme sind dafür von großer Wichtigkeit.
- Insgesamt sind noch erhebliche Anstrengungen aller Akteure erforderlich, um durch „urban mining“ zu einer echten Kreislaufwirtschaft zu gelangen. Wenn dies gelingt, ergibt sich daraus neben den positiven Effekten für (Metall-)Ressourcen und Schadstoffmanagement auch ein großes CO_2-Vermeidungspotenzial.

Literatur

Hagelüken, C. & C.E.M. Meskers (2008): Mining our computers – opportunities and challenges to recover scarce and valuable metals from end-of-life electronic devices. In: H. Reichel, N.F. Nissen, J. Müller & O. Deubzer (Eds): Electronics Goes Green. Stuttgart, S. 623-628.

Hagelüken, C., M. Buchert & H. Stahl (2005): Stoffströme der Platingruppenmetalle. Clausthal Zellerfeld.

Huismann J., F. Magalini, R. Kuehr et. al. (2007): Review of Directive 2002/96 on Waste Electrical and Electronic Equipment (WEEE Review). Final Report.

Kuper, J. & M. Hojsik (2008): Poisoning the Poor. Electronic Waste in Ghana. Technical Report, Greenpeace. Amsterdam.

Andreas Manhart

Nachhaltige Rohstoffwirtschaft durch Zertifizierung

Zahlreiche Forschungen zum Thema „resource curse“ (vom Fluch des Ressourcenreichtums) zeigen, dass Länder, deren Bodenschätze einen hohen Anteil am Export haben, überdurchschnittlich anfällig gegenüber innerstaatlichen Konflikten sind. Als eklatante Beispiele gelten die Kriege im Osten des Kongo (Zugriff auf Holz und Mineralien), die Konflikte im Nigerdelta (Verteilung der Einkünfte aus der Ölförderung), der langjährige Bürgerkrieg in der indonesischen Region Papua (Verteilung der Einkünfte aus dem Erzabbau). Der Zugriff auf die natürlichen Ressourcen und die Verteilung der erzielten Einkünfte sind zwar nur selten die alleinigen Auslöser von Konflikten, wirken aber oft verstärkend bzw. verlängernd auf die Auseinandersetzungen. Diese Konfliktmuster sind nicht neu und waren bereits seit langer Zeit zu beobachten. Dennoch führten steigende Rohstoffpreise dazu, dass sich die Konfliktwirksamkeit von Ressourcen verstärkt hat. Eine Auswertung der mehrjährigen Arbeiten des *Heidelberger Instituts für Internationale Konfliktforschung* zeigt einen deutlichen Trend hin zu vermehrten Konflikten, der in etwa den Verlauf der steigenden Rohstoffpreise nachzeichnet (siehe Abbildung 1).

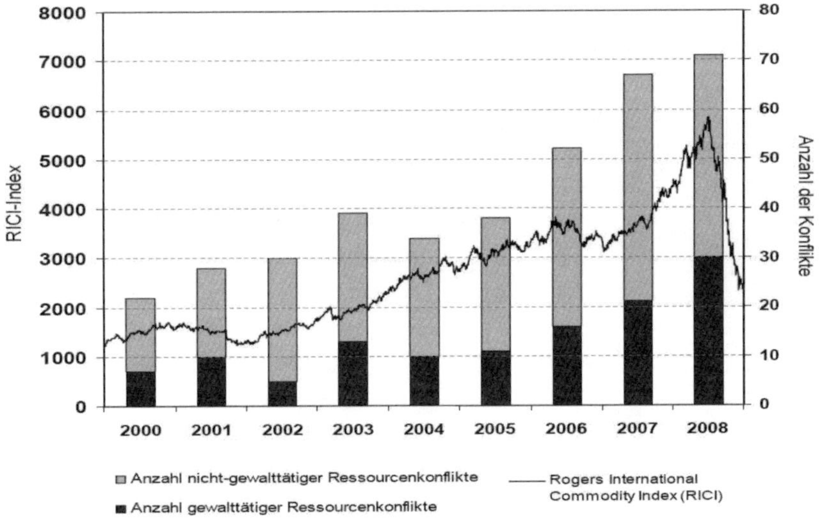

Abb. 1: Anzahl und Trend der Konflikte, die ganz oder teilweise um Ressourcen geführt werden, sowie Verlauf der Ressourcenpreise. (RICI = international anerkannte Messlatte für den Preisverlauf verschiedener agrarischer, energetischer und metallischer Ressourcen). Quelle: Heidelberger Institut für internationale Konfliktforschung

Die Gewinnung von Erzen ist vielfach und in besonderer Weise mit weit reichenden sozialen und ökologischen Auswirkungen in der Abbauregion verbunden. Typische Beispiele sind die Enteignung und Umsiedlung von weiten Bevölkerungsteilen und die extreme Belastung der lokalen Umwelt durch Naturzerstörung und Minenabfälle. So zeigen die jährlichen Analysen des *Blacksmith-Instituts*, dass sich unter den zehn am stärksten verschmutzten Orten der Welt gleich vier Bergbauregionen befinden: Sukinda in Indien (Abbau von Chromit), La Oroya in Peru (Abbau und Verhüttung von Kupfer, Blei und Zink), Norilsk in Russland (Abbau und Verhüttung von Nickel und Platingruppenmetallen) und Kabwe in Sambia (Abbau und Verhüttung von Blei). Trotzdem kann der Bergbau nicht per se als negativ eingestuft werden. Bodenschätze bieten vielen Entwicklungsländern die einzige Möglichkeit, in nennenswertem Umfang Devisen zu erzielen und Investitionen in Bildung, Gesundheit und materielle Infrastruktur zu tätigen. Die Erfahrung der letzten Jahrzehnte zeigt allerdings, dass Einkünfte aus dem Bergbau meist nur einer kleinen Elite zu Gute kommen und der Sektor nur selten auch ausreichend sichere Beschäftigung für die ansässige Bevölkerung schafft.

Ansätze zu einer nachhaltigeren Rohstoffwirtschaft

Die hier nur kurz beschriebenen Probleme sind teils so massiv, dass sich auch internationale Organisationen, wie Weltbank und OECD, des Themas angenommen haben. So veranlasste die Weltbank im Jahr 2001 eine Überprüfung ihrer Aktivitäten im Öl-, Gas- und Bergbausektor, die vom ehemaligen indonesischen Umweltminister Emil Salim geleitet wurde. Die in großen Teilen kritischen Ergebnisse dieser Überprüfung wurden in dem als „Salim-Report“ bekannt gewordenen Dokument veröffentlicht. Darin wird unter anderem gefordert, dass sich die Weltbank nur noch dann in diesem Sektor engagieren sollte, wenn die jeweiligen Projekte nachweislich zur Armutsreduzierung und zur nachhaltigen Entwicklung beitragen. Viele der Empfehlungen des Salim-Reports wurden seither in die Politik der Weltbank aufgenommen, Kritiker wenden aber ein, dass bei der Umsetzung die Empfehlungen zum Einbezug lokal ansässiger Bevölkerungsgruppen stark vernachlässigt wurden.

Auf dem UN-Gipfel für nachhaltige Entwicklung in Johannesburg 2002 initiierte der damalige britische Premierminister Tony Blair zusammen mit den Regierungen von Ghana, Nigeria und Aserbaidschan die *Extractive Industry Transparency Initiative (EITI)*. Diese Initiative sieht unter anderem vor, dass in den teilnehmenden Staaten alle Finanzströme zwischen Abbauunternehmen und dem Staat veröffentlicht werden müssen. Mit diesem Ansatz erhofft man sich eine größere Transparenz des Sektors, die Verringerung der Korruption und die Unterstützung einer „guten Regierungsführung" (vergleiche hierzu den Beitrag von Heidi Feldt in diesem Band). Mittlerweile umfasst diese Initiative 24 Staaten und gilt in vielerlei Hinsicht als erfolgreicher Ansatz hin zu einer nachhaltigeren Ausgestaltung der Rohstoffwirtschaft. Dennoch bleiben hierbei viele Punkte offen, zumal es sich um ein Instrument auf nationalstaatlicher Ebene handelt, das die konkreten Verhältnisse in den jeweiligen Abbauregionen in der Regel nur indirekt beeinflusst.

Zusammenfassend kann festgehalten werden, dass die Problematik des Ressourcenabbaus in Entwicklungs- wie in Schwellenländern bereits thematisiert wurde. Die verschiedenen Initiativen konnten aber nicht verhindern, dass die ökologischen und sozialen Probleme des Ressourcenabbaus weiterhin virulent sind und vielerorts sogar zunehmen. So schließt sich denn die Frage an, welche ergänzenden Instrumente benötigt werden, um positive Wirkungen zu erzielen. An dieser Stelle kann keine umfassende Diskussion hierüber erfolgen, doch soll auf einen Zertifizierungsansatz eingegangen werden, der unter dem Stichwort „Faire Rohstoffe" firmiert und in jüngster Zeit Zuspruch bei verschiedenen Akteuren gefunden hat.

Hintergründe

Die Diskussion um eine zweifelsfreie Sicherstellung und Zertifizierung der Nachhaltigkeit von mineralischen Ressourcen begann im Wesentlichen im Jahr 2000, als die sprunghaft steigende Nachfrage nach Coltan (Columbit-Tantalit) durch verstärkten Abbau im Kriegsgebiet der Demokratischen Republik Kongo gedeckt wurde. Dieses Mineral wird hauptsächlich für die Fertigung von Feinschichtkondensatoren für Handys und andere Elektronikgeräte benötigt. Die Verbindung zwischen den gravierenden Abbaubedingungen im Kongo und der Verantwortung der Markenunternehmen der Telekommunikationsbranche stellte insofern ein Novum dar, als die Hersteller von Handys und Computern nicht selbst in der Beschaffung der Rohstoffe aktiv sind, sondern von anderen Firmen tantalhaltige Einzelbausteine einkaufen, die wiederum ihre Rohstoffe von der metallverarbeitenden Industrie beziehen.

Die Vorwürfe der Umwelt- und Menschenrechtsorganisationen zu den beanstandeten miserablen Abbaubedingungen und die Reaktionen der Elektronikhersteller hierauf zeigten, dass es zwei grundsätzlich verschiedene Positionen zur sozialen und ökologischen Unternehmensverantwortung (verkürzt: *corporate social responsibility – CSR*) gibt. Während die meisten Nichtregierungsorganisationen die Markenunternehmen in der Mitverantwortung für den gesamten Produktlebenszyklus sehen, fokussieren viele Firmen ihre CSR-Aktivitäten nur auf ihre eigene Fertigungsstätten und ihre direkten Zulieferbetriebe.

Seit der Diskussion um Coltan wurden auch andere Firmen und Branchen mit den Folgen ihrer direkten oder indirekten Verwicklung in Bergbauaktivitäten konfrontiert, so unter anderem Hersteller von Autos und von weiteren Elektronikprodukten. Bei den Branchen ist gemein, dass für die Fertigung ihrer Produkte beträchtliche Mengen an Sondermetallen wie Platin, Palladium, Kobalt und Zinn benötigt werden. So werden allein in Autokatalysatoren etwa 42 % der weltweiten Platinförderung verbaut; die Elektronikindustrie verarbeitet rund 14 % des weltweit geförderten Palladiums, 19 % des Kobalts und 33 % des Zinns. Viele Nichtregierungsorganisationen argumentieren, dass allein von diesen Mengenanteilen aus gesehen eine (Teil-)Verantwortlichkeit der Unternehmen für die Bedingungen in den Abbaugebieten abgeleitet werden kann. Entsprechend fordern sie auch von den Unternehmen der Automobil- und Elektronikindustrie eine transparente Darstellung der Zulieferbeziehungen und ein aktives Einwirken auf Minenunternehmen zur Einhaltung bestimmter Sozial- und Umweltstandards. Angesichts der vielfach sehr komplexen Wertschöpfungsketten erfordert die praktische Umsetzung dieser Forderungen fast zwangsläufig eine Zertifizierung für die Metallrohstoffe.

Nachhaltigkeitszertifizierung von Ressourcen

Bisher existieren Nachhaltigkeitszertifizierungen im Bereich der metallischen Rohstoffe nur für Gold und Silber, was im Wesentlichen damit zu erklären ist, dass der Schmuckmarkt schon lange der Forderung nach „fairem Konsum" ausgesetzt ist („Schönheit darf nicht leiden …"). Diesen Initiativen ist gemein, dass sie jeweils parallele Vermarktungs-, Transport- und Verarbeitungsstrukturen benutzen. Hiermit soll sichergestellt werden, dass das vom Kunden bezogene Material garantiert aus nachhaltiger Produktion stammt und nicht mit so genanntem „Blut-Metall" durchsetzt ist. Würde man diesen Echtheitsansatz bei Gold und Silber auf die Fertigung von Autos und Elektronik übertragen, müssten für zahlreiche weitere Werkstoffe ebenfalls Parallelstrukturen aufgebaut werden. Dies wäre zum einen wohl höchst aufwendig, zum anderen würde man in vielen Bereichen auf Synergieeffekte in den Verarbeitungsprozessen verzichten und somit größere Umweltauswirkungen in Kauf nehmen.

Dieser Zusammenhang wird von einigen Industrievertretern als Argument gegen eine Nachhaltigkeitszertifizierung angeführt. Der Aufwand stehe in keinem Verhältnis zum Nutzen eines solchen Systems. Dass Zertifizierung aber auch auf andere Weise erfolgen kann, wird in der Diskussion bisher nicht hinreichend berücksichtigt.

So ist grundsätzlich zu hinterfragen, ob im Falle von Industrierohstoffen die Echtheit des Materials tatsächlich von Bedeutung ist. Aus dem Beispiel der Stromzertifizierung kann abgeleitet werden, dass eine seriöse Zertifizierung auch ohne den Aufbau von Parallelstrukturen Erfolg haben kann. Schließlich beziehen auch Kunden grüner Stromanbieter – aus rein physikalischer Sicht – den gleichen Strommix wie alle anderen Stromkunden. Der Unterschied liegt aber darin, dass grüne Stromanbieter eine entsprechende Menge nachhaltig produzierten Stroms in den allgemeinen Stromsee einspeisen, wodurch bestehende Transport- und Vermarktungsstrukturen genutzt werden können.

Wünschenswert wäre natürlich eine klare Zielsetzung von Zertifizierungsinitiativen. Sollen damit lediglich die allerschlimmsten Abbaupraktiken der Rohstoffgewinnung verhindert werden? Oder sollen die nachhaltigsten Abbauverfahren gezielt gefördert werden? Die Beantwortung dieser Fragen hat erhebliche Rückwirkungen auf die zu verwendenden Kriterien.

Hinzu kommen weitere Fragen nach der realen Wirkung auf den Rohstoffmarkt. Auch heute schon lassen sich für fast jeden mineralischen Rohstoff Abbauverfahren und Regionen identifizieren, die mehr oder weniger nachhaltig produzieren. Ein Markt für „faire Rohstoffe" könnte demnach auch dazu führen, dass diese Stoffe lediglich zu höheren Preisen verkauft werden, ohne etwas an der Gesamtmenge der nachhaltigen Produktion zu ändern. Dieses Problem der rein bilanziellen „Entmischung" von Teilströmen ist ebenfalls aus dem Strommarkt bekannt – auch hierfür wurden praktikable Lösungen gefunden. Dementsprechend müssten Anbieter von Erzen dazu verpflichtet werden, nicht nur bestehende „gute" Ressourcengewinnungen zu nutzen, sondern diese auch sukzessive auszuweiten.

Fazit

Der Ruf nach einer Nachhaltigkeitszertifizierung von Rohstoffen – und insbesondere von Metallen – ist lauter geworden und wird trotz Wirtschaftskrise wohl noch stärker werden. Neben Umwelt- und Menschenrechtsgruppen zeigen auch Politik und Industrie ein zunehmendes Interesse an entsprechenden Zertifizierungen. Die Bundesregierung und der Bundesverband der Deutschen Industrie (BDI) stimmten im Januar 2009 darin überein, dass Zertifizierung Teil der zukünftigen deutschen Ressourcenpolitik sein solle. Das Umweltprogramm der Vereinten Nationen (UNEP) hat sich mehrfach für eine Zertifizierung von so genannten Konfliktrohstoffen ausgesprochen.

Konzeption und Aufbau entsprechender Verfahren stehen allerdings erst am Anfang und bedürfen der weiteren Konkretisierung, insbesondere der Festlegung verlässlicher Nachhaltigkeitskriterien. Hierbei muss man versuchen, den möglichen Fallstricken aus dem Wege zu gehen. Das entstehende Zertifizierungssystem für metallische Rohstoffe sollte auf den Erfahrungen mit anderen Zertifizierungsansätzen aufbauen – insbesondere jenen im Strombereich. Zudem sollten bestehende Methoden und Indikatoren zur Messung der Nachhaltigkeit berücksichtigt werden. Die aktuelle Entwicklung einer Lebenszyklusanalyse durch die UNEP (*SETAC Life Cycle Initiative*) bietet hierfür vielversprechende Ansätze.

Des Weiteren sollte darauf geachtet werden, dass entsprechende Zertifizierungssysteme auch offen für die Sekundärgewinnung von Ressourcen sind. Schließlich können viele Recyclingverfahren sowohl in ökologischer als auch in sozialer Hinsicht mit den Methoden der Primärgewinnung konkurrieren.

Literatur

Blacksmith Institute: The World's Worst Polluted Places. The Top Ten of the Dirty Thirty. New York 2007.

Heidelberger Institut für Internationale Konfliktforschung: Konfliktbarometer. 9. – 17. jährliche Konfliktanalyse. Heidelberg 2000 – 2008.

Make IT Fair: MakeITfair's list of principles on the extractive phase of the electronics supply chain. Internet: http://makeitfair.org/companies/list-of-principles

Salim, Emil: Striking a Better Balance. The World Bank Group and Extractive Industries. The Final Report of the Extractive Industries Review (sog. Salim-Report). Jakarta 2003.

United Nations Environment Programme (UNEP): From Conflict to Peacebuilding. The Role of Natural Resources and the Environment. Nairobi 2009.

Bettina Brohmann & Katja Hünecke

Bioenergien: expandieren, aber wie?

Große Herausforderungen …

Die Bundesregierung hat 2007 in einem Energie- und Klimaprogramm die Eckpfeiler einer nationalen Klimaschutzstrategie festgelegt. Der Ausbau erneuerbarer Energien erhielt dabei hohe Priorität. Die 2009 veröffentlichte „Roadmap" des Bundesumweltministeriums fordert den Ausbau der Erneuerbaren an der Stromerzeugung bis zum Jahr 2020 auf mindestens 30 % und an der Wärmeenergie auf 14 %. Hinzu kommen die Anforderungen nach der EU-Richtlinie zu erneuerbaren Energien. Die Eckpfeiler sind also definiert. Es stellt sich aber die Frage, wie zügig der Ausbau der Erneuerbaren überhaupt durchführbar ist, welche Schritte dazu erforderlich sind und wie möglichen Hemmnissen begegnet werden kann. Die allgemeine Euphorie über „grüne Investitionen" wurde beispielsweise schnell getrübt, als die Nutzung von Bioenergie als Kraftstoff als Mit-Verursacher des Hungers in der Welt in die Diskussion kam und steigende Agrarpreise die Kalkulation heimischer Betreiber von Biogasanlagen in eine Schieflage brachten.

Große Herausforderungen bestehen darin, dass die „Energiewende" einerseits zahlreiche Akteure betrifft und dass andererseits durch die bestehenden konventionellen Anlagen und die gegebene Netzstruktur riesige Mengen an Kapital und Technik gebunden sind. Um diese Ausgangslage zu verändern, sind Finanzen und Kompetenzen alternativ zu bündeln. Beides ist nicht nur aus ökologischer Sicht wichtig. Auch aus ökonomischer und gesellschaftlicher Sicht ist die Nutzung erneuerbarer Energien von höchster Bedeutung. Die enormen Potenziale werden bisher jedoch nur unzureichend ausgeschöpft – und dies aus ganz unterschiedlichen Gründen.

Was diese Gründe im Detail sein könnten, das erfragt die sozialwissenschaftliche Hemmnisforschung seit einiger Zeit mit einiger Intensität. Es wird vermutet, dass neben technischen und ökonomischen Hemmnissen auch nicht-technische und gesellschaftliche Faktoren einer zügigen Umsetzung erneuerbarer Energien im Wege stehen. Man will daher wissen:

- welche Hemmnisse sind es genau?
- welche Erfolgsfaktoren fördern ein Projekt?
- wie kann man die Umsetzung erneuerbarer Energien zügig voranbringen?

Am Beispiel der Bioenergie sollen im Folgenden die wichtigsten Erkenntnisse aus verschiedenen praxisbezogenen Forschungsprojekten referiert werden.

… und angepasste praktische Lösungen

Warum setzen sich bestimmte Technologien und Konzepte durch, während andere abgelehnt oder ignoriert werden? Bei dieser Frage kommt der Begriff der Akzeptanz bzw. Akzeptabilität in den Blick. Im Zusammenhang mit Windanlagen haben Kommunal- und Landesverwaltungen, aber auch private Investoren seit einigen Jahren verstärkt mit diesem Begriff zu tun. Nach soziologischer Lesart kann Akzeptanz zunächst einmal verstanden werden als Eigenschaft einer Innovation, die positive Reaktionen bei den Akteuren hervorruft (Endruweit & Trommsdorf 1989). Übertragen auf die Nutzung von Bioenergie stellt sich dann die entscheidende Frage, welche positiven Reaktionen die beteiligten Akteure mit entsprechenden Anlagen verbinden könnten.

Akzeptanz wird vielfach auch mit dem Thema der Handlungsbereitschaft verknüpft. Technologiebezogene Entscheidungsprozesse werden, so wird vermutet, eher akzeptiert, wenn die Betroffenen aktiv miteinbezogen sind (oder waren), wenn einerseits hohe Transparenz im Verfahren und andererseits Legitimation durch flexible Handhabung des Prozesses erzielt werden (vgl. Grunwald 1999). Diese Vermutung könnte im Falle der Bioenergie besonders wichtig werden – wie generell dann, wenn innovative gemeinschaftliche Konzepte verwirklicht werden sollen. Das Thema Handlungsbereitschaft umfasst hier insbesondere:

- die Nachfrage nach Anlagen und deren Produkten;
- die Bereitstellung der Biomasse zur Energieerzeugung;
- die Investitionsbereitschaft und die Bereitstellung von Finanzen;
- den Aufbau von Logistik und die gemeinsame Trägerschaft einer Anlage.

Welche Faktoren einerseits auf der technisch-ökonomischen Seite und andererseits auf der gesellschaftlichen Seite wichtig sein könnten, wurde in einem europäischen Forschungsprojekt zu bestimmen versucht (vgl. Öko-Institut 2008). Nach den Projektergebnissen müssen beide Seiten in einen gemeinsamen Prozess münden, einen Planungsprozess, der bereits im Vorfeld einer Investitionsentscheidung die Erwartungen und Vorstellungen aller Akteure zu erfassen sucht. Gemeinsam muss reflektiert werden, wo unterschiedliche Vorstellungen aufeinander treffen und welche Konflikte dabei auftreten können. In einem weiteren Schritt muss gemeinschaftlich nach Lösungen gesucht werden, die sowohl den Erwartungen des Investors oder des Planungsträgers, als auch den Erwartungen im betroffenen Umfeld gerecht werden. Das spezielle Ergebnis des Forschungsprojekts bestand darin, dass der technisch-ökonomische Erfolg nur eintritt, wenn die gesellschaftliche Akzeptanz mitbedacht und systematisch erarbeitet wird. Im Umkehrschluss betrachtet: Auch die gesellschaftliche Akzeptanz ist am technisch-ökonomischen Erfolg beteiligt (siehe hierzu Abbildung 1).

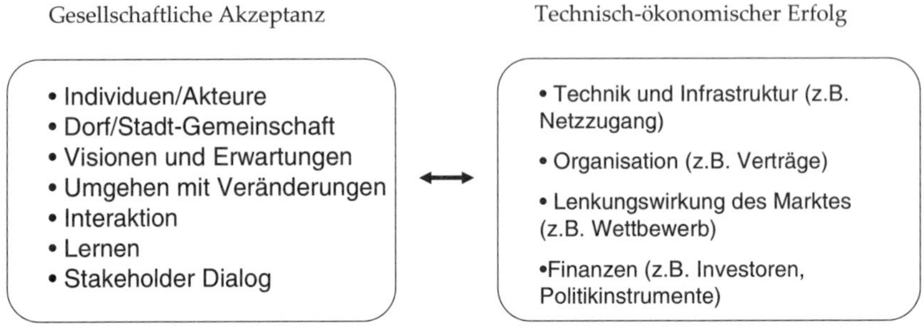

Abb. 1: Erfolgsfaktoren

Quelle: Brohmann 2008a

Im Rahmen des Forschungsnetzwerkes „Akzeptanz Erneuerbarer Energien und sozialwissenschaftliche Fragen" wurde die Akzeptanz ausgewählter Technologien erneuerbarer Energien untersucht – bei Biomasse-, Photovoltaik- und Windenergieanlagen (vgl. OvGU o. J.). Im Fokus stand dabei die Frage, wie man in einem Planungsverfahren Beteiligung und Transparenz absichern kann. Des Weiteren wurden Kosten-Nutzen-Abschätzungen vorgenommen sowie die Standortwahl und die daraus resultierenden landschaftlichen Veränderungen bewertet. Um eine neutrale Unterstützung für alle Beteiligten bieten zu können, wurden mehrere konkrete Lösungsvorschläge erarbeitet, wie unter anderem das Einsetzen von „Energiemediatoren" und „moderierten Planungsrunden".

Fragen und Antworten ...

Angelehnt an das klassische, strategische Marketing und sein Modell der „5 W", muss man auch im Zusammenhang mit der Biomassenutzung fragen:

Wer ist beteiligt?
Was ist seine/ihre Rolle?
Welche Probleme können auftreten?
Wie kann man die Personen einbinden?
Wo gibt es Alternativen und Informationen?

Akteurswissen kann zum Erfolg eines Energiekonzepts entscheidend beitragen. Die Bioenergiebranche kennt ihre Problemfelder selbst sehr gut, aber punktuelles Wissen reicht allein nicht aus, um der Bioenergie zum Durchbruch zu verhelfen – so die Ergebnisse einer zweijährigen Untersuchung (vgl. IFEU 2008), in der die Hemmnisse ermittelt wurden, die die Umsetzung stark beeinträchtigen. Anwohner von zukünftigen Anlagen nennen Ängste vor verstärktem Verkehrsaufkommen durch Anlieferfahrzeuge, Geruchsbelästigung durch die Anlage selbst, Informationsmängel, die Sorge um zusätzlichen Lärm, den Monokulturanbau auf den Feldern der Umgebung; man befürchtet die Beeinträchtigung des Landschaftsbildes oder den Wertverlust der angrenzenden Grundstücke. Die genannten und weitere Hemmnisfaktoren können umgangen oder eingedämmt werden, wenn frühzeitig Kommunikation zwischen den beteiligten Akteuren stattfindet. Im Hinblick auf konkrete Lösungen stehen dabei drei Handlungsfelder im Vordergrund (vgl. Brohmann 2008b):

- die Optimierung von Bildungs- und Informationsangeboten auf den verschiedenen Handlungs- und Entscheidungsebenen;
- die akteursspezifischen Handlungsmöglichkeiten zur Verbesserung der Rahmenbedingungen sowie
- eine möglichst zielgruppengenaue Öffentlichkeitsarbeit.

In jedem dieser Handlungsfelder gibt es verschiedene Umsetzungsstrategien, die sich schon in der Praxis bewährt haben. Tabelle 1 zeigt eine Auswahl davon.

Ein besonders gut gelungenes Beispiel für Beteiligung und Transparenz im Projektverlauf ist unserer Meinung nach das niedersächsische Bioenergiedorf Jühnde (Abbildung 2), das seinen Strom- und Wärmebedarf selbst decken kann und rund 70 % seiner Einwohner mit Energie aus nachwachsenden Rohstoffen versorgt. Jühnde war einer der kommunalen Vorreiter der Idee, die Energieversorgung möglichst komplett auf Erneuerbare Energien umzustellen – und zwar ausschließlich auf der Basis regionaler Biomasse (vgl. Schmuck et al. 2006).

Tab. 1: Handlungsfelder und Lösungsansätze bei Biogasanlagen – Ein Auszug

Handlungsfeld	**Empfehlungen**
Bildung und Information	Betreiberschulungen; Thema als Bildungselement in Schulen; qualitätsgesicherte Datenbanken über Biogasanlagen; neutrale Informationsstellen als Anlaufstützpunkte; Hospitation bei Biogasanlagen; Training „on the job" im Vorfeld
Akteure	Landwirte: Abschluss von Lieferverträgen Anwohner: Partizipation bei Anlagenumfeldplanung; Begrünung und architektonische Integration der Anlage Staat: Forderung von Sortendiversität; Kontrollen Banken: spezielle Finanzierungsangebote für Anlagen
Öffentlichkeitsarbeit	Tag der offenen Tür bei einer Anlage durchführen; Partizipation der Öffentlichkeit; best practice-Beispiele publizieren; Vernetzung von Betreibern unterstützen

Quelle: Eigene Darstellung

Nicht nur das ökologische und ökonomische Konzept, auch das soziale Konzept sollte passen. Mit Hilfe einer Befragung von Tür zu Tür, mit Dorfversammlungen und zahlreichen Planungsgruppen für Bürger und Bürgerinnen sollte der Gedanke der nachhaltigen Entwicklung lebendig werden.

Der Erfolg dieses Konzepts lag nicht zuletzt im Engagement vieler einzelner Personen in der Region, in einer gemeinsam getragenen Zielvorstellung durch vorbereitende Bürgerversammlungen und im Wettbewerb um das am besten geeignete Dorf. Dank der Unterstützung durch begleitende Forschung der Universität Göttingen (vgl. Eigner-Thiel 2005) konnten diese Aktivitäten zu einer Trägergenossenschaft von Bürgern zusammengeführt und der Aufbau einer Versorgungsstruktur durch Biomasse in Eigenverantwortung realisiert werden.

Abb. 2: Bioenergiedorf Jühnde

Auch hierbei zeigte sich, dass die Akteure die Möglichkeit haben sollten, intern und extern über das jeweilige Projektziel reflektieren und diskutieren zu können. Dazu gehört, dass die verschiedenen Akteure angesprochen, an einem Tisch gebracht und in alle weiteren Umsetzungsschritte einbezogen werden. Nur so finden alle Vorstellungen und Bedürfnisse Beachtung und die ökonomischen, ökologischen und gesellschaftlichen Risiken werden minimiert. Mit dieser Optimierung der Planung gelingt es, frühzeitig Konflikte zu identifizieren und sinnvoll mit ihnen umzugehen.

... und ein Blick in die Zukunft

Die bewusste Kombination der Erfolgsfaktoren, die einerseits die gesellschaftliche Akzeptanz berücksichtigen und andererseits den technisch-ökonomischen Erfolg absichern, stellt erst das eigentliche Erfolgsrezept dar, das beim Ausbau der Erneuerbaren beachtet werden muss. Die Planungsprozesse sind meist sehr komplex und daher nicht als Routine handhabbar. Neue Instrumente des Projektmanagements ermöglichen durch systematische Vorbereitung neue Sichtweisen auf ein Vorhaben, erleichtern die Problemanalyse und erlauben die Erarbeitung gemeinsamer Strategien (ausführlich hierzu Brohmann 2008a).

Neben der Reflexion der Projekthistorie gehören eine Analyse aller beteiligten Akteure und die Visualisierung ihrer Zuständigkeiten und Rollen genauso zum Werkzeug, wie die Suche nach möglichen Differenzen zwischen den Beteiligten. Das Visualisieren hilft bei der Suche nach Lösungen, die dann gemeinsam diskutiert werden können. Die erfolgreiche Koordinierung solcher Projekte bedarf der Kompromissfähigkeit, aber auch der Bereitschaft aller Beteiligten zum Handeln. Diesem Vorgehen ist eine breite Anwendung zu wünschen, wenn die weitere Expansion der erneuerbaren Energien gelingen soll.

Literatur

Brohmann, B. (2008a): ESTEEM – Bewertung und Unterstützung von sozialer Akzeptanz erneuerbarer Energien. Manuskript eines Vortrages im Rahmen der Fachtagung „Akzeptanz Erneuerbarer Energietechnologien" am 19. Mai 2008 in Magdeburg.

Brohmann, B. (2008b): Nichttechnische Hemmnisse bei der Biogasnutzung. In: IFEU et al.: Optimierung für einen nachhaltigen Ausbau der Biogaserzeugung und –nutzung in Deutschland. Gefördert von Bundesministerium für Umwelt, Naturschutz und Reaktorsicherheit (BMU), Darmstadt 2008.

Eigner-Thiel, S. (2005): Kollektives Engagement für die Nutzung erneuerbarer Energieträger. Motive, Mobilisierung und Auswirkungen am Beispiel des Aktionsforschungsprojekts „Das Bioenergiedorf", Hamburg.

Endruweit, G. & G. Trommsdorff (Hg.) (1989): Wörterbuch der Soziologie, Stuttgart.

Grunwald, A. (1999): From acceptance to acceptability, IPTS Report Nr. 34. Brussels.

IFEU-Institut für Energie- und Umweltforschung (2008): Biogas und Umwelt – ein Überblick. Erfolge und Probleme der Biogasproduktion und –nutzung in Deutschland. Heidelberg.

OvGU o.J. (2006): Otto-von-Guericke-Universität Magdeburg (Professor Schweizer-Ries). Internet: www.uni-magdeburg.de/upsy/Akzeptanz_Erneuerbare_ Energien

Öko-Institut (2008): Report on the use of ESTEEM tool and recommendations for improvements. Darmstadt.

Schmuck, P. et al. (2006): Das Bioenergiedorf Jühnde. In: Jahrbuch Ökologie 2007. München, S. 104 – 112.

Raimund Bleischwitz

Unsere Wirtschaft ist zu fett – Entschlackung tut not

Ein Grund für zunehmende nationale und internationale Konflikte liegt in der steigenden Nachfrage nach Rohstoffen. Entsprechend sollte die Rohstoffnachfrage gedrosselt werden, wenn denn schon eine Angebotsausweitung nicht oder nicht mehr möglich ist. Steigender Wohlstand mit weniger Ressourcenverbrauch – so lautet denn auch ein illustratives, allseits bekanntes Motto für nachhaltiges Wirtschaften.

Der vorliegende Beitrag diskutiert Schwerpunkte und Handlungsmöglichkeiten einer ressoucenleichteren Wirtschaft in Deutschland und der Europäischen Union. Materialeffizienzsteigerung wird dabei als zentrale Strategie vorgestellt. Sie kann als Entschlackungskur verstanden werden, aber auch als Innovationsmotor. Darüber hinaus wird eine internationale Perspektive entwickelt, die Vereinbarung einer Internationalen Konvention für nachhaltiges Ressourcenmanagement.

Materialeffizienz als Entschlackungskur

Unter Materialeffizienzsteigerung versteht man die gezielte Reduzierunf des Einsatzes des Produktionsfaktors Material. Nach Berechnungen des Statistischen Bundesamtes ist der Anteil der Materialkosten am Bruttoproduktionswert im Verarbeitenden Gewerbe in Deutschland in den Jahren 1995 bis 2006 von 37,4 % auf 42,9 % angestiegen, während der Anteil der Arbeitskosten von 24,7 % auf 18,2 % gesunken ist. Angesichts dieser grundlegenden Daten müsste das Interesse der Industrie am Thema Materialeffizienz eigentlich hoch sein. Einzelne Unternehmen sind hierbei auch sehr aktiv. Dennoch liegt der Anstieg der Material- und Ressourcenproduktivität im langjährigen Mittel unterhalb des Anstiegs der Arbeitsproduktivität. Während die Arbeitsproduktivität in Deutschland seit 1960 um rund 270 % angestiegen ist, beläuft sich die Erhöhung der Materialproduktivität nur auf etwa 75 % – eine eklatante Differenz. Insofern dürften beträchtliche Steigerungen möglich sein. Eine Studie schätzt ausgewählte Materialeffizienzpotenziale in Deutschland als sehr hoch ein (siehe Tabelle 1).

Tab. 1: Materialeinsatz und Effizienzpotenziale in vier ausgewählten Branchen

Branche	Materialeinsatz (Mrd. €)	Geschätztes Einsparpotenzial (Mrd. €)
Herstellung von Metallerzeugnissen	18,6	0,8 – 1,5
Herstellung von Anlagen zur Elektrizitätserzeugung, -verteilung u.ä,	10,2	1,5 – 3,0
Chemische Industrie (ohne Grundstoffindustrie)	11,1	1,8 – 3,4
Herstellung von Kunststoffwaren	10,8	1,0 – 2,0

Quelle: Arthur D. Little, Wuppertal Institut & FHG ISI (2005): Studie zur Konzeption eines Programms für die Steigerung der Materialeffizienz in mittelständischen Unternehmen.

Nach dieser Studie ist das Interesse einzelner Unternehmen und der Industrie am Thema dann besonders hoch, wenn die Materialkosten schnell abgesenkt werden können. Prioritär werden Prozessinnovationen angestrebt, indem Fertigungsabläufe optimiert, Verluste bei der Nutzung von Material minimiert, der Einsatz von Wasser, Reinigungsmitteln und anderen Betriebsstoffen durch Mehrfachnutzung verbessert werden. Einzelne Praxisbeispiele aus den Arbeiten der Effizienzagentur Nordrhein-Westfalen und der Deutschen Materialeffizienzagentur belegen dies auf illustrative Weise:

- Der Spülwasserbedarf der Nordwest Getränke GmbH & Co. KG im Soest konnte bei der Produktion von alkoholfreien Erfrischungsgetränken in Mehrweggetränkeverpackungen von ehemals 14 m^3/h auf 8,5 m^3/h reduziert werden.
- Die Polstermöbel-Manufaktur Finkeldei in Nieheim konnte bei konstanter Lackierleistung den Lackverbrauch um 15 bis 20 % senken, was auch zu einer Qualitätssteigerung der Oberfläche führte.
- Die Rohrleitungsbau Süd GmbH & Co. KG, die Apparate, Behälter und Rohrleitungen aus Edelstahl und Titan für die Papierindustrie und chemische Industrie herstellt, sparte pro Jahr etwa 12 Tonnen Material ein, da die Wiederverwendung der Erstverschnitte um rund 20 % gesteigert werden konnte.

Diese Beispiele zeigen, wie breit gestreut die Potenziale der Materialeffizienzsteigerung sind. Zugleich indizieren sie, dass Produktinnovationen im Vergleich zu Prozessinnovationen seltener angegangen werden. Ein Unternehmen muss die Kunden für eine Produktinnovation interessieren und Vertrauen in die Qualität des neuen Produkts herstellen. Die damit verbundenen Risiken werden aber nur eingegangen, wenn hinreichend Klarheit über den neuen Markt besteht.

Systeminnovationen – Beispiel Auto

Noch komplexer sind grundlegende Innovationen bei Materialflusssystemen und ganzen Konsumbereichen. Das Automobil mag hier als Beispiel dienen. Trotz optimierten Materialeinsatzes ist das Endgewicht des Fahrzeugs im Durchschnitt sehr hoch und steigt aufgrund immer neuer Finessen weiter an. Gewichtstreiber sind insbesondere viele Accessoires und das Streben nach Größe, nicht die Karosserie selbst. Der Globale Materialaufwand, d. h. die lebenszyklusweite Inanspruchnahme von Ressourcen einschließlich der „ökologischen Rucksäcke" liegt bei einem Mittelkassewagen nach Berechnungen des Wuppertal Instituts bei 28 bis 35 Tonnen. Die gegenwärtigen Bemühungen von Politik und Industrie fokussieren auf die Absenkung des Treibhausgases CO_2 und anderer Schadstoffe im Verbrauch – und dies nur mit mäßigem Erfolg. Eine innovative Entschlackungskur müsste dagegen darin bestehen, ein ressourcenleichtes Fahrzeug herzustellen, das kaum CO_2-Emissionen verursacht. Eine Utopie?

Ein Nullemissionsauto wäre auf Basis des Elektroantriebs bzw. von Brennstoffzellen mit Wasserstoffantrieb technisch durchaus möglich, wenn der Strom bzw. der Wasserstoff auf solarer Basis erzeugt würden. Modellrechnungen zu Leichtbau und Öko-Design zeigen ferner, dass der globale Materialaufwand bei Autos auf 4 bis 5 Tonnen reduziert werden kann, was einer Reduktion von 90 %, d. h. einer Materialeffizienzsteigerung um den „Faktor 10" entspräche.

Was aber müsste geschehen, damit solche grundlegenden Innovationen auch in die Tat umgesetzt werden? Die Analyse der betrieblichen Materialkosten allein reicht dazu nicht aus. Im genannten Fall müssten vielmehr etliche Expertisen zusammengeführt werden: neben den Materialien und dem Fahrzeugbau insbesondere die Antriebstechnologie und das Design; zusätzlich müssten Solarstrom und Wasserstoff erzeugt und an die Kunden verteilt werden können, entweder über ein erneuertes Tankstellennetz oder über neue dezentrale Anlagen. Es gibt Überlegungen ähnlicher Art, beispielsweise ressourceneffizient gebaute Häuser, in denen solarer Wasserstoff über Fotovoltaik und Elektrolyse erzeugt und in Fahrzeugen eingesetzt wird. Ein EU-Forschungsprojekt stufte dies ab 2020 als durchaus machbar ein (www.roads2hy.com).

Systemdenken erforderlich

Grunderfordernis für diese und andere Innovationsbeispiele ist eine Sichtweise, bei der Material-, Energie-, Umwelt- und Technologieaspekte einerseits und internationale Entwicklungsaspekte andererseits integriert betrachtet werden. Erforderlich ist ein Sichtwechsel, indem reines Angebotsdenken – welche Rohstoffmengen werden benötigt und wie können sie beschafft werden – zugunsten einer Systemperspektive überwunden wird.

Ressourcenproduktivität im Allgemeinen und Materialproduktivität im Besonderen wird in einem neuen Handbuch auf Basis von lebenszyklusweiten Stoffstromanalysen definiert (vgl. OECD 2008). Hierbei wird unterschieden in:

- Direkte Materialproduktivität – BIP / Direkter Materialinput, d. h. inländische Rohstoffentnahme plus Importe;
- Globale Materialproduktivität – BIP / Globaler Materialaufwand, d.h. die genannte Materialmenge plus vorgelagerte Stoffströme im In- und Ausland.

Die Methodik zur Messung derartiger Stoffströme wurde am Wuppertal Institut fortentwickelt (vgl. Bringezu 2004) und für Volkswirtschaften international weitgehend harmonisiert worden. Offene Fragen bestehen zu den Vorleistungen und „ökologischen Rucksäcken", d. h. den Erdbewegungen, die wirtschaftlich induziert aber nicht weiter verwertet werden. Das von UNEP neu gegründete *International Panel for Sustainable Resource Management* soll diesen Fragen nachgehen.

Eine Erhöhung der inländischen Ressourcenproduktivität reduziert die Importkosten, senkt die Rohstoffabhängigkeit und fördert den Kapitaleinsatz in der inländischen Wertschöpfung. Auf der betrieblichen Ebene senkt eine erhöhte Materialeffizienz die Einkaufs- und Nutzungskosten für Material. Dies verbessert einen wichtigen Parameter für die Wettbewerbsfähigkeit und spart Mittel, die für Weiterqualifizierung und Innovationen getätigt werden könnten. Zugleich steigt der Spielraum für Lohnerhöhungen. Eine an der Universität Osnabrück durchgeführte Modellrechnung über das gesamtwirtschaftliche Potenzial in Deutschland ergab einen Nettobeschäftigungsanstieg von 750 000 Arbeitsplätzen.

Auch eine sektorale Sichtweise ist erhellend. In Deutschland werden rund 50 % des globalen Materialaufwandes durch nur fünf Sektoren hervorgerufen: Bauleistungen; Nahrungsmittel; Metalle; Energieversorgung; Kraftwagen (vgl. Acosta-Fernandez 2008). Damit werden strategische Ansatzpunkte der Regulierung sichtbar. Die Umweltpolitik reguliert einzelne Sektoren über das europäische Emissionshandelssystem, mit *Europe Innova 2008* haben Arbeiten über sektorale Innovationssysteme begonnen.

Eine integrierte Sichtweise ist jedoch mit enormen Herausforderungen konfrontiert. Wer die Materialeffizienz in seinem Unternehmen erhöhen will, wird primär die Kosten der Materialnutzung ins Kalkül einbeziehen. Für eine strategische Neuorientierung zur Einbeziehung „ökologischer Rucksäcke" und zur Entwicklung radikal neuer Produkte werden jedoch auch neue Bündnisse und neue Anreizstrukturen erforderlich sein.

Neue Bündnisse – neue Anreizstrukturen

Bündnisse können innerhalb von Unternehmen sowie zwischen Unternehmen und der Politik geschlossen werden, bei denen betriebliche Vorteile mit Umweltentlastung und Technologieentwicklung verbunden werden. Neue Bündnisse und neue Anreizstrukturen könnten beispielweise die folgenden Themen umfassen:

- Einführung einer europäischen Technologieplattform für ressourcenleichte Konstruktion, mit den Schwerpunkten Baustoffe, Metallverarbeitung und Automobilbau als Bündnis zwischen diesen Industrien und der Politik. Dort könnten Visionen zum „Auto der Zukunft", über „Stadt- und Gebäudesanierung" entwickelt und mit gesellschaftlichen Gruppen diskutiert werden.
- Verzahnung von Klima-, Energie- und Abfallpolitik zu einer integrierten Ressourcenpolitik:
  - durch Einführung sektoraler Dialoge, z. B. zur Absenkung des Gewichts von Kraftfahrzeugen, zu bestmöglichen Standards in ressourcenintensiven Industrien wie der Zementindustrie;
  - durch Überprüfung der Altauto-Richtlinie und der Abwrackprämie mit der Zielsetzung einer lebenszyklusweit erhöhten Ressourcenproduktivität;
  - durch Nutzung des europäischen Emissionshandels, z. B. durch Verwendung eines Anteils der Auktionsgebühren zur Finanzierung von Forschungs- und Demonstrationsprojekten zum Thema Ressourcenproduktivität;
  - durch Leuchtturmprojekte wie „urban mining", bei denen die Rückgewinnung von Rohstoffen systematisch betrieben wird, beispielhaft die ressourcenoptimierte Renovierung des Baubestandes.

- In Ergänzung bestehender Anreize im Energie- und Verkehrsbereich erscheint eine EU-Richtlinie zur Mindestbesteuerung von Baustoffen angezeigt, die an die diesbezüglichen Erfahrungen in Großbritannien anknüpfen und so europaweit Innovationen für ressourceneffizientes Bauen und Gebäudesanierung anstoßen könnte.
- Aufbau einer internationalen Informationsplattform zur Materialintensität von Vorleistungen und zu den „ökologischen Rucksäcken".

Internationales Ressourcenmanagement

Versuche zur Steigerung der Materialeffizeinz sollten sich nicht auf die nationalen Grenzen beschränken und neben ökonomische Faktoren auch ökologische und soziale Faktoren einbeziehen. Dies auch aus einem methodischen Grund: die Direkte Materialproduktivität berücksichtigt nicht die indirekten Vorleistungen aus dem Ausland und die vorgelagerten „ökologischen Rucksäcke". Insofern muss ein Ressourcenmanagement, das auf die Entschlackung der Wirtschaft abzielt auch international angelegt sein.

Konflikte beim Ressourcenmanagement treten üblicherweise zwischen den Perspektiven Sicherheit, Entwicklung und Umwelt auf. Die Versorgungssicherheit stellt den offenen und fairen Zugang zu Ressourcen in den Blickpunkt. Die Entwicklungsperspektive zielt auf die Erlöse aus Ressourcengewinnung und -nutzung. Die Umweltperspektive zielt auf die Minimierung der Umweltbelastung und den geringstmöglichen Ressourcenverbrauch. Es kommt daher darauf an, über eine integrierte Sichtweise zu optimalen Lösungen zu gelangen. Eine Möglichkeit besteht in der Vereinbarung einer UN-Konvention. Es gibt nämlich viele gute Gründe für eine Verrechtlichung in Form eines internationalen Abkommens über nachhaltiges Ressourcenmanagement:

- Die bisherigen Initiativen sind rechtlich unverbindlich, beruhen auf freiwilliger Teilnahme, mangeln an Kontinuität;
- Wettbewerbsvorteile durch Materialeffizienz werden konterkariert durch Raubbau, Umweltdumping und Billigentsorgung;
- Problemdruck und Ressourcenkonflikte nehmen aufgrund des Wirtschaftswachstums weiter zu.

Ein internationales Abkommen über nachhaltiges Ressourcenmanagement müsste Prinzipien der Ressourcenschonung festlegen und die Entkopplung von Wirtschaftswachstum und Ressourcenverbrauch zum zentralen Ziel erklären. Zwei grundlegende Rechtsprinzipien müssten dabei völkerrechtlich verbindlich gemacht werden:

- das Prinzip des „gemeinsamen Erbes der Menschheit“ *(common heritage of mankind),* wonach Ressourcen zwar einzelnen Staaten und Akteuren zur Nutzung überlassen werden, jedoch in ihrem Gesamtbestand als zu erhaltendes Erbe anzusehen sind;
- das Prinzip der „Materialverantwortung“ *(materials stewardship),* wonach die Förderung, Produktion und Nutzung von Ressourcen zum Wohle der Gesellschaft unter Wahrung von Umweltbelangen stattfinden soll.

Ein internationales Abkommen sollte die Informationsbasis verbessern und Anreize für die Verbreiterung der Wissensbasis bieten. Der OECD-Bericht über Stoffstromanalysen von 2008 weist den Weg zu Informationsaustausch, Transparenz und Berichtspflichten eines solchen Abkommens. Um den Zugang zu Informationen zu erleichtern, sollte eine öffentlich zugängliche internationale Datenbank eingerichtet werden. Das Abkommen sollte die Initiativen zu Bergbauinformationen – wie *Extractive Industries Transparency Initiative* (EITI) und *Publish What You Pay* – unterstützen und insbesondere die Transparenz über Zahlungsströme erhöhen (vgl. den Beitrag von Heidi Feldt in diesem Band). Wichtig wäre auch, die lokale Bevölkerung bei Entscheidungen über Bergbauvorhaben nach dem Prinzip des *prior informed consent* einzubeziehen.

Ein internationales Abkommen könnte auch als Plattform für bilaterale Programme dienen. In diesem Zusammenhang sind partnerschaftlich vereinbarte „Roadmaps zum nachhaltigen Ressourcenmanagement“ zwischen den G8-Staaten und den BRIC-Staaten (Brasilien, Russland, Indien, China) von besonderem Interesse, wie aber auch Vereinbarungen zwischen besonders materialintensiven Industrien. Prinzipien der Preis- und Mengensteuerung könnten Eingang in das Abkommen finden. Eine derzeit diskutierte Option sieht vor, dass man Ressourcenbesitzer einer Quellenbesteuerung auf Kapitalerträge unterwirft und zugleich Steueroasen schließt. Dies würde einen starken Anreiz zur Ressourcenschonung schaffen und zugleich den Handlungsdruck gegenüber korrupten Staaten erhöhen.

Langfristig gesehen kann eine globale Ressourcensteuer ins Spiel kommen, die bei der Nutzung (nicht beim Besitz) natürlicher Ressourcen erhoben wird, deren Einnahmen aber zur Armutsbekämpfung und zum Umweltschutz verwendet werden. Nutzungsentgelte für Flugzeug-Kerosin und für Schiffs-Diesel, für Flughäfen und Schiffshäfen wären Schritte in die richtige Richtung, wie der Wissenschaftliche Beirat der Bundesregierung Globale Umweltveränderungen (WBGU) das mehrfach angemahnt hat. In ein solches System könnte man Nutzungsentgelte für ausgewählte ressourcenintensive Luxusgüter integrieren, um weitere Anreize für Verhaltensänderungen zu geben.

Durch ein internationales Ressourcenabkommen sollten Verhandlungsprozesse in Gang gesetzt werden, die zu quantitativen Zielen des maximalen Ressourcenverbrauchs bei bestimmten Stoffgruppen führen. Was bei den Fluorkohlenwasserstoffen möglich war (Montreal Protokoll) und bei den Treibhausgasen demnächst möglich wird (Kopenhagen Protokoll), sollte auch bei anderen global wirksamen Stoffen möglich sein.

Medizin für den Patienten Erde

Materialeffizienzsteigerung ist eine notwendige Entschlackungskur für nachhaltiges Wirtschaften, die überflüssige Tonnen abtrainiert, Kosten senkt und Innovationen befördert. Aktive Kurteilnehmer sind Unternehmen und Industrien unter teilnehmender Beobachtung der Konsumenten, der Politik und der Öffentlichkeit. Die Gebühren sind – anders als bei anderen Gesundheitsprogrammen – erschwinglich und haben eine hohe Aussicht auf allseits günstige Wirkungen. Bei diesem Strukturwandel müssen die heute noch ressourcenintensiven Industrien nicht unbedingt zu Verlierern werden, weil sie vielfach ein hohes Potenzial zur Steigerung ihrer Materialeffizienz haben. Das Thema Materialeffizienz nur auf betrieblicher Ebene anzugehen, wäre jedoch ein verengter Ansatz. Ressourcenbezogene Vorleistungen, Umweltbelastungen und Konflikte müssen national und international thematisiert werden. Die Forschung ist durch Gründung des erwähnten UNEP-Panels auf gutem Weg. Von Seiten der Politik sollte alsbald eine Initiative für eine Internationale Konvention für nachhaltiges Ressourcenmanagement gestartet werden.

Literatur

Acosta-Fernández, J. (2008): Zur Messung von Ressourcenproduktivität von Wirtschaftseinheiten. In: S. Hartard, A. Schaffer & J. Giegrich (Hg.): Ressourceneffizienz im Kontext der Nachhaltigkeitsdebatte. Baden-Baden, S. 85 – 102.

Bringezu, S. (2004): Erdlandung. Navigation zu den Ressourcen der Zukunft. Stuttgart.

Europe Innova (2008): What is the right strategy for more innovation in Europe? Drivers and challenges for innovation performance at the sector level. Synthesis Report. Systematic Innovation Watch (SIW), prepared by A. Reinstaller & F. Unterlass. Vienna: Austrian Institute for Economic Research (WIFO).

OECD (2008): Measuring Material Flows and Resource Productivity. Paris.

Matthias Buchert & Rainer Grießhammer

„Ressourcenfieber" – Zeit zur Abkühlung

Ressourcen – Fluch und Segen

Die Jagd nach Ressourcen und daraus resultierende Konflikte kennzeichnen die Menschheitsgeschichte von Anbeginn. So wird die Eroberung Britanniens durch die Römer nicht zuletzt den Zinnvorkommen in Cornwall zugeschrieben. Konflikte oder gar Kriege um Ressourcen wie fruchtbares Land, Wasser oder Metallerze durchziehen die Geschichtsbücher. Häufig wurden und werden zwar andere Gründe für diese Ereignisse angegeben und natürlich gibt es für die Eroberung oder Verteidigung von Territorien meist mehrere Gründe, aber Ressourcen sind dabei dominierend. Die Eroberung Amerikas durch die Spanier wurde maßgeblich getrieben durch die Gier nach Gold. Der Zweite Weltkrieg wurde ideologisch mit dem „neuen Lebensraum im Osten" eröffnet. Der weitere Vorstoß von Hitlers Kriegsmaschinerie Richtung Kaukasus hatte die dortigen Ölfelder als Ziel. Selten wurde jedoch ein Konflikt so passend bezüglich seiner Ursache betitelt wie der „Salpeterkrieg" zwischen Chile und Peru/Bolivien, der zwischen 1879 und 1884 etwa 14 000 Menschen das Leben kostete (Sater 1986).

Der Kampf um Ressourcen geht unvermindert weiter. Konflikte und Kriege im Nahen und Mittleren Osten führten zu der Parole: „Kein Krieg für Öl!". Dabei zeigen sich immer wieder Konstellationen, die mit Menschenrechtsverletzungen und Bürgerkriegen verbunden sind. Beispiele sind die „Blutdiamanten" aus Sierra Leone, das Coltan aus dem Kongo, wo nicht nur aufgrund dieses lukrativen Minerals (Rohstoff für Niob und Tantal) Warlords ihr Unwesen treiben und „Kindersoldaten" um ihre Jugend gebracht werden. Die Jagd nach Ressourcen wird aber häufig nicht durch Kriege geregelt, sondern durch die Installation befreundeter Regime autokratischer Art, die die heimischen Bodenschätze den „befreundeten" Staaten unter profitablen Bedingungen überlassen.

Andererseits war und ist die kluge und innovative Verwendung von Ressourcen entscheidender Motor für die wirtschaftliche und soziale Entwicklung. Die auf die Steinzeit folgende Bronzezeit markierte einen gewaltigen Entwicklungsschub. Für die Legierung Bronze (90 % Kupfer, 10 % Zinn) musste eine Metallurgiekette organisiert werden, die gesellschaftliche Veränderungen mit sich brachte: Handelswege wurden geknüpft, neue Berufe entstanden (Metallurge), und Bronze wurde als Zahlungsmittel eingesetzt (vgl. Müller-Karpe 1980). Es folgten weitere Entwicklungsschübe (Eisenzeit usw.), bis schließlich als Folge der Aufklärung im 19. und 20. Jahrhundert durch die Fortschritte bei den Naturwissenschaften in immer kürzerer Folge Entdeckungen und Erfindungen den technologischen Fortschritt ständig weiter beschleunigten. Die Produkte, die durch die arbeitsteilige Produktionsweise in immer größeren Stückzahlen auf den Markt kamen, vervielfachten die Nachfrage nach Kohle, Kupfer, Eisenerz. Zusätzlich wurden immer weitere, bislang kaum bekannte Rohstoffe für die Förderung attraktiv: Uran, Platin, Indium und seltene Erdmetalle.

Viele Produkte enthalten heute eine Vielzahl an Elementen und haben daher global weitverzweigte Wertschöpfungsketten im „Vorleben". So enthält das Massenprodukt Mobiltelefon (*Handy*) gut ein Drittel der Elemente des chemischen Periodensystems – über 40 verschiedene chemische Elemente, darunter viele seltene und wertvolle Metalle (siehe Abbildung 1).

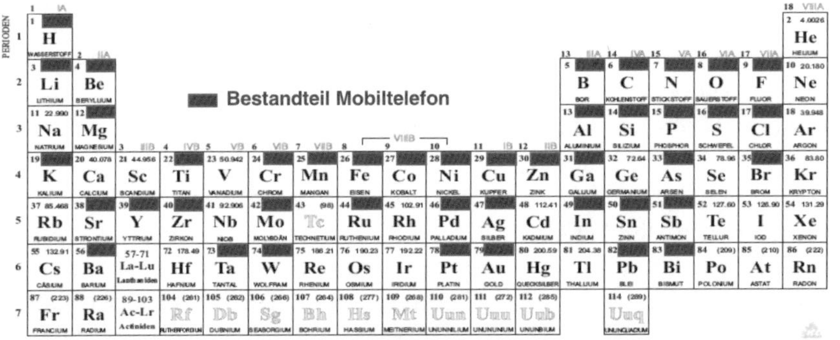

Abb. 1: Elemente eines Mobiltelefons (Nokia)

Quelle: Buchert & Hagelüken 2008

Anders als in der Bronzezeit ist die Gewinnung von Ressourcen heute aber erheblich schneller, mengenintensiver und mit vielfältigeren Folgen ökonomischer, sozialer und ökologischer Art verbunden. Das Öko-Institut hat dafür den Begriff „Ressourcenfieber" geprägt.

Die „Grenzen des Wachstums" und das „Material Girl"

In der Neuzeit markierte der Bericht an den Club of Rome *Die Grenzen des Wachstums* (1972) einen Meilenstein; er problematisierte umfassend die ökologischen Folgen des andauernden Bevölkerungs- und Wirtschaftwachstums (Meadows et al. 1972). Insbesondere wurden diverse Ressourcen betrachtet, deren Verfügbarkeit je nach fortdauernder intensiver Nutzung in der Zukunft limitiert wäre. Ungeachtet der diskutierenswerten Einzelannahmen und der Gegenreaktionen auf die Studie wurden fortan in den USA, später dann in Europa und anderen Weltregionen die mit der intensiven Ressourcennutzung verbundenen Umweltbelastungen ein Thema gesellschaftlicher Gruppen, der Politik und auch der Industrie.

Doch der Mainstream der 80er und 90er Jahre blieb davon unbeeinflusst. Madonnas *Material Girl* stand ziemlich perfekt für den Zeitgeist und eine materialistische Weltanschauung – für ökologische und soziale Fragen blieb kein oder nur wenig Platz. Trotz aller Fortschritte in der Umweltpolitik, die sich bezüglich der Ressourcen vor allem in Fortschritten beim Recycling festmachen lässt, ging der Raubbau an der Natur ungebremst oder gar beschleunigt weiter.

Ressourcenfieber im 21. Jahrhundert

Das noch junge 21. Jahrhundert war bis Mitte 2008 gekennzeichnet durch ein starkes Wachstum der Weltwirtschaft und eine Beschleunigung der Ressourceninanspruchnahme. In den zehn Jahren von 1995 bis 2005 stieg die Kupfererzförderung beispielsweise von 10,1 Mio. t auf 15,1 Mio. t, die Primäraluminiumproduktion von 19,9 auf 31,6 Mio. t, die Eisenerzförderung von 554 Mio. t auf 642 Mio. t (Eisengehalt) und die Platinförderung von 145 t auf 214 t Platin (Buchert et al. 2007). Diese Liste des wachsenden Rohstoffbedarfs ließe sich um Dutzende weiterer Rohstoffe verlängern. Neben den etablierten Industrieländern spielen die Schwellenländer China, Indien und Brasilien eine zunehmend größere Rolle als Nachfrager von Ressourcen und Exporteure von Produkten aller Art. Nicht zuletzt der dort stark wachsende Elektroniksektor sorgt für eine stürmische Nachfrage nach „exotischen" Metallen wie Indium, Tantal, Ruthenium. Für das Edelmetall Ruthenium beispielsweise – wichtig für sehr leistungsfähige Datenspeicher – ergab sich zwischen 2002 und 2006 eine Verdreifachung der globalen Produktion.

Anwendungen in der Photovoltaik, in Katalysatoren, effizienten Beleuchtungssystemen, leistungsfähigen Batterien etc. haben diesen Metallen den Beinamen „green minor metals" eingebracht. Da diese Metalle oftmals nur in geringen Konzentrationen in den Erzen von Basismetallen (z. B. Kupfer) vorkommen, ist ihre Verfügbarkeit für Schlüsseltechnologien zu einem strategischen Faktor geworden. Das

Öko-Institut hat für das UN-Umweltprogramm (UNEP) eine Reihe dieser Metalle im Hinblick auf ihre Verfügbarkeit, Wachstumsraten und Recyclingpotenziale untersucht. Danach ist Indium (PV, LED etc.) einer der Rohstoffe, der einer sorgfältigen Beachtung bezüglich Verfügbarkeit und Optimierung des Recyclingsystems bedarf (Buchert 2009).

Die verstärkten Aktivitäten Chinas in Afrika, die auf die Sicherung von Rohstoffen wie Erdöl und Metallerzen für die eigene Wirtschaft zielen, werden von der EU mit Besorgnis registriert. Dennoch sind Industrieländer wie Deutschland mit ihrem hohen Pro-Kopf-Verbrauch weiterhin ein ungünstiges Vorbild für die Schwellen- und Entwicklungsländer (siehe hierzu Tabelle 1).

Tab. 1: China und Deutschland im Vergleich

Basisdaten	VR China	Deutschland
Einwohner (in Mio.)	1308	82
Wohnfläche in m^2 je Einwohner	28,7	40,8
PKW je 1000 Einwohner	14	562
Fernsehgeräte je 1000 Einwohner	313	437

Quellen: China Statistical Yearbook; Statistisches Bundesamt & Kraftfahrtbundesamt

Pleite von Lehman Brothers und die Folgen

Infolge der Immobilien- und Finanzkrise, die über den Zusammenbruch der US-Bank Lehman Brothers in eine globale Wirtschaftskrise mündete, ist die Nachfrage nach vielen Rohstoffen abrupt zurückgegangen und viele Preise sind gefallen. So stehen zum Zeitpunkt der Niederschrift dieses Beitrages (April 2009) viele Hochöfen zur Stahlherstellung still. Weder die Dauer der Wirtschaftskrise noch die Folgen für die verschiedenen Branchen und Volkswirtschaften sind derzeit absehbar. Es ist jedoch davon auszugehen, dass der mittel- und langfristige Trend des Ressourcenverbrauchs davon nicht aufgehalten wird. Die spannende Frage ist, ob zumindest teilweise Lehren aus den Fehlern der Vergangenheit gezogen werden und ein Weg zur nachhaltigen Entwicklung eingeschlagen wird. Das Platzen der Immobilienblasen steht nicht nur für finanzielle Zusammenbrüche, die leerstehenden Investitionsruinen bedeuten auch eine Verschwendung von Ressourcen einschließlich Energieträgern, die durch eine vorausschauende Planungs- und Baupolitik hätte vermieden werden können.

Knapp ist nicht gleich knapp

In der jüngsten Phase der starken Nachfragezuwächse wurde auf der einen Seite der Teufel der baldigen Verknappung an die Wand gemalt und auf der anderen Seite die kühne Behauptung verkündet, Ressourcen – vor allem Metalle – könnten gar nicht verknappen, da sie rezyklierbar seien oder durch entsprechende Preissignale substituiert und effizienter verwendet werden können. Beide Positionen sind der vielschichtigen Wirklichkeit nicht angemessen.

Zunächst einmal muss zwischen verschiedenen Formen der Verknappung unterschieden werden. Tatsächliche physische Verknappung von einzelnen Ressourcen ist etwas anderes als preislich bedingte Verknappung (bei der sich Volkswirtschaften oder einzelne Bevölkerungsgruppen gewisse Ressourcen nicht mehr leisten können). Weiterhin kann es temporäre Verknappungen (für Monate oder Jahre) geben, wenn ein starker Nachfrageanstieg aufgrund fehlender Angebotskapazitäten und langwieriger Planungs- und Investitionszeiträume nicht oder nur mit Verzögerung befriedigt werden kann (Beispiel Verteuerung von Stahl in den Jahren nach 2000). Schließlich kann auch eine politisch bedingte Verknappung eintreten (nicht nur bei Gas und Öl), da viele Ressourcen in relevanten Mangen nur in wenigen Staaten gefördert werden (Niob z. B. zu 98,7 % in nur drei Förderländern).

Zumindest bei einigen Metallen ist eine physische Verknappung nicht undenkbar, weil es extrem hohe Wachstumsraten in der Nachfrage für Schlüsseltechnologien gibt (z. B. Indium für Photovoltaik), weil die Metalle nur in dissipativen Anwendungen eingesetzt werden (nur wenige Milligramm je Produkteinheit bei Tantal in Mobiltelefonen) und dadurch die Gestaltung und Realisierung der Recyclingkette anspruchsvoll ist, oder weil sie nur in geringer Konzentration als Begleitmetall vorkommen, ihre Gewinnung damit letztlich von den Förderraten anderer Metalle abhängt. Bei Gallium beispielsweise könnten durch ökonomische Gründe (Bedarf des Basismetalls wächst langsamer als Bedarf des Begleitmetalls) gepaart mit den geologischen Vorraussetzungen echte Verknappungen resultieren.

Und für diejenigen, die einer Lösung des wachsenden globalen Energiehungers durch Atomkraftwerke das Wort reden, muss klar sein, dass ein Ausbau der weltweiten Atomenergiekapazitäten um das Dreifache gegenüber heute, wie in einigen Szenarien angenommen, die verbleibenden Natururanreserven von rund 70 Jahren Vorrat auf lediglich 20 bis 30 Jahre abschmelzen lassen würde (Buchert et al.

2007). Wenn dann die letzten der zusätzlichen Atomkraftwerke ans Netz gehen würden, wäre der Brennstoff weg – was einem ganz anderen Atomausstieg gleichkäme.

Das Tal wo die grünen Ameisen träumen

Abbau und Gewinnung von Ressourcen sind jedoch nicht nur wegen möglicher Verknappungen relevante Themen. Mit den gesamten Wertschöpfungsketten (Förderung, Weiterverarbeitung, Feinreinigung, Transport, Einsatz in Produkten, Entsorgung und Recycling) sind Umweltbelastungen (Bergbauabfälle, Wasser- und Landverbrauch, Emissionen von Säurebildnern und Treibhausgasen usw.) verbunden, die bei einem rasanten Anstieg der Ressourcennachfrage durch technische Maßnahmen und Effizienzgewinne der Prozesse nicht oder nur teilweise kompensiert werden können. Darüber hinaus ergeben sich durch den Ressourcenabbau vielfältige Probleme sozialer Art, wie Verdrängung indigener Völker, Landnahme, geringe Anteile der einheimischen Bevölkerung an der Wertschöpfung usw. Werner Herzogs Film aus den 80er Jahren mit dem skurrilen Titel *Das Tal wo die grünen Ameisen träumen* zeigt dies am Beispiel der Konflikte zwischen Aborigines, die ihre heiligen Berge verteidigen, und einem Konzern, der Uranerz fördern will. Mit anderen negativen Beispielen ließen sich ganze Bücher füllen: Goldsuche im Amazonasgebiet, Ölverschmutzung im Nigerdelta oder im Dschungel von Ecuador, Coltanabbau im Kongo u. a. m.

Nachhaltige Ressourceneffizienz

Nachhaltige Ressourceneffizienz heißt, ökologische, soziale und ökonomische Ziele gleichermaßen anzustreben. Die folgenden Grundlinien einer diesbezüglichen Politik halten wir für besonders wichtig:

- Förderung nachhaltigen Konsums;
- Formulierung von Nachhaltigkeitszielen;
- Faire Rohstoffgewinnung;
- Verträgliche Nutzung nachwachsender Rohstoffe;
- Entwicklung ressourcensparender Technologien;
- Kooperation von Industrie-, Schwellen- und Entwicklungsländern;
- Umfassender Ausbau der Sekundärrohstoffwirtschaft.

Die Realisierung dieser Grundlinien stellt eine große wissenschaftliche und politische Herausforderung (Analysen, Szenarien, Prognosen, Technikentwicklung, Produktdesign usw.) dar. Es geht um eine Aufgabe für Jahre und Jahrzehnte, auch wenn es bereits eine Reihe von positiven Beispielen gibt. Eine Strategie zur Förderung nachhaltiger Ressourceneffizienz muss sich auf drei wesentliche Ziele konzentrieren:

- Reduzierung der Umweltbelastung durch Ressourcennutzung über diverse technische Maßnahmen;
- Reduzierung der sozialen Probleme und der Ausbeutung von Entwicklungsländern durch internationale Abkommen und durch soziales und ökologisches Engagement von Unternehmen;
- Vermeidung physisch, ökonomisch oder sonstig bedingter Verknappungen durch Optimierung der Recyclingsysteme, des Produktdesigns, der Produktionsketten.

Grundsätzlich stellt sich beim Ressourcenthema das Problem, dass es sehr viele unterschiedliche Ressourcen und damit Handlungsfelder gibt, die man nicht über einen Kamm scheren kann – vergleichbar der Situation bei den energieverbauchenden Produkten (mehrere Hundert). Entsprechend schlagen wir ein Vorgehen angelehnt an die Herangehensweise zur EU-Ökodesign-Richtlinie vor (auf EU-Ebene, später auf Ebene der Vereinten Nationen):

1) Begründete Schwerpunktsetzung und Zeitplan – welche Ressourcen und wann?
2) Durchführung von Analysen und Vorschläge für Maßnahmen.
3) Stakeholderübergreifende Diskussion (u. a. mit dem Versuch, gemeinsame und freiwillige Maßnahmen zu finden).
4) Festlegung gesetzlicher Maßnahmen (vgl. Standby-Richtlinie; Glühlampenverbot) und internationaler Abkommen.
5) Verständigung auf Monitoringsysteme (Erfolgskontrolle bezüglich der Zielerreichung).

Recycling – quo vadis?

Die Gewinnung von Sekundärressourcen durch Recycling ist sicherlich nicht die einzige, aber eine relevante Option, um den Druck auf die natürlichen Ressourcen zu mildern und eine Umweltentlastung zu erzielen. Vor allem bei Metallen ergibt sich auf diese Weise neben der Einsparung an Ressourcen selbst eine deutlich geringere Umweltbelastung je bereitgestellter Einheit. Neben Flächenreduzierung und Schonung der Biodiversität werden Abfälle der Primärgewinnung ebenso eingespart wie Schadstoffemissionen und Energieträger. Letzteres führt zu deutlich reduzierten Treibhausgasemissionen im Vergleich zur Primärproduktion. Bei Stahl/Eisen und bei Basismetallen wie Aluminium, Kupfer, Blei etc. gibt es eingeführte und bewährte Recyclingverfahren. Der Recyclingkreislauf für Bleibatterien (Pkw-Bereich) in Europa zeigt die höchsten Recyclingraten. Auch Edel- und Sondermetalle werden je nach Anwendung erfolgreich und mit hoher Effizienz wieder gewonnen. Für die Platingruppenmetalle (PGM) gilt dies besonders für Industriekatalysatoren in der Chemieindustrie. Dies ist am Beispiel der Rückgewinnung für Platin (Pt) und Palladium (Pd) aus verbrauchten Festbett-/Wirbelbettkatalysatoren in Tabelle 2 dargestellt, wo die Recyclingrate 95 % benötigt.

Tab. 2: Pt-Pd-Stoffströme bei Festbett-/Wirbelbettkatalysatoren in Deutschland

Input (Verwendung) Platin/Palladium	100%
Rückgewinnungsrate Platin/Palladium	95%
Verluste Platin/Palladium (gesamt)	5%
Davon Produktionsverlust bei Katalysatorherstellung	0,5%
Davon Verluste bei Ein/Ausbau, Betrieb und Recyclingprozessen	4,5%

Quelle: Hagelüken 2004

Die positiven Beispiele dürfen nicht darüber hinwegtäuschen, dass es noch gewaltige Defizite bzw. erhebliche Potenziale in der Recyclingwirtschaft gibt. Dies gilt vor allem für grenzüberschreitende Stoffströme. So verlassen über Gebrauchtgüter wie Schiffe, Pkw, Elektronikgüter etc. gewaltige Wertstoffströme Europa in Richtung Afrika und Asien. Gegen eine sinnvolle Zweitnutzung von funktionsfähigen Gebrauchtgütern ist im Prinzip nichts einzuwenden. Gewaltige Ressourcenverluste entstehen aber dann, wenn diese „Gebrauchtgüter" eigentlich bereits Abfälle sind und wenn in Entwicklungsländern mit hohen Umwelt- und Gesundheitsgefährdungen und geringer Effizienz (hohe Verlustquoten) versucht wird, die lukrativen Bunt- und Edelmetalle abzutrennen. Abbildung 2 zeigt ein Beispiel für ein solches „Hinterhof-Recycling", das in zahlreichen Ländern anzutreffen ist.

Diese zusätzlichen Sekundärrohstoffpotenziale zu erschließen ist eine gewaltige internationale Aufgabe in der Zukunft, deren Bedeutung bei ständig steigenden Mengen an produzierten Gütern immer größer wird.

Abb. 2: Gold-Recycling in Indien

Quelle: Foto Empa

Fazit

Der Ressourcenwettlauf ist in vollem Gange und wird verstärkt von den Volkswirtschaften der bevölkerungsreichen Schwellenländer. Der Wettlauf treibt die Nachfrage nach Rohstoffen in die Höhe und droht alle Effizienzgewinne zu überdecken. Doch nicht ein ungebremster „Run", nur ein gemeinsames Vorgehen kann die nötigen Ressourcen für alle auf Dauer sichern. Dazu müssen die Effizienzpotenziale der Industrieländer konsequent erschlossen werden, die immer noch absolut wie auch pro Kopf den großen Teil der weltweit verfügbaren Ressourcen beanspruchen. Das Konzept des „nachhaltigen Konsums" und der „nachhaltigen Produktion" ist daher weiter zu entwickeln und vor allem praktisch umzusetzen. Dies ist Voraussetzung dafür, dass auch die Menschen in Entwicklungsländern entsprechende Konzepte akzeptieren. Internationale Abkommen müssen in Zukunft die gerechte und nachhaltige Verteilung und Gewinnung natürlicher Ressourcen regeln. Das Konzept der „Corporate Social *and* Environmental Responsibility" (CSER) für Unternehmen muss substanziell unterfüttert werden. Entwicklungsländer können die „Lernkurve" in Bezug auf Ressourceneffizienz beschleunigen, wenn die internationale technologische Kooperation verstärkt wird und effiziente Produktionsverfahren und Infrastrukturen etabliert werden. Europa kann den Austausch des dafür nötigen Know-hows konstruktiv unterstützen.

Literatur

Buchert, M. et al. (2007): Ressourcenfieber. Mit kühlem Kopf zu nachhaltigen Lösungen. Freiburg.

Buchert, M. & C. Hagelüken (2008): The mine above ground. Opportunities and challenges to recover scarce and valuable metals from EOL electronic devices. Freiburg.

Buchert, M., D. Bleher & D. Schüler (2009): Critical metals for future sustainable technologies and their recycling potential. Freiburg.

Hagelüken, C., M. Buchert, M. & H. Stahl (2004): Stoffströme der Platingruppenmetalle. Systemanalyse und Maßnahmen für eine nachhaltige Optimierung der Stoffströme. Freiburg.

Meadows, D., D. L. Meadows, J. Randers & W.W. Behrens III (1972): Die Grenzen des Wachstums. Stuttgart.

Meadows, D., D. L. Meadows & J. Randers (2006): Grenzen des Wachstums. Das 30-Jahre-Update. Stuttgart.

Müller-Karpe, H. (1980): Handbuch der Vorgeschichte. Bd. 4: Bronzezeit. München.

Sater, W. F. (1986): Chile and the War of the Pacific. Lincoln, Nebr.

Klaus Dosch

Ressourcenproduktivität – kleine Geschichte eines Erfolgskonzepts

Ausgangslage

Ein global nachhaltiges Niveau des materiellen Ressourcenverbrauchs dürfte nach den vorliegenden Untersuchungen bei rund der Hälfte des derzeitigen Niveaus liegen. Wegen des Wirtschaftswachstums in den Schwellen- und Entwicklungsländern und angesichts des drohenden Klimawandels ergibt sich für die Industrieländer die Notwendigkeit, den Material- und Energieverbrauch in den nächsten Dekaden drastisch zu senken. Friedrich Schmidt-Bleek hat schon frühzeitig als Hausnummer für die anzustrebende Reduktion des Materialverbrauchs einen „Faktor 10" postuliert (vgl. Schmidt-Bleek 1993). Ähnliche Größenordnungen für die Reduktion von Treibhausgasemissionen nennt die Klimaforschung (IPCC 2007). Industrieländer wie Deutschland müssen daher ihre Treibhausgasemissionen bis 2050 um rund 80 % reduzieren. Soll all dies bei einem durchschnittlichen Wirtschaftswachstum von etwa 2 % gelingen, muss die jährliche Produktivitätssteigerung bei den Faktoren Material und Energie bei rund 6 % liegen.

Zwischen 1970 und 2007 wurde pro Arbeitsstunde jährlich inflationsbereinigt 2 % mehr Inlandsprodukt erwirtschaftet (Arbeitsproduktivität). Ähnliche Werte gelten für die Produktivität der eingesetzten Primärenergie. Bei der Menge der eingesetzten Rohstoffe ist die Verbesserung der Produktivität ein paar Zehntel Prozent schlechter. Bei einem durchschnittlichen jährlichen Wirtschaftswachstum von 2,2 % in diesem Zeitraum wird also die Verbesserung der Produktivität vom Wachstum der Produktion überkompensiert. Unterm Strich wird heute weit mehr Energie verbraucht als 1970.

Zwischen der aus global-systemischer Sicht erforderlichen Steigerung der Energie- und Materialproduktivität und der tatsächlich stattfindenden Produktivitätssteigerung klafft also eine Lücke von rund 4 Prozentpunkten. Das bedeutet, dass die Bemühungen zur Steigerung der Material- und Energieproduktivität drastisch intensiviert werden müssen, sollen die Reduktionsziele jemals erreicht werden. Adressaten für die Verbesserung der Effizienz, mit der Rohstoffe in der Wirtschaft eingesetzt werden, gibt es reichlich: Stromerzeugung, produzierendes

Gewerbe, verarbeitendes Gewerbe, öffentliche Hände, private Haushalte.

Produktivität steigern – Ziele des Unternehmers

Aus unternehmerischer Sicht bedeutet eine Verbesserung der Produktivität, die angebotenen Produkte oder Dienstleistungen mit einem geringeren Einsatz der Produktionsfaktoren Arbeit, Kapital und Rohstoffe zu erbringen. Gelingt es, einen Produktivitätsvorsprung gegenüber der Konkurrenz herauszuarbeiten, können aus den geringeren Gestehungskosten Wettbewerbsvorteile für das Unternehmen entstehen. Es kann seine Produkte und Dienstleistungen zu geringeren Preisen am Markt anbieten als die Konkurrenz.

Traditionell wird dem Produktionsfaktor Arbeit die wichtigste Bedeutung beigemessen. So wurde beispielsweise bereits 1924 der Reichsausschuss für Arbeitszeitermittlung (REFA) gegründet mit dem Ziel, eine vergleichbare Ermittlung von Arbeitszeiten für Produktionsschritte einzuführen. Mit Hilfe der REFA-Technik konnte ein Produktionsprozess in Teilschritte zerlegt und so hinsichtlich seiner Arbeitszeit produktivitätssteigernd optimiert werden.

Die Präferenz, den Produktionsfaktor Arbeit in den Fokus betrieblicher Produktivitätssteigerungen zu nehmen, hat sich in den folgenden 85 Jahren nicht wesentlich geändert. Wann immer ein Unternehmen sich wettbewerbsfähiger aufstellen will oder sich in wirtschaftlichen Schwierigkeiten wähnt, werden zunächst Personaleinsparungen vorgenommen, um die Kosten des Produktionsfaktors Arbeit zu senken. Eine Erhöhung der Produktion erfordert dann die Substitution der Arbeit durch den Einsatz von Maschinen, da die Arbeitsleistung des Menschen nicht beliebig steigerbar ist. Diese Substitution ist in der Regel aber mit Material- und Energieverbrauch verbunden.

Betrachtet man die Kostenstrukturen der Unternehmen des Verarbeitenden Gewerbes (Statistisches Bundesamt 2006), dann fällt auf, dass durchschnittlich 43 % der Gesamtkosten Materialkosten sind. Zählt man die für die Produktion benötigte Handelsware hinzu, erhöht sich der Anteil gar auf über 54 %. Lediglich 20 % der Kosten entfallen auf Personalkosten. Die Energiekosten spielen mit 2 bis 4 % der Gesamtkosten eine noch geringere Rolle. Material ist also der strategische Faktor – oder sollte es sein!

Produktivitätserhöhung und Kosteneinsparung

Ziel der Aachener Stiftung Kathy Beys, die sich für ein global dauerhaft verträgliches Maß der Ressourceninanspruchnahme einsetzt, ist die Steigerung der Wahrnehmung der enormen Chancen, die eine deutliche Verbesserung der Ressourcenproduktivität für die deutsche Wirtschaft, aber auch für die Weltwirtschaft insgesamt bewirken kann. Eine über ökologie-affine Politikkreise hinausgehende Aufmerksamkeit für das Thema Ressourcenproduktivität lässt sich nur durch den Nachweis handfester (volks-)wirtschaftlicher Vorteile erreichen. Einen ersten Schritt zu deren Nachweis stellte der damalige Unternehmensberater Hartmut Fischer mit einem Artikel in der Wochenzeitung „Die Zeit" dar (vgl. Fischer 2002).

Fischer rechnete die Erfahrungen der Beraterbranche hoch: Meist ließen sich 25 % der Material- und Energiekosten rentabel reduzieren. Die Wirtschaft könne so in 6 bis 10 Jahren rund 180 Mrd. Euro einsparen. Wegen des Wettbewerbs schlügen die Kostenvorteile auf die Preise durch, ein durchschnittlicher Haushalt spare daher rund 5000 Euro im Jahr. Die inländische Produktion könne ihren Umsatz wegen der Kostenvorteile um 190 Mrd. Euro steigern. Dies führe zu einer Verringerung der Arbeitslosigkeit und damit zu einer Senkung der Sozialkosten des Staates. Insgesamt würde sich der Finanzierungssaldo des Bundes um rund 40 Mrd. Euro verbessern.

Sollten sich diese Zahlen bestätigen lassen, ergibt sich die Frage, aus welchem Grund ein derartiges Potenzial in der Wirtschaft nicht konsequent genutzt und von der Politik nicht aktiv erschlossen wird.

Überprüfung der Potenziale

Um Fischers Schätzungen zu testen, wurden seine Annahmen in einem Forschungsprojekt mittels eines volkswirtschaftlichen Modells überprüft (vgl. Aachener Stiftung Kathy Beys 2004). Dabei wurde eine gleichmäßige Senkung der spezifischen Material- und Energiekosten im Verarbeitenden Gewerbe und in der Öffentlichen Verwaltung um 20 % über einen Zeitraum von 15 Jahren angenommen. Die Ergebnisse der Simulationen dieses „Aachener Szenarios" gegenüber einem Basisszenario ohne Verbesserung der Ressourcen- und Energieproduktivität waren verblüffend: Staat, Wirtschaft und private Haushalte können große Vorteile verbuchen.

So erhöht sich bei den privaten Haushalten das zur Verfügung stehende Einkommen um bis zu 75 Mrd. Euro jährlich; die Gewinne der Unternehmen steigen um 118 Mrd. Euro; der Finanzierungssaldo des

Staates verbessert sich um 100 Mrd. Euro jährlich; die Zahl der Beschäftigten steigt in der Spitze um 950 000. Mit einem konventionellen Konjunkturprogramm lassen sich solche Effekte nicht erzielen. Bemerkenswert ist dabei, dass die Verbesserung der Material- und Energieproduktivität weder den Staat noch die Unternehmen etwas kostet.

Weil die Wirtschaftssektoren untereinander stark verflochten sind, ist es von besonderem Interesse, jene Bereiche zu kennen, in denen schon kleine Verbrauchsreduktionen große Auswirkungen auf den gesamten Ressourcenverbrauch haben. Im Bereich der Haushalte sind dies: Stromverbrauch, Nahrungsmittel und feste Brennstoffe. In der Wirtschaft gibt es einige Produktionsbereiche, in denen eine kleine Verringerung des Ressourcenverbrauchs große Auswirkungen auf den Gesamtverbrauch hat. So zeigt die oben zitierte Studie, dass eine Reduktion des Ressourcenverbrauchs im Energiesektor um 1 % bereits rund 55 % der möglichen Gesamteinsparungen bewirkt, die sich aus einer Senkung des Ressourcenverbrauchs in allen Produktionssektoren um 1 % ergeben würde. Mehr als 12 % gehen auf das Konto der Metallerzeugung und -verarbeitung, Maschinen- und Kraftfahrzeugindustrie steuern knapp 10 % bei.

Bundespolitik und Ressourcenproduktivität

Aufmerksam geworden durch die ermittelten Potenziale ließ das Bundesministerium für Wirtschaft und Technologie eine Studie zur Konzeption eines Programms zur Steigerung der Materialeffizienz in mittelständischen Unternehmen erstellen (BMWI 2005). Diese Studie bestätigt die Ergebnisse der vorangegangenen im Wesentlichen. Sie gibt zugleich Hinweise darauf, warum trotz des enormen Potenzials in der betrieblichen Praxis die Einsparung von materiellen Ressourcen in der Regel klein- und die Personaleinsparung dagegen großgeschrieben wird – und skizziert deshalb ein „Impulsprogramm Materialeffizienz".

Im Dezember 2005 wurde durch das BMWI die „Deutsche Materialeffizienzagentur" aus der Taufe gehoben, welche die aufgelegten Förderprogramme *VerMat* und *NeMat* betreut. *VerMat* fördert Beratungsleistungen für mittelständische Unternehmen, die ihre Materialeffizienz verbessern wollen. *NeMat* fördert Unternehmensnetzwerke, die gemeinsam nach ressourceneffizienten Lösungen suchen. Unternehmen, die besonders pfiffige Konzepte zur Verbesserung der betrieblichen Materialeffizienz umgesetzt haben, werden seit 2004 mit dem „Deutschen Materialeffizienzpreis" ausgezeichnet, der jährlich an fünf Preisträger vergeben wird und mit jeweils 10 000 Euro dotiert ist.

Im Auftrag des Umweltbundesamtes (UBA) wurde 2007 ein Forschungsprojekt zur Steigerung der Rohstoffproduktivität und zur Ressourcenschonung durchgeführt. Beim Bundesumweltministerium (BMU) fördert ein Expertennetzwerk seit 2007 die Verbreitung des Gedankens der Ressourcenproduktivität und erarbeitet Vorschläge für die Veränderung von Rahmenbedingungen, um die Hemmnisse zu beseitigen, Bürokratie abzubauen und effektive Anreize zu setzen. Das Bundesministerium für Bildung und Forschung (BMBF) ließ bis 2007 das Projekt Steigerung der Ressourcenproduktivität als Kernstrategie einer Nachhaltigen Entwicklung durchführen.

Und wie weiter?

Die Befassung mehrerer Bundesministerien mit dem Thema Ressourcenproduktivität zeigt, dass die Notwendigkeit der deutlichen Verbesserung zumindest in Teilen der Politik angekommen ist. Bislang spiegeln sich die Erkenntnisse der Forschungsprojekte allerdings noch nicht in einem Politikkonzept aus einem Guss wieder. So wurden in den Ende 2008 und Anfang 2009 von der Bundesregierung beschlossenen Konjunkturprogrammen die Chancen nicht genutzt, Wirtschaftsförderung konsequent mit Ressourcenschutz zu verbinden. Wäre die „Abwrackprämie" z. B. an ambitioniert niedrige CO_2-Emissionen gebunden worden, hätte viel für das Thema Ressourcenproduktivität erreicht werden können.

Auch die seit Beginn der Finanzkrise gesunkenen Rohstoffpreise sind natürlich der Sache nicht dienlich, weil sie die Einschätzung vieler Akteure stützen, dass hohe Ressourcenpreise von Spekulation getrieben und nicht von Dauer seien – dass eine Spekulationsblase halt ausgesessen werden könne. Und in der öffentlichen Diskussion gänzlich untergegangen ist die Einsicht, dass das Niveau unseres Ressourcenverbrauchs global nicht tragfähig ist.

Literatur

Aachener Stiftung Kathy Beys (Hg.) (2004): Ressourcenproduktivität als Chance. Ein langfristiges Konjunkturprogramm für Deutschland. Norderstedt.

Bundesministerium für Wirtschaft und Technologie – BMWI (2005): Studie zur Konzeption eines Programms für die Steigerung der Materialeffizienz in mittelständischen Unternehmen. Abschlussbericht. Erstellt durch Arthur D. Little, Fraunhofer Institut und Wuppertal Institut.

Fischer, Hartmut (2002): Leute rauswerfen kann jeder. In: Die Zeit, Nr. 26.

Intergovernmental Panel on Climate Change – IPCC (2007): Climate Change. Synthesis Report. Geneva.

Schmidt-Bleek, Friedrich (1994): Wieviel Umwelt braucht der Mensch? MIPS – Das Maß für ökologisches Wirtschaften. Basel.

Ressourcen erschließen, schonen, recyclen

Interview mit Professor Hans-Joachim Kümpel, Präsident der Bundesanstalt für Geowissenschaften und Rohstoffe (BGR)

1. Herr Professor Kümpel, in jüngster Zeit kamen neue, beängstigende Begriffe in Umlauf. Da ist die Rede von „Ressourcenfieber", vom „Kampf um Ressourcen", gar von „Krieg um Ressourcen". Was ist dran an solchen Begriffen?

Diese Begriffe sind nicht neu. Rohstoffe, auch Wasser und Boden, sind natürliche Ressourcen, die wertvoll sind und in denen hohe wirtschaftliche und gesellschaftliche Entwicklungspotenziale liegen. Die Entwicklung der Menschheit und unser Lebensstandard sind unmittelbar von einer Vielzahl von Rohstoffen bestimmt. Für einige Länder können Rohstoffe auch ein Fluch sein, für andere ein Segen. Als hochentwickeltes, rohstoffabhängiges Industrieland tun wir selbst gut daran, Ländern und Regionen, die mit Konflikten konfrontiert sind, zu helfen, ihre Ressourcen nachhaltig und friedlich zu bewirtschaften.

Vor allem in Afrika gibt es gewaltsame Konflikte, die oft in Zusammenhang mit Rohstoffen genannt werden. Deshalb sprachen sich die G8-Staaten im Jahr 2007 unter der deutschen Präsidentschaft in Heiligendamm für einen verantwortungsvollen Umgang mit Rohstoffen und mehr Transparenz im Rohstoffsektor aus. Neben der Förderung von Nachhaltigkeitsstandards im Bergbausektor einigte man sich darauf, die internationale *Extractive Industries Transparency Initiative* (EITI) weiter zu unterstützen. Hierbei werden die Finanzströme aus dem Bergbausektor transparent gemacht, um so Korruption und Missmanagement entgegenzuwirken.

Weiterhin wurde ein von Deutschland initiiertes und den G8-Staaten befürwortetes Pilotprojekt zur Zertifizierung von Rohstoffhandelsketten in Konfliktregionen auf den Weg gebracht. Das Vorhaben wird nun von der BGR in Ruanda durchgeführt. Auch hierbei geht es um mehr Transparenz im Rohstoffsektor und gleichzeitig um eine Verbesserung der Lebensbedingungen bei den Bergbau betreibenden Menschen vor Ort.

2. Die Industrieländer nehmen den Großteil der Ressourcen, die die Erde bietet, in Anspruch, sie haben einen großen „ökologischen Fuß-

abdruck". Die nachholende Entwicklung in den so genannten Schwellenländern erhöht die Nachfrage nach Ressourcen. Wohin führt das?
Das Wachstum der Schwellenländer führt zur Verbesserung der Lebensverhältnisse großer Bevölkerungsgruppen. Jeder Mensch hat Anspruch auf ein Mindestmaß an Versorgung, wie dies beispielsweise in den UN Millennium Development Goals (MDG) zur Minderung von Armut verlangt wird. Die Ressourcen dafür sind vorhanden.

Nehmen wir die mineralischen Rohstoffe: Aus geologischer Sicht sind Verknappungsbefürchtungen bei mineralischen Rohstoffen unbegründet. Solche Ängste, wie sie schon in den 70er Jahren verbreitet wurden, haben sich wiederholt als falsch erwiesen. Allein die aktuell explorierten Rohstoffreserven und -ressourcen reichen noch für Jahrzehnte oder Jahrhunderte. Was häufig ignoriert wird ist die Tatsache, dass nur ein Bruchteil der vorhandenen geologischen Rohstoffpotenziale überhaupt bekannt ist. Durch fortschreitende Exploration werden auch künftig neue Rohstofflagerstätten entdeckt werden. Der technologische, ökonomische und gesellschaftliche Wandel verändert darüber hinaus die Rohstoffnutzung – Materialeffizienz, Substitutionsmöglichkeiten und Recyclingtiefe werden ständig weiterentwickelt.

Die hohe Nachfrage aus den Schwellenländern führt also nicht dazu, wie häufig angenommen wird, dass uns die Rohstoffe plötzlich ausgehen. Dennoch müssen wir nachhaltig mit Rohstoffen umgehen. Die Bergbauunternehmen haben in den vergangenen zwei Dekaden beträchtliche Fortschritte in ihrer Produktions- und Ökoeffizienz gemacht. Zusätzlich müssen die Unternehmen gemeinsam mit den Regierungen in den Bergbauländern ihr gesellschaftliches Engagement weiter entwickeln, um regionale Konflikte zu vermeiden. Hier gibt es noch einiges zu tun. Die BGR hilft Schwellenländern und Entwicklungsländern, wie beispielsweise der Mongolei oder Vietnam, ihre Rohstoffe wirtschaftlich, ökologisch und sozial verträglich zu gewinnen.

3. Was sind die Sektoren mit dem höchsten Konfliktpotenzial – Öl, Wasser, Flächennutzung?
Erdöl ist nach wie vor der wichtigste Energierohstoff. Allerdings sind die Reserven global betrachtet sehr ungleichmäßig verteilt. Innerhalb der „Strategischen Ellipse", die sich vom Nahen Osten über die Kaspische Region bis in den Norden Westsibiriens erstreckt, lagern gut 71 % der bekannten Welterdölreserven. Auf die Golfstaaten im Nahen Osten – eine Region, die politisch nicht die stabilste ist – entfallen allein

63 %. Über 80 % der weltweiten konventionellen Erdölreserven befinden sich heute zudem in der Hand nationaler Ölgesellschaften – eine Umkehr der Verhältnisse im Vergleich zur Situation in den 70er Jahren, wo die großen internationalen Ölgesellschaften die Reserven kontrollierten.

Vergleicht man Förderung und Verbrauch von Erdöl, sind die OPEC-Länder mit 44 % Anteil an der Förderung wichtige Versorger bei einem vergleichsweise geringen Anteil von 9 % eigenen Verbrauchs. Dagegen entfällt auf die OECD-Länder mit etwa 56 % über die Hälfte des weltweiten Ölverbrauchs bei deutlich geringerem Anteil an der Förderung, nämlich nur 23 %. Angesichts zunehmender Erschöpfung der Reserven an konventionellem, leicht und kostengünstig gewinnbarem Erdöl könnte sich der Verteilungswettbewerb um das Erdöl zuspitzen, auch angesichts des enormen Energiebedarfs von China und Indien. Multilaterale und bilaterale Kooperationen in der Energiewirtschaft und im Energiehandel sind daher bedeutsame Stabilitätsfaktoren. Energiemix, Diversifizierung der Bezugsquellen, Entwicklung energieeffizienter Technologien sowie verstärkte Nutzung Erneuerbarer Energien sind wichtige Faktoren für eine gesicherte Energieversorgung.

Wasser ist ein Lebensmittel – oder wie die Vereinten Nationen titeln: „Wasser ist Leben". Die Erde ist zwar ein blauer Planet und Wasser eine erneuerbare Ressource, der Anteil des für Menschen nutzbaren Süßwasservorkommens ist aber vergleichsweise gering und in vielen ariden Gebieten der Erde auch in seiner Reichweite endlich. Daher ist auch für den Sektor Wasser vorstellbar, dass die Ressource zum Konfliktstoff wird. So entstand im Nahen Osten in Folge des seit Jahrzehnten schwelenden Konflikts zwischen Israel und seinen Nachbarn ein vom Wasserbedarf geprägter zwischenstaatlicher Konfliktherd. Nicht zuletzt aus diesem Grund liegt der entwicklungspolitische Schwerpunkt der deutschen Entwicklungszusammenarbeit in dieser Region auf dem Wassersektor.

Ein weiteres Beispiel für zwischenstaatliche Spannungen ist das zentralasiatische Amurdarja-System, in dessen Einzugsgebiet mehrere Transformationsstaaten liegen. Hier haben in der Sowjetzeit wie auch in den nachfolgenden Jahren begangene Fehler und unterbliebene multilaterale Regelungen dazu geführt, dass stromabwärts gelegene Gebiete, insbesondere der Aral-See, nicht mehr ausreichende Zuflüsse bekamen. Selbst innerstaatlich kann es zu Konflikten um die Wassernutzung kommen, wie man am Beispiel Kenia sieht: 2005 stritten die sesshaften Kikuyu mit den nomadisierenden Masai um die Wasserressourcen im Rift Valley.

Glücklicherweise gibt es auch Beispiele dafür, wie potenzielle Konflikte um Wasser friedlich geregelt werden können. Bei grenzüberschreitenden Wasservorkommen werden in der Regel Verträge ausgehandelt darüber, wer welche Mengen Wasser nutzen darf, und es werden Flussgebiets-Kommissionen eingesetzt, die deren Einhaltung überprüfen. Durch die von den Vereinten Nationen vorangetriebene Formulierung und Ratifizierung international gültiger Regelungen zur Nutzung grenzüberschreitender Grundwasservorkommen wird der Bedeutung des Grundwassers auch international immer mehr Rechnung getragen. Übergeordnetes Ziel ist dabei, durch ein regional abgestimmtes Integriertes Wasser-Ressourcen-Management (IWRM) alle jeweils betroffenen Nutzer- und Interessengruppen in die nachhaltige Bewirtschaftung vorhandener Wasserressourcen einzubeziehen.

Durch im Zuge des Klimawandels potenziell steigende Meeresspiegel gewinnt das Konfliktpotenzial von Wasser aber eine neue Dimension: Ein beträchtlicher Teil der Menschheit lebt in Küstenregionen und gewinnt Trinkwasser aus lokalen Grundwasserspeichern. Steigt der Meeresspiegel an, können diese unterirdischen Reservoire zunehmend versalzen mit der Folge, dass die verfügbaren Ressourcen abnehmen. Dass hier Konflikte vorprogrammiert sind, ist anzunehmen.

4. Was sind die Regionen mit dem höchsten Konfliktpotenzial – steht Afrika eine ressourcengeleitete Re-Kolonialisierung bevor?

Neben vielen anderen Unternehmen sind in den vergangenen Jahren besonders chinesische Unternehmen in Afrika aktiv geworden. Deren Rohstoffinteressen sind bekannt. Von einer Re-Kolonialisierung kann man nicht sprechen, die Probleme liegen jedoch auf der Hand. Nicht alle Firmen arbeiten nach international geltenden Umwelt- und Sozialstandards. Die Auswirkungen können im Einzelfall sehr nachteilig sein.

Es ist daher von zentraler Bedeutung, zum einen die Eigenverantwortung der Unternehmen einzufordern. In dem schon erwähnten BGR-Projekt in Ruanda geht es darum, eine transparente, faire und nachhaltige Rohstoffwirtschaft zu unterstützen. Anders als beim Bergbaubetrieb im Großmaßstab existiert im Kleinbergbau bislang kein internationales Gütesiegel für die Einhaltung von Nachhaltigkeitsstandards. Gerade in Ländern Zentralafrikas entziehen sich Abbau und Export hochwertiger Bodenschätze häufig der staatlichen Kontrolle. In Ruanda soll mit Unternehmen, die dies unterstützen wollen, eine Zertifizierung beispielhaft umgesetzt werden. Das Pilotprojekt in Ruanda kann also ein erster Schritt zu einer umfassend angewandten Praxis sein.

Auf der anderen Seite sind staatliche Behörden in der Pflicht, die Kontrolle im Rohstoffsektor sachkundig auszuüben. Dies betrifft neben der Einhaltung von Standards auch eine transparente und am Wohle des Landes orientierte Vergabe von Bergbaulizenzen sowie die Transparenz bei der Verwendung der Einnahmen aus dem Rohstoffsektor. Die Bundesregierung unterstützt beispielsweise die Demokratische Republik Kongo darin, Transparenz und Kontrolle im Rohstoffsektor zu erhöhen.

5. Eine generelle Antwort auf sich verschärfende Verteilungskonflikte lautet: „höhere Ressourceneffizienz“ beispielsweise „Steigerung der Ressourcenproduktivität“. Wie entwickelt sich dieser Indikator?

Als plakatives Beispiel für Ressourceneffizienz kann man den Stahleinsatz zum Bau des Pariser Eiffelturms nennen. Nach heutigem Stand der Technik könnte der Eiffelturm mit etwa zwei Drittel weniger Stahl gebaut werden als im Jahre 1889, bei gleicher Stabilität. Ressourceneffizienz ist ein sehr wichtiger Beitrag sowohl zur Ressourcenschonung als auch zur Reduzierung der Umweltbelastungen. Deshalb hat die Bundesregierung dieses Thema sowohl in ihre Nachhaltigkeitsstrategie als auch in ihre Bekanntmachung „Elemente einer Rohstoffstrategie der Bundesregierung“ von 2007 aufgenommen. Damit ist beabsichtigt, die Beratung zur Verbesserung der Ressourceneffizienz insbesondere von kleinen und mittelständischen Unternehmen weiter auszubauen. Auch die jährliche Vergabe eines Materialeffizienzpreises durch das Bundesministerium für Wirtschaft und Technologie stärkt das Bewusstsein für die ökonomisch und ökologisch positive Wirkung der Materialeffizienzsteigerung. Deutschland als Exportnation leistet mit der Entwicklung und dem Export entsprechender Technologien übrigens auch im globalen Maßstab einen wichtigen Beitrag zur Ressourceneffizienz.

6. Wenn die weitere Steigerung der Ressourcenproduktivität schwierig ist, bereichsweise an ihre Grenzen stößt oder durch das Mengenwachstum überkompensiert wird, was sind dann die Alternativen?

Alternativen zur Materialeinsparung sind Recycling und Substitution, wodurch sich die Rohstoffproduktivität auch erhöhen lässt. Deutschland hält bei der Wiederverwertung von Metallen weltweit eine führende Position. Bezogen auf den Gesamtverbrauch wird zum Beispiel für Stahl, Blei und Kupfer durch Einsatz moderner Technologien bereits heute ein Recyclinganteil von über 50 % erreicht. Im Vergleich der Industrienationen ist Deutschland zudem führend im Recycling von Zink; bei Kupfer stehen wir an zweiter Stelle.

Je mono-metallischer ein Metall verwendet wird, desto einfacher ist sein Recycling. Blei in Batterien ist hierfür ein gutes Beispiel. Auch die Glasproduktion, bei der heute schon 94 % der Einsatzstoffe aus dem Glasrecycling stammen, ist ein gutes Beispiel dafür, dass sekundäre Rohstoffe sehr effizient verwendet werden können. Beim Recycling spielen neben dem Rohstoffpreis allerdings noch andere spezifische Faktoren eine Rolle, etwa die technischen Möglichkeiten sowie die Umweltgesetzgebung.

7. „Recycling" und „re-use" waren frühe Ansätze zur Verlängerung der Ressourcennutzung. Nun kommen „urban mining" und „waste mining" in den Blick. Wie bedeutsam sind diese Ansätze?

Urban mining und *waste mining* können wichtige Beiträge zur Erhöhung des Rohstoffangebotes durch Recycling von Wertstoffen sein. Die Wiederaufbereitung von Bergwerksabgängen wird schon seit langer Zeit praktiziert, gleichwohl lässt sich auch hier noch manches optimieren. In der BGR führen wir Untersuchungen zur Gewinnbarkeit von mineralischen Reststoffen in diesem Bereich durch, was im Übrigen auch positive Auswirkungen auf die Umwelt hat.

8. In der Klimapolitik, bei der es vor allem um „reduce", um die Reduzierung der CO_2-Emissionen, um eine kohlenstoffarme Wirtschaft geht, wurde „Dekarbonisierung" zu einem imaginativen Leitbegriff. Könnte für die darüber hinaus gehende Umweltpolitik, bei der es um eine ressourcenleichtere Wirtschaft geht, „Dematerialisierung" zu einem ähnlich bedeutsamen Leitbegriff werden? Gibt es einen adäquaten Indikator hierfür?

Einen Indikator dafür kenne ich nicht. Die Deutsche Materialeffizienzagentur (*demea*) wendet sich an Unternehmen, die ihre Wettbewerbsfähigkeit durch eine verbesserte Materialeffizienz steigern wollen. Sie schärft das öffentliche Bewusstsein über die Bedeutung der Materialeffizienz und stellt Informationen zu diesem Thema zur Verfügung. Ziel ist es, Unternehmen zu motivieren, Materialeffizienzpotenziale zu erschließen. Ein guter Ansatz, weil hierdurch Unternehmen bei der Erkennung und Erschließung von Effizienzpotenzialen auch praktisch mit Rat und Tat zur Seite gestanden wird.

9. Der Begriff „Ressource" ist hochkomplex, dahinter stehen erneuerbare und nicht erneuerbare, energetische und metallische Kategorien. Wie wird mit dieser Komplexität wissenschaftlich umgegangen? Wie sollte man politisch damit umgehen?

Die Bundesregierung hat in ihrem Dokument „Elemente einer Rohstoffstrategie" vom März 2007 klar formuliert, dass eine Rohstoffstrategie ökonomischen, sozialen und umweltpolitischen Notwendigkeiten gleichermaßen genügen muss. Im Rahmen der Nationalen Nachhaltigkeitsstrategie wurde das Schwerpunktthema „Schritte zu einer nachhaltigen Rohstoffwirtschaft" aufgegriffen. Ziele sind die Definition eines Handlungsrahmens für eine nachhaltige Rohstoffwirtschaft und die Entwicklung von Lösungsvorschlägen für bestimmte Problemfelder, wie sparsame Ressourcennutzung, sichere Verfügbarkeit von Rohstoffen, Verringerung von Umweltschäden, soziale und entwicklungspolitische Auswirkungen des Rohstoffabbaus. Diesen Zielen fühlt sich auch die BGR verpflichtet, führt entsprechende Forschungsarbeiten durch, entwickelt Konzepte und setzt diese in ihren Projekten praktisch um. Aufgrund der Komplexität des Themas sind hierbei wissenschaftlich und gesellschaftlich interdisziplinäre Ansätze erforderlich.

10. Es ist allgemeiner politischer Konsens – in Deutschland, in Europa – dass die erneuerbaren Energien gefördert, ihr Anteil an der Energieversorgung rasch erhöht werden muss. Ist das hier vorhandene Potenzial ausgereizt oder unterschätzt? Und wie sieht das in anderen Teilen der Welt aus?

Erneuerbare Energien, inklusive Erdwärme, gewinnen für die Energieversorgung zunehmend an Bedeutung. Die Erdwärme (*Geothermie*) ist weltweit neben der Wasserkraft- und Biomassenutzung sowie neben Wind- und Solarenergieerzeugung eine sehr bedeutende regenerative Energiequelle. Ein großer Vorteil der geothermischen Energie ist deren Verfügbarkeit unabhängig von Tageszeit und Witterungsbedingungen. Die BGR ist in mehreren Forschungsprojekten an der Entwicklung von Methoden zur Erschließung tiefer Geothermiereservoire in Deutschland und Frankreich (Soultz, GeneSys-Projekt, Groß Schönebeck) beteiligt. Insbesondere für die Stromerzeugung aus tiefen geothermischen Quellen besteht allerdings noch erheblicher Forschungsbedarf bis zur kommerziellen Reife.

Immerhin, seit 2003 wird im Kraftwerk Neustadt-Glewe demonstriert, dass die geothermische Stromerzeugung auch in Deutschland grundsätzlich möglich ist. In Landau wurde 2007 das erste Geothermiekraftwerk Deutschlands in Betrieb genommen, wo die kommerzielle Stromproduktion aus Erdwärme primäres Ziel ist.

Die BGR unterstützt auch Entwicklungsländer bei der Einführung bzw. der verstärkten Nutzung von Geothermie. In diesem Rahmen arbeiten wir insbesondere in ostafrikanischen Ländern, in denen günstige Bedingungen vorliegen, um Erkundung, Erschließung und Nutzung geothermischer Ressourcen zu fördern.

Der Energie- und Strombedarf aller Menschen, und die Weltbevölkerung nimmt ja weiterhin zu, ist allerdings so hoch, dass wir noch Jahrzehnte auf fossile Energieträger (Kohle, Erdgas, Öl) angewiesen sein werden. Darum ist es wichtig, an der Umweltverträglichkeit bei deren Nutzung zu arbeiten.

11. Durch den legalen wie illegalen Export gebrauchter Güter (Autos, Schiffe, Elektronikgeräte) gehen der heimischen Wirtschaft große Mengen an wiederverwertbaren Ressourcen verloren. Sollten solche Exporte eingeschränkt oder ganz verboten werden?

Keine Aussage. Diese Frage liegt nicht in unserem Zuständigkeitsbereich.

12. Zum Schutz globaler Umweltgüter sind eine Reihe von internationalen Vereinbarungen (UN-Konventionen) beschlossen worden. Nichts Vergleichbares ist zum Schutz und zur schonenden Nutzung von Ressourcen auf den Weg gebracht worden. Brauchen wir ein internationales Ressourcenmanagement – und wenn ja, wie und wo zuerst?

Das Management natürlicher Ressourcen ist national und auch international ein wichtiges Thema. Wir haben aber bereits eine Vielzahl von nationalen und internationalen Vereinbarungen, Gremien und Standards, welche die Ressourcenschonung und das Ressourcenmanagement zum Ziel haben. Nehmen wir die mineralischen Rohstoffe: Hier gibt es internationale Umweltstandards und Vereinbarungen im Bergbausektor, internationale Gremien der Unternehmen und zwischenstaatliche Gremien, die den nachhaltigen Bergbau fördern und ein internationales Ressourcenmanagement ermöglichen, außerdem zahlreiche Nichtregierungsorganisationen, welche die Umweltperformance der Unternehmen im Blick haben. Nach meinem Dafürhalten sollten wir bestehende Strukturen stärken und effizienter machen und nicht eine neue globale Rohstoffbürokratie schaffen.

13. Herr Professor Kümpel, die Bundesanstalt für Geowissenschaften und Rohstoffe (BGR) ist eine Bundeseinrichtung mit einem internationalen wissenschaftlichen Auftrag. Worin genau besteht dieser Auftrag? Und schließt er die Vorbereitung von Ressourcenpolitik mit ein?
Die BGR ist das geowissenschaftliche Kompetenzzentrum der Bundesregierung und der Geologische Dienst des Bundes. Ihre Kernthemen sind Energierohstoffe, mineralische Rohstoffe, Grundwasser, Boden als Georessourcen und der Untergrund als Speicher- und Wirtschaftsraum. Die BGR hat den Auftrag, mit Forschung und Beratung dazu beizutragen, die Lebensbedingungen durch verantwortliche Nutzung der Geopotenziale zu erhalten oder zu verbessern. Damit nimmt sie Aufgaben von hoher öffentlicher Relevanz wahr, was auch die Vorbereitung von Ressourcenpolitik einschließt.

Bei der Erfüllung ihrer Aufgaben orientiert sich die BGR an den Anforderungen aus Politik, Wirtschaft und Gesellschaft. Ihre fachliche Breite wird durch nationale und internationale Vernetzung unterstützt. In leistungsfähigen Verbünden mit den geologischen Diensten der Bundesländer und den geologischen Diensten Europas berät die BGR auch Entscheidungsträger der Europäischen Union.

Die BGR ist zudem ausführende Behörde für Vorhaben der technischen Zusammenarbeit mit Ländern in Südamerika, Afrika, im Nahen und mittleren Osten und in Südostasien und führt Aufgaben im Rahmen internationaler Verpflichtungen der Bundesregierung durch. Weiterhin fungiert die BGR auch als nationales geowissenschaftliches Daten- und Informationszentrum.

Interviewpartner für das JAHRBUCH ÖKOLOGIE: *Udo E. Simonis*

Gerhard Scherhorn & Klaus Michael Meyer-Abich

Suffizienz in Konsum *und* Produktion

Die alarmierenden Nachrichten über den Klimawandel erinnern unmissverständlich daran, dass wir unser Leben ändern müssen, wenn nachhaltige Entwicklung gelingen soll. Und in den internationalen Verhandlungen wird die Mahnung der industriell nachholenden Länder immer dringender, die reifen Industrieländer sollten auf dem Weg zur Nachhaltigkeit vorangehen. Zu lange haben diese abgewartet, dass die Konsumenten von sich aus zu maßvollen Konsummustern finden würden, die Wirtschaft und Politik nur noch abzusegnen brauchten. Das war eine allzu bequeme Vorstellung von Suffizienz.

Suffizienz und Subsistenz

Das lateinische Wort *sufficientia* bedeutet nach Georges (1951) das Genüge, also einen Bewusstseinszustand, dem die erreichten materiellen Annehmlichkeiten *genügen*, um ein gutes Leben führen zu können. Stattdessen klingt das Genüge in unserer Wirtschaft nach dem, womit man sich *begnügen* soll, obwohl man mehr oder Besseres haben könnte. Der tiefere Sinn der Suffizienz wird dadurch versperrt.

Suffizienz, dass alles zur Genüge geschieht, aber „nichts zuviel" (Linz et al. 2002), ist nämlich das Ziel und der Ertrag des eigentlichen Lebens, also zunächst der häuslichen Versorgung und all dessen, was sonst in Haus und Garten, in der Familie, der Nachbarschaft oder politisch im Gemeinwesen der *Regeneration* dient; sodann der lernenden oder hervorbringenden *Eigenproduktion* handwerklicher, künstlerischer, geistiger oder sozialer Produkte und Dienste; und schließlich des erholsamen *Zusichkommens* im Gespräch und im Lesen, im Spazierengehen, Wandern und Reisen, in der Wahrnehmung von Natur und Kunst oder in der Geselligkeit. Dies alles ist das tätige Leben im Oikos, welcher der Oikonomía bei Aristoteles ihren Namen gegeben hat, in dem man *direkt* für sich und die Seinen oder für das Gemeinwesen sorgt, also aus eigener Kraft zur Selbsterhaltung beiträgt, zum Standhalten, kurz: zur *Subsistenz* (vgl. Dahm & Scherhorn 2008).

Darüber hinaus sorgt man auch *indirekt* für sich und die Seinen, indem man sich am arbeitsteiligen Erwerbsprozess beteiligt, aus dessen Erträgen man einen monetären Verdienst nach Hause bringt, mit dem man Waren und Dienste kaufen und für die Zukunft vorsorgen kann. Die auf den Erwerb gerichtete Tätigkeit löst sich jedoch aus dem Zusammenhang mit der Subsistenzarbeit, wenn sie über die Produktion für den Gebrauch nicht nur soweit hinausgeht, wie es für den Austausch von Überschüssen der Selbstversorgung sinnvoll ist, sondern in solchem Maße auf Gewinn gerichtet ist, dass der Gebrauch in den Hintergrund tritt. Dann beherrscht eine extrinsische Motivation das Spiel, die „materialistische" Sucht nach Geld, Geltung und Attraktivität (vgl. Kasser 2002), die Erich Fromm als „Seinsweise des Habens" beschrieben hat. Sie kann sich so sehr verselbstständigen, dass sie ein Übergewicht gegenüber der intrinsischen Motivation gewinnt und den Zusammenhang mit der Suffizienz verliert. Bei den Subsistenztätigkeiten dagegen überwiegt die intrinsische Motivation, d. h. man schätzt diese Tätigkeiten um ihrer selbst willen oder macht sie sich im Sinn bejahender Hinnahme zu eigen (vgl. Deci & Ryan 1995). In beiden Fällen tragen sie ihren Lohn in sich selbst, sind also suffizient.

Soweit die erwerbswirtschaftliche Produktion auf den Gebrauch gerichtet ist, bietet sie die Chance, die Subsistenztätigkeiten zu erleichtern, zu erweitern oder zu bereichern. Beispiele dafür sind die Produktion von Werkzeugen für Landwirtschaft und Handwerk, von Kleidung, von Baustoffen, oder der Buchdruck. Wenn diese Dinge dazu beitragen, dass man sich durch die Subsistenzwirtschaft des eigentlichen Lebens zur Genüge versorgt fühlt, ist die Erwerbswirtschaft in die Subsistenzwirtschaft eingebettet, sie ist *subsistenzorientiert* (vgl. Baier et al. 2005, 55). Die extrinsische Motivation, sich einen Verdienst zu erarbeiten, für den man sich Werkzeuge, Kleidung, Bücher kaufen, eine Auszeit oder Reise bestreiten kann, ist dann der intrinsischen Motivation zu den Tätigkeiten, für die diese Dinge gebraucht werden, nachgeordnet.

Es liegt eine Weisheit der Sprache darin, dass *sufficere* im Lateinischen auch den Sinn hat, zu einem Gebäude den Grund zu legen, während *subsistere* das widrigen Umständen Standhalten bedeutet. So hängen beide zusammen: Weil die Subsistenzwirtschaft das gute Leben untermauert und zugleich das soziale Kapital bildet, auf das die Nachhaltigkeit der Erwerbswirtschaft gegründet ist, muss sie dieser Grenzen setzen, damit ihre Grundlage nicht erodiert. Subsistenztätigkeiten erfüllen mehr als die Hälfte der Lebenszeit aller Beschäftigten

(Dahm & Scherhorn 2008, 56). Und in Protokollen über häusliche, nachbarschaftliche und gemeinschaftsbezogene Subsistenztätigkeiten hat sich gezeigt, dass die meisten Befragten die Tätigkeit, die sie gerade ausgeübt haben, auch dann nicht durch Dritte machen lassen möchten, wenn sie dazu genügend Geld hätten (ebenda, 168).

Suffizienz als Bedingung für Nachhaltigkeit

Das Schöne an den Subsistenztätigkeiten ist, dass man immer weiß, wann es damit ein Genüge hat, wann also ein Ziel erreicht ist. Diese Qualität bleibt in der Erwerbswirtschaft nur so lange erhalten, wie die extrinsische Motivation, für eine äußere Belohnung wie Geld oder soziales Ansehen zu arbeiten, der intrinsischen *nachgeordnet* bleibt. Wo Geld verdient wird, um Nahrungsmittel oder eine eigene Wohnung kaufen zu können, ist das der Fall. Viele andere Aufgaben der Familienarbeit können technisch erleichtert oder professionalisiert werden, ohne sich aus dem Zusammenhang des Oikos zu lösen. Wir denken an Waschmaschinen, Herde, Kühlschränke und Zentralheizungen im Haushalt, an handwerkliche Arbeiten in Haus und Garten oder an Kindergärten und Schulen für die Bildung der Kinder.

Die industrielle Erwerbswirtschaft bringt dagegen darüber hinaus einen Überfluss an marktgängigen materiellen Gütern hervor, wie er subsistenzwirtschaftlich nicht sinnvoll wäre. Das wird gern damit erklärt, dass die Knappheit der naturgegebenen Ressourcen eine dauernde Herausforderung für die menschliche Kreativität bilde, die den technischen Fortschritt vorantreibe. Es liegt aber eher daran, dass ein halbes Jahrhundert lang die Knappheit durch einen Substanzverzehr überspielt wurde, der die in Jahrmilliarden angesammelten Vorräte an Energiequellen und Rohstoffen aufzehrte. Ein zeitweiser Verzehr wäre angesichts der Bevölkerungsexplosion eine verantwortbare Strategie gewesen, wenn der von der Natur in Anspruch genommene Vorschuss auch zurückgezahlt worden wäre. Ein angemessener Teil der monetären Erträge hätte in die Substitution fossiler durch solare Energie, in die Vermeidung toxischer Emissionen und in die kreislaufförmige Wiedergewinnung und Wiederverwendung verbrauchter Rohstoffe reinvestiert werden müssen. Das hätte nicht nur die Ressourcenproduktivität erhöht, es wäre überdies ein Ausdruck von *Suffizienz* gewesen. Denn die Gewinne wären geringer und die Güterpreise höher gewesen als sie tatsächlich waren, die Nachfrage wäre weniger gestiegen, weil Reboundeffekte vermieden worden wären, und der

Nachholbedarf der Entwicklungsländer hätte nicht zu den Engpässen geführt, die sich heute abzeichnen.

Da das nicht geschah, ist das Aufzehren der fossilen Energiequellen in einen Raubbau an der natürlichen und sozialen Mitwelt entartet. In welchem Maß wir deren Belastbarkeit überschritten haben, dafür ist die Klimakatastrophe ein modernes Menetekel. Seit dem *Stummen Frühling* (Carson 1962) sind viereinhalb Jahrzehnte vergangen, seit dem Brundtland-Report von 1987 gut zwei Jahrzehnte. In dieser langen Zeit ist von den Gewinnen viel zu wenig in Solarenergie und Stoffkreisläufe reinvestiert worden. Die dadurch eingesparten privaten Kosten wurden auf die natürliche und soziale Mitwelt abgewälzt (externalisiert), die sie zu tragen oder besser: zu erleiden hatten, als Verminderung der Rohstoffvorräte, Vernichtung von Ökosystemen, Klimawandel, Gesundheitsschäden, soziale Desintegration.

Externalisierung ist das Gegenteil von Suffizienz, denn sie überhöht die Gewinne und senkt die Produktpreise unter die wahren Kosten. Die Überhöhung der Gewinne verzerrt die Verteilung der Einkommen und Vermögen, die Verbilligung der Produkte stachelt die Unersättlichkeit der Bedürfnisse an und führt zu Überkonsum, zum Leben von der Substanz. Zusammen verstärken beide die extrinsisch-materialistische Motivation des Wirtschaftens und verdrängen das Suffizienzbewusstsein. So wird die Orientierung der Erwerbswirtschaft am Gebrauch ausgehebelt, die immerhin bis in die 50er Jahre des letzten Jahrhunderts hinein überwogen hat.

Das ist es, was die nachhaltige Entwicklung versperrt. Denn Nachhaltigkeit fordert den Verzicht auf Externalisierung; Nachhaltigkeit verlangt, dass wir zugunsten des Substanzerhalts geringere Gewinne und höhere Preise hinnehmen, also suffizient handeln. Dem steht die derzeitige Orientierung der Erwerbswirtschaft am Profit entgegen. Dennoch hätte ein wiedererwachendes Suffizienzbewusstsein die Chance, sich gegen die Dominanz der Profitorientierung durchzusetzen. Suffizienz ist sowohl aus dem Wunsch nach dem guten Leben als auch aus dem Nachhaltigkeitsziel abzuleiten. Heute können beide Beweggründe zusammenwirken:

- Psychologische Forschung auf allen Kontinenten, aber auch das eigene Erleben vieler Menschen stützen die Erkenntnis, dass das heutige Übergewicht der Werte des Habens über die des Seins die menschlichen Beziehungen erodieren und das persönliche Leben verarmen lassen (vgl. Deci & Flaste 1995). Immer mehr Menschen erscheint dieser „Preis des Materialismus" (vgl. Kasser 2002) als zu hoch.

- Das Näherkommen der Klimakatastrophe, das Erweckungserlebnis der Finanzkrise, die wirksamere Kontrollen für das Gewinnstreben nahe legt, und die zunehmende Desintegration der Gesellschaft, die einen neuen Gesellschaftsvertrag zwischen Kapital und Arbeit notwendig macht, können die Menschen für den Verzicht auf Externalisierung offener machen.

Ein überholter Gesellschaftsvertrag

Es heißt, dass Henry Ford 900 Arbeiter einstellen musste, wenn er 200 brauchte, weil 700 die monotone Arbeit unter Zeitdruck nicht ertrugen und alsbald wieder wegblieben. Um die Arbeiter an den Betrieb zu binden und damit die produzierten Autos auch für sie erschwinglich wurden, verdoppelte Ford die Löhne und hatte nach einiger Zeit den gewünschten Erfolg. Er begründete damit einen „Gesellschaftsvertrag", den man heute als die ungeschriebene Übereinkunft bezeichnet, im Tausch gegen höhere Einkommen und dauernde Beschäftigung entfremdende Arbeitsbedingungen ohne übermäßiges Widerstreben hinzunehmen. Eine Arbeit, die keinen Lohn in sich trägt, um eines Konsumversprechens willen in Kauf zu nehmen, kann man wohl mit Recht den „Fordistischen Pakt" nennen – um darin die Analogie zum Faustischen Pakt mitschwingen zu lassen.

Immerhin enthielt der Pakt auf Fords Seite einen Anklang von Suffizienz; er verzichtete auf Gewinn, als er die Lohnaufwendungen erhöhte. Der Verzicht hat sich für ihn gelohnt, weil er bei der Anlage seines Industriekapitals auf einem ungesättigten Markt die Freiheit hatte, den kaufkrafterhöhenden Effekt abzuwarten, der über die Massenproduktion durch disziplinierte Arbeiter die Stückkosten senken würde. In den reifen Industrieländern ist dieser Effekt selten geworden, und seitdem ist auf der Kapitalseite kein Gedanke mehr an Suffizienz. Statt sich mit den bescheidenen Gewinnen zu begnügen, die auf gesättigten Märkten dauerhaft möglich sind, orientiert man die Renditeforderungen an den Wachstumsraten auf den expandierenden Märkten der nachholenden Länder.

Und wo die reale Entwicklung dahinter zurückbleibt, da hat die Deregulierungspolitik seit den 70er Jahren die Möglichkeit geschaffen, durch Übernutzung des Gemeinguts Finanzmarkt hohe Gewinne einzufahren, teils durch Verschleierung der Risiken spekulativer Finanzprodukte, teils durch Ausbeutung der Unternehmen selbst; die Aufhebung von Kontrollen machte es leichter, die kurzfristige Maximierung der Kapitalrenditen zu erzwingen (vgl. Scherhorn 2009). An diesem Erfolg wurden Manager und Träger von Kernkompetenzen großzügig beteiligt. Erzielt aber wurde er nicht nur durch eine gigantische Externalisierung von Kosten auf die Gesellschaft, die jetzt für die Aufblähung des Finanzkapitals aufkommen muss, sondern zugleich durch verstärkte Externalisierung auf Natur und Arbeit, ohne die in der realen Produktion die verlangten hohen Gewinne nicht erzielt worden wären.

Insbesondere wird von der Masse der Beschäftigten die fortgesetzte Steigerung der Arbeitsproduktivität durch Zeitdruck und Lohnreduktion gefordert, die bei gesättigten Märkten auf dauernde Marginalisierung von Arbeitswilligen hinausläuft. Hatte der Fordistische Pakt die Ausbeutung der Arbeitnehmer zunächst gemildert, so führt die Ausbeutung der Unternehmen nun dazu, dass das Kapital sich zu Lasten der Natur *und* der Arbeit bereichert. Die Bereitschaft, entfremdende Arbeitsbedingungen ohne übermäßiges Widerstreben hinzunehmen, wird nicht mehr mit dem Versprechen von Lohnsteigerung und Beschäftigungssicherheit erkauft, sondern mit dem Drohpotenzial erzwungen, das

- sich mit der Steigerung der Kapitalintensität durch den arbeitssparenden technischen Fortschritt seit langem entwickelt hat,
- durch die Abwanderung der Produktion in Niedriglohnländer aber noch beträchtlich verstärkt worden ist.

Der Effekt ist, dass der Kapitalanteil am Volkseinkommen exponentiell zunimmt, obwohl dieses in den reifen Industrieländern nur noch linear steigt (vgl. Afheldt 2005). So nehmen die Einkommensunterschiede zwischen Arm und Reich rapide zu. Und während der Substanzverzehr am Naturkapital bisher ohne starke Emotionen hingenommen wurde, wirkt sich der Substanzverzehr am Sozialkapital viel hautnäher aus; die zunehmende Spaltung der Gesellschaft wird zusehends als nicht hinnehmbare Ungerechtigkeit empfunden.

Dass ein kleiner Teil der Bevölkerung sich bereichert, während Tausende und Zehntausende von Beschäftigten zur Steigerung der Rendite entlassen werden, zehrt an der Solidarität, ohne die eine Gesellschaft auf Dauer nicht lebensfähig ist. Dasselbe gilt für die Unterlassung von Maßnahmen zur Angleichung der Bildungschancen. Wir leben inzwischen in einer Gesellschaft, deren Zusammenhalt in beunruhigender Weise erodiert. Um dieser Entwicklung zu steuern, ist ein neuer Gesellschaftsvertrag geboten, der im Zeichen der Suffizienz stehen sollte.

Ein neuer Gesellschaftsvertrag

Diskutiert wird freilich eher eine Fortsetzung des fordistischen Vertrages, die darin bestünde, alle subsistenzwirtschaftlichen Tätigkeiten, die prinzipiell von Dritten gegen Bezahlung ausgeübt werden können, in die Erwerbswirtschaft zu überführen. Das rechnerische Potenzial an neuen Arbeitsplätzen wäre groß, aber die Konsequenzen wären fatal. Nach den verfügbaren statistischen Daten werden in Deutschland ca. 98 Mrd. Arbeitsstunden pro Jahr in der Subsistenzwirtschaft geleistet, dagegen nur 60 Mrd. in der Erwerbswirtschaft. Sicher kann ein Teil der 98 Mrd. Stunden in angemessen bezahlter Erwerbsarbeit geleistet werden, doch bewirkt die Zeitabhängigkeit der Dienstleistungsqualität, dass die meisten personenbezogenen Subsistenztätigkeiten sich in gering bezahlter, dem Renditezwang unterworfener Erwerbsarbeit qualitativ verschlechtern würden. Und für den Einstieg in nachhaltige Entwicklung wäre es wahrhaft kontraproduktiv, nach dem Erwerb nun auch noch die Subsistenz der Profitorientierung zu unterwerfen. Der Weg zur Nachhaltigkeit liegt vielmehr dahin, die Erwerbswirtschaft in die Subsistenzorientierung zu führen. Denn

- Nachhaltigkeit verlangt einen Verzicht auf Externalisierung, der über die Erhöhung der Ressourceneffizienz hinaus ein Maßhalten beim Kauf erfordert, weil sonst der Mehrabsatz ökologisch unbedenklicher Produkte die Ressourceneinsparung zunichte macht. Das ist nur möglich, wenn die Erwerbswirtschaft *für den Gebrauch produziert,* so dass das Suffizienzbewusstsein sich nicht erst im Widerstand der Nachfrager manifestieren muss, sondern schon das Angebot und die Werbung durchdringt. Mit dem Vorrang der Kapitalakkumulation ist das nicht zu vereinbaren. Der neue Gesellschaftsvertrag muss eine Gleichordnung der Produktivkräfte einschließen, die das Kapital unter die Sozialbindung des Eigentums stellt und ihm Natur- und Sozialverträglichkeit zur Pflicht macht (vgl. Scherhorn 2009).
- Nachhaltigkeit verlangt das Vermeiden dauernder hoher Exportüberschüsse, denen Keynes in Bretton Woods vergeblich einen Riegel vorzuschieben versucht hatte. Denn die Exportorientierung, sei es der Landwirtschaft oder der Industrie, ist ein Zeichen dafür, dass nicht für den heimischen Markt produziert wird, so dass lediglich Überschüsse getauscht werden, sondern für den Profit. Die Export-

orientierung kann sowohl die Versorgung des landeseigenen Bedarfs verhindern als auch die Eigenproduktion in den Partnerländern behindern. Sie verursacht keine geringeren außenwirtschaftlichen Ungleichgewichte als ein dauernder Importüberschuss, und ist „der Fluch der Globalisierung", weil sie „die Menschheit permanent in Verlierer und Gewinner spaltet" (Jenner 2006, 185). Die Globalisierung hat segensreiche Aspekte, aber die Exportorientierung gehört ebenso wenig dazu wie die Liberalisierung der Finanzmärkte.

- Nachhaltigkeit verlangt eine gerechte Verteilung der Arbeit, sowohl der Erwerbs- als auch der Subsistenzarbeit, so dass keiner vom Erwerb ausgeschlossen ist und jeder sich an der Subsistenz beteiligt. Der arbeitsparende technische Fortschritt ermöglicht das, wenn man nur will. Möglich ist darüber hinaus die Entwicklung zu einer *Tätigkeitsgesellschaft,* die auch in der Erwerbswirtschaft dem Ideal folgt, „alles heteronome Tun von Menschen in autonomes Tun zu verwandeln" und nicht mehr akzeptiert, dass Arbeit fremdbestimmt sei und bleibe (Dahrendorf 1983, 91). In dieser Gesellschaft würde ein Mehr an erwerbsfreier Zeit nicht wegen der Verringerung des Einkommens abgelehnt (durch Sozialversicherung und negative Einkommensteuer würde der Grundbedarf gesichert), sondern als Erweiterung der subsistenzwirtschaftlichen Tätigkeitsräume begrüßt. Und die Erwerbs-Arbeitswelt würde flexiblere Karrierewege bereithalten und den einzelnen die Möglichkeit eröffnen, Elternzeiten, Sabbatjahre, Altersteilzeit und dergleichen zu wählen und auch den Berufswechsel erleichtern, indem die Arbeitszeiten des neuen Berufs auf demselben Lebensarbeitszeitkonto gutgeschrieben werden wie die des alten. Mindestens der Hälfte der Menschheit wäre diese Flexibilität gemäßer als die Rigidität, mit der heute noch am Leitbild des Vollzeitarbeitsplatzes festgehalten wird (vgl. Pinker 2008).

Vor allem aber verlangt Nachhaltigkeit eine gerechte Verteilung der Einkommen. Der Wachstumsökonom Roy Harrod (1958) hat vor 50 Jahren die wegweisende Unterscheidung zwischen „oligarchischem" und „demokratischem Wohlstand" getroffen und für den letzteren als Ziel der Wirtschaftspolitik plädiert, weil das herrschende Leitbild vom oligarchischen Wohlstand, den sich stets nur wenige leisten können, die Gesellschaft auf materialistische Ziele fixiert. Wir unterscheiden die beiden Arten des Wohlstands nach dem Kriterium der Verallgemeinerungsfähigkeit. Wohnungen z. B. sind verallgemeinerungsfähig, ein Einfamilienhaus mit Garten ist es aus Gründen der

Zersiedelung wohl nicht. Zu Fuß zu gehen und mit dem Fahrrad zu fahren ist verallgemeinerungsfähig, Autos sind es wohl nicht. Zumindest hat bisher immer nur jeder sein Auto gewollt, aber niemand hat all die vielen Autos gewollt. Das schließt nicht aus, dass einige Menschen Einfamilienhäuser und Autos haben, aber nicht als ein politisch gewollter „Wohlstand für alle", denn sonst ergibt sich ein „Wohlstand für [fast] niemand" (Afheldt 1994).

Auch diese Bedingung ist erfüllbar, wenn das Suffizienzprinzip bejaht wird. Denn sie entsteht in der Tat daraus, dass wir damit einverstanden sind, die anderen Bedingungen zu erfüllen, d. h. auf die Gewinne aus der Externalisierung zu verzichten; den Primat des Kapitals aufzugeben; die Globalisierung von Kapital, Recht und Wissen mit der Regionalisierung des Wirtschaftens zu verbinden, der Produktion für den Gebrauch; die Arbeit so zu verteilen, dass alle an ihr teilhaben, an der Subsistenzarbeit ebenso wie an der Erwerbsarbeit; und beide so zu gestalten, dass sie Selbstbestimmtheit ermöglichen. Jede einzelne Bedingung erfordert Suffizienzbewusstsein, zusammen aber bewirken sie Verteilungsgerechtigkeit.

Literatur

Afheldt, Horst (1994): Wohlstand für niemand? Die Marktwirtschaft entläßt ihre Kinder. München.

Afheldt, Horst (2005): Wirtschaft die arm macht. München.

Baier, Andrea, Veronika Bennholdt-Thomsen & Brigitte Holzer (2005). Ohne Menschen keine Wirtschaft. Oder: Wie gesellschaftlicher Reichtum entsteht. München.

Carson, Rachel (1962): Silent Spring. Boston; deutsch (1976): Der stumme Frühling. München.

Dahm, Daniel & Gerhard Scherhorn (2008): Urbane Subsistenz. Die zweite Quelle des Wohlstands. München.

Dahrendorf, Ralf (1983): Die Tätigkeitsgesellschaft. In: Ders., Die Chancen der Krise, S. 88-100. Stuttgart.

Deci, Edward L. & Richard Flaste (1995): Why We Do What We Do. The Dynamics of Personal Autonomy. New York.

Deci, Edward L. & Richard M. Ryan (1985): Intrinsic Motivation and Self-determination in Human Behavior. New York.

Georges, Heinrich (1951): Ausführliches Lateinisch-Deutsches Handwörterbuch, 2 Bände. Photomechanischer Nachdruck der 9. Auflage von 1834. Tübingen.

Harrod, Roy F. (1958): The Possibility of Economic Satiety. In: Problems of US Economic Development. Ed. by Committee for Economic Development. New York, Vol. 1, S. 73f.

Jenner, Gero (2006): Energiewende. So sichern wir Deutschlands Zukunft. Berlin.

Kasser, Tim (2002): The High Price of Materialism. Cambridge MA, London.

Linz, Manfred et al. (2002): Von nichts zuviel. Suffizienz gehört zur Zukunftsfähigkeit. Wuppertal-Institut.

Meyer-Abich, Klaus Michael (1997): Praktische Naturphilosophie. München.

Pinker, Susan (2008): Das Geschlechterparadox. München.

Scherhorn, Gerhard (2009): Geld soll dienen, nicht herrschen. Die aufhaltsame Expansion des Finanzkapitals. Wien.

Sabine Wienand

Auf buddhistischen Pfaden zur Nachhaltigkeit

Die globale Wirtschaftskrise sei vielleicht akut, das Problem aber altbekannt, schrieb ein Kommentator in der thailandischen Tageszeitung *The Nation* im Februar 2009. Als Konsequenz werde er deshalb einfach nochmals einen seiner Artikel aus dem Jahr 1998 abdrucken, als die Währung des Landes massiv an Wert verlor und die asiatische Wirtschaftswunderblase in sich zusammensank. Thanong Khanthongs Thema damals wie heute: Buddhistische Ökonomie.

Ein schönes Schlagwort, spätestens seit 1973, als E. F. Schumachers Klassiker *Small is beautiful* erschien, ein Buch, das positive, wenn auch eher vage Assoziationen eines nachhaltigeren, menschlicheren Wirtschaftens weckte. Allerdings hat der Buddha selbst keineswegs eine systematische Bauanleitung für eine vernünftige wie gerechte Weltwirtschaftsordnung hinterlassen. Wozu auch? Der von ihm gelehrte Weg sollte schließlich nicht in innerweltlicher Revolution und Befreiung münden, sondern zum endgültigen Ausstieg aus dem so leidbehafteten Daseinskreislauf als solchem befähigen.

Auch können die vornehmlich buddhistischen Länder Asiens nicht für sich verbuchen, vor der Ankunft des westlichen Kapitalismus kein Arm und Reich gekannt zu haben oder aus religiösen Gründen besonders pfleglich mit den natürlichen Ressourcen umgegangen zu sein. Zentren buddhistischer Kultur, wie etwa chinesische, tibetische oder japanische Klöster, fungierten schon im Mittelalter als wichtige, höchst weltliche Warenumschlagsplätze und häuften als Wirtschaftseinheiten beträchtliche Reichtümer an. Auch einzelne Mönche gelangten immer wieder zu erstaunlichen materiellen Vermögen, wenn man bedenkt, dass der Buddha ihnen als Besitz zunächst nur wenig zugestand. Wer als Bettelmönch dem Prinz aus Nordindien nachfolgen wollte, der dem Luxusleben seiner Jugend entsagte, sollte eigentlich nicht mehr besitzen als ein Wickelgewand, eine Almosenschale, einen Wasserfilter, einen Wanderstock, eine Nähnadel, ein Rasiermesser, etwas Medizin und eine Zahnbürste. Gold- oder Geldgeschenke anzunehmen war selbstredend untersagt.

Warum aber sollte ein Laie ein Ordensmitglied mit Almosen versorgen, wenn ihm nicht im Gegenzug irgendetwas zuteil würde? Tatsächlich verspricht der Spender sich von seiner Freigebigkeit (*dāna*) im Gegenzug immaterielles, nämlich religiöses Verdienst. Und das lässt sich ebenso anhäufen wie weltliche Güter. Da man auf Spenden angewiesen war, musste also schon der frühe Buddhismus anerkennen, dass es Laien geben muss, die einem produzierenden Gewerbe nachgehen. Wer Wohlstand rechtmäßig durch harte Arbeit erwerbe, so liest man schon in frühen Texten, der könne vier Arten weltlichen Glücks erfahren: das der ökonomischen Sicherheit; das, genug Vermögen zu besitzen, um es für sich selbst und andere auszugeben; den Geistesfrieden, der von Schuldenfreiheit ausgeht; und den Geistesfrieden, der aus dem Wissen entsteht, seinen Reichtum auf einwandfreie Weise erworben zu haben. Geschickte Unternehmungen, Schutz des Ersparten, vertrauenswürdige Geschäftspartner und nicht über seine Verhältnisse zu leben seien dazu die Grundvoraussetzungen.

Auch kausale Verknüpfungen von politischem, ethischem bzw. unethischem menschlichen Verhalten und dem physischen Zustand der Umwelt beschreibt schon vor über zwei Jahrtausenden der buddhistische Kanon: Wenn ein König (ein Regierungschef) sich nicht rechtmäßig (*dhammika*) verhält, dann auch seine Söhne (seine Minister) nicht, daraufhin das Volk auch nicht. Das hat dann konkrete Auswirkungen: Die Jahreszeiten geraten aus dem Takt; der Wind weht zur falschen Zeit; es regnet zu wenig oder zu viel; es kommt zu Ernteausfällen. Das kommt auch uns bekannt vor.

Weltliche Krisen – religiöse Hilfestellungen

Wer aber ist schuld an Wirtschaftskrisen und Umweltzerstörung, und wo lässt sich Abhilfe finden? Zeitgenössische Buddhisten begreifen diese Probleme nicht nur als Resultat ökonomischer, politischer und sozialer Faktoren, sondern auch als moralisch-spirituelle Krise – und damit als etwas, das in den traditionellen Zuständigkeitsbereich von Religion fällt. Sicher ließe sich argumentieren, dass die dramatischen Folgen des gierigen Wirtschaftens und des Raubbaus an der Natur mit seinen unumkehrbaren Folgen derart leicht einsichtig seien, dass das für einen Wandel im Lebensstil jedes Einzelnen ausreichen sollte. Doch um tatsächlich als alltagsrelevant verinnerlicht werden zu können, scheint es vorteilhalft, die *Do's* und *Don'ts* in ihren lokalen kognitiven Kontext einzubetten und Kontinuität mit tradierten moralischen Vorstellungen und Werten aufzuzeigen. So ist etwa Gier nach buddhistischer Auffassung eines der Grundübel, von denen man sich befreien muss – boni-getriebene Banker können daher kaum gute Buddhisten sein.

Den Ergebnissen einer Umfrage zum Umweltbewusstsein in Deutschland zufolge plädieren religiöse Menschen deutlich häufiger für Eigenverantwortung und dagegen, die Verantwortung für den Zustand der Umwelt auf den Staat bzw. das „System" abzuwälzen (vgl. BMU 2000). Protagonisten eines ökologisch-ökonomischen Buddhismus sind heute in besonderem Maße westliche, vor allem nordamerikanische Buddhisten. In den USA ist das Konzept des „engagierten Buddhismus" weit verbreitet, das als „meditation in action" eine gemeinschaftsorientierte, innerweltlich verantwortungsbewusste Variante buddhistischer Aktivität propagiert, die dem Quietismus der meisten asiatischen Klostertraditionen und dem eher „privaten" Charakter des europäischen Buddhismus entgegengesetzt ist. Engagierte Buddhisten, die sich einer gelebten ökologischen Ethik verpflichtet fühlen, erachten vor allem drei Punkte für alltagsrelevant: praktiziere Bioregionalismus, arbeite engagiert, meditiere!

Bioregionalismus verstehen sie als lokal angewandte Achtsamkeitsübung mit konkretem Objekt, nämlich der eigenen Lebensgrundlage. Die Vorteile dieser auf Dauer angelegten Verwurzelung sind ökonomischer, ökologischer und spiritueller Art und sollen in eine ressourcenschonende Lebensführung (*sammājiva*) münden. Achtsamkeit (*sati*) und Nichtverletzen (*ahimsā*) sollen als Leitprinzipien gelten, ganz im Sinne der alten Geschichte eines Zenmeisters, der im Abfluss ein weggeworfenes Essstäbchen findet. Er schilt den Mönch, der das Geschirr gespült hat: „Du hast diesem Essstäbchen das Leben genommen!" Heute ließe sich ergänzen: „Du würdest wohl auch einen Regenwald töten", wenn man an den immensen Verbrauch wegwerfbarer (Holz-)Essstäbchen in Japan und Amerika denkt. Wobei dieser Zusatz strenggenommen erst dann buddhistisch wäre, wenn der Buddhismus sich systemtheoretisch modernisieren würde, denn „Artenschutzargumente" sind aus dem Buddhismus so nicht ablesbar, sondern lediglich Verpflichtungen einzelnen Wesen gegenüber.

Wäre man nun in der Lage, nicht nur einen Baum, sondern auch „Wald" als reale schutzbedürftige Entität zu begreifen, wäre man einen großen Schritt weiter. Dieses zentrale buddhistische Konzept des Nichtverletzens (*ahimsa*) mit zwei anderen Schlüsselbegriffen kombiniert – nämlich Wohlwollen (*maitrī*) und Mitgefühl (*karunā*) – würde bedeuten, dass ein Buddhist sich seiner Mitwelt strenggenommen so stellen müsste, dass seine Position innerhalb dieses Gefüges die anderen Teilnehmer dieses Systems nicht oder möglichst wenig schädigt. Die von westlichen Buddhisten vielbemühte „Interdependenz" braucht es dazu weniger. Allzu oft wird sie doch recht krude abgeleitet aus der Formel vom „Entstehen in Abhängigkeit", das der Buddha eben nicht darlegte, um die allseitige Vernetzung der physischen Welt aufzuweisen, sondern um zu zeigen, dass die Ursachen für Nichtwissen im Individuum liegen und dort beseitigt werden können. Die Relativität allen Seins mag man daraus noch ableiten, aber keine moralischen Handlungsanweisungen.

Nachhaltigkeitsverpflichteter Buddhismus

Innerhalb des asiatischen Buddhismus haben sich vor allem in Thailand nennenswerte Formen eines der Nachhaltigkeit verpflichteten Buddhismus entwickelt. Zu den massiven Umweltproblemen Thailands gehören Bodenerosion, Wasserverknappung, Luftverschmutzung, mangelhafte (Gift-)Müll-Entsorgung und Entwaldung. Von einem ökologischen buddhistischen Vorzeigeland bei einem Bevölkerungsanteil von 95 % Buddhisten kann bei Thailand also nicht die Rede sein. Für die Vernichtung tropischer Wälder, wie z. B. in Nordthailand, ist allerdings weniger eine Nutzholzentnahme durch Ortsansässige als vielmehr der steigende Landbedarf einer rapide wachsenden Bevölkerung und der systematische Einschlag seitens ortsfremder Unternehmen (*corporations*) verantwortlich. Themen wie soziale Gerechtigkeit und Umweltschutz werden dort meist in einer Matrix eines religiös-politischen Diskurses artikuliert – alternativ zum staatspolitisch oder gesellschaftspolitisch orientierten Modell westlicher Meinungsbildung.

Der buddhistische Orden in Thailand hat auch säkulare Aufgaben übernommen, besonders erzieherische Funktionen. Dazu gehört mit dem Auftauchen der fortschreitenden Umweltzerstörung und dem nicht nachhaltigen Wirtschaftswachstum auch die Umwelterziehung. Buddhistischer Umweltschutz, insbesondere Waldschutz, ist in Thailand seit Mitte der 80er Jahre ein großes Thema. Als einer der ersten Mönche erklärte Luang Phor Khamkien Suwanno vom Wat Pā Sukhato Waldgebiete zu „Heiligtümern", innerhalb derer weder das Fällen von Bäumen noch das Töten von Tieren erlaubt ist, ließ die Dorfbevölkerung einheimische Bäume in entwaldeten Gegenden anpflanzen und besuchte mit ihnen zu Schulungszwecken Bauern, die ökologischen Landbau betreiben. Einen Schub erhielt diese Form des Naturschutzes um 1990 in der Provinz Buriram, als der Mönch Phra Prajak Dorfbewohner dazu aufrief, sich gegen Eukalyptusplantagen zu wehren. Die Dorfbewohner entfernten die für ihre Boden entwässernde Eigenschaft bekannten Eukalyptussetzlinge wieder.

Doch nicht nur die aktivistischen „Umweltschutzmönche" (*phra anurak*) stellten sich dem Problem, auch führende buddhistische Intellektuelle befassen sich mit Diagnose und Therapie. Der Mönch Phra Dhammapitaka (P. A. Payutto) konstatiert knapp und deutlich, die ökonomischen und ökologischen Probleme seien beide auf falsche Lebensführung gegründet und verlangten nach der konsequenten Anwendung einer alten buddhistischen Formel, dem *bhojane mattaññutā* – dem Maßhalten im Konsumieren, der Suffizienz.

Das rechte Maß zu kennen, bezieht sich dabei auf das Bewusstsein eines Optimums, an dem echtes Wohlbefinden mit der Erfahrung der maßvollen Bedürfnisbefriedigung zusammenfällt. Als Richtlinie für das Konzept des „Genau-die-richtige-Menge-Verbrauchens" gilt ihm das Prinzip des Nichtschädigens. Der Gebrauch toxischer Chemikalien und fossiler Brennstoffe verbiete sich da von selbst. Die Wurzeln der Umweltzerstörung fallen nach Dhammapitaka zusammen mit den drei Grundübeln: Gier, Hass und Verblendung (*lobha, dosa, moha*), die der modernen Ökonomie zugrunde liegen. Unkenntnis (*avidya*) und Ignoranz (*moha*) des wechselseitigen Aufeinanderangewiesenseins sorgten für das falsche Bewusstsein, alles tun zu können, was dem eigenen Vorteil dient.

In die Praxis umgesetzt hat dies in der nordthailändischen Provinz Nan beispielhaft die *Hak-Muang-Nan-Bewegung* des Waldmönchs Phra Khrū Pitak. Sie verfolgt ein pädagogisches Konzept, das auf der Basis buddhistischer Regeln der Lebensführung und durch eine Reaktivierung traditionellen Wissens die Umweltbildung und den Gemeinschaftssinn der ländlichen Bevölkerung fördert. Partizipative Elemente wie gemeinsame Rituale, regelmäßige Treffen, Bäumepflanzen oder der Anschauungsunterricht im ökologischen Landbau stärken das Gefühl für den Wert des eigenen Beitrags zum Umweltschutz und das Eingebundensein in einen Kreis Gleichgesinnter.

Die Schirmorganisation vereint unter sich verschiedene Interessensgruppen wie Mönche, die an (umwelt-)ethischen Kampagnen arbeiteten, Bauern, die gegen ein Unternehmen kämpften, das illegalen Holzeinschlag im Gemeindeforst betrieb, sowie einheimische Entwicklungshelfer. Das so abgedeckte Kompetenzfeld beinhaltet Expertise in nachhaltiger Landwirtschaft und unterstützt über gemeinschaftliche Forstwirtschaft, über Anbaukooperativen und Mikrokreditbanken die nachhaltige Entwicklung der Region. Auch hier soll Wert bzw. „Kapital" generiert werden, allerdings vor allem etwas, was die Menschen „lokale Werte" nennen.

Buddhistische Lebensweisen und -weisheiten von Selbstgenügsamkeit (*Suffizienz*) und die emotionale Verbundenheit mit der Natur sollen gestärkt werden und die Heimat soll als identitätsstiftendes Bezugssystem empfunden werden. Menschen sollen nicht zu Sklaven der Materie werden, so lautet die Maxime. Zufriedenheit (*samtushti*) sei das beste Gegenmittel gegen alle Formen gesellschaftlichen Wettkampfs, predigt Phra Khrū Pitak seinen Anhängern, weder nach Ruhm (*yaśa*) noch Macht (*satti*), gesellschaftlicher Position oder Auszeichnung zu streben oder daran anzuhaften. Solidarität wie unter Verwandten müsse es auch zwischen der Menschheit und der Umwelt geben. Angesichts der vollkommenen Abhängigkeit menschlichen Lebens von natürlichen Ressourcen müsse man Wertschätzung sowie achtsame Dankbarkeit (*kataññutā kataveditā*) der Natur gegenüber entwickeln. Die Umwelt habe angesichts der Vielzahl ihrer Dienstleistungen geradezu ein Anrecht darauf, schonend behandelt zu werden. Zumindest von Buddhisten, die ihre Religion ernst nehmen.

Literatur

Kaza, S. (Ed.) (2005): Hooked. Buddhist Writings on Greed, Desire, and the Urge to Consume. Boston.

Knitter, P. F. (2002): Subverting Greed. Religious Perspective on the Global Economics. New York.

Magnuson, J. (2007): Mindful Economics. Understanding American Capitalism, its Consequences and Alternatives. Portland.

Payutto, P. A. (1992): Buddhist Economics. A Middle Way for the Market Place. Bangkok.

Schumacher, E.F. (1973): Small is Beautiful. A Study of Economics as if People Mattered. London.

Schumacher, E.F. (1977): Die Rückkehr zum menschlichen Maß. Alternativen für Wirtschaft und Technik. Reinbek.

Susanne Bergius

Umweltkommissarinnen hüten norwegische Pensionsmilliarden

Großinvestoren sind vielfach wegen ihrer Rücksichtslosigkeit ins Gerede gekommen. Einige Staatsfonds aber tragen als engagierte Aktionäre zu sozial und ökologisch verantwortlicherem Wirtschaften bei. Ein derartiger Vorreiter ist der „Norwegische Pensionsfonds".

Die meisten Aktionäre interessieren sich nur für Risiken und Renditen der Anlagen – Hauptsache, der Gewinn stimmt. Wie Unternehmen Gewinne erwirtschaften, fragen sie nicht. Anders der staatliche Norwegische Pensionsfonds. Er hat als erster Großinvestor Aktienpakete aus ethischen und ökologischen Gründen verkauft und dies zur Schande der Sünder auch noch öffentlich begründet. Das ließ Finanzwirtschaft und Unternehmen international aufhorchen, denn dieser Fonds ist einer der mächtigsten der Welt.

Der Norwegische Pensionsfonds ist zudem ein aktiver Aktionär, der versucht, Unternehmen in direktem Dialog zu nachhaltigerem Wirtschaften zu bewegen. Dieses Konzept heißt – englisch ausgesprochen – „Engagement". Kaum ein Unternehmen kann seine Stimme ignorieren, ist er doch mit mehr als 300 Mrd. Dollar (Ende 3. Quartal 2008) verwalteten Vermögens der größte Pensionsfonds in Europa. Ungewöhnlich ist auch, dass hier vier Frauen die Regie in der ansonsten Männer-dominierten Finanzwelt führen.

Den Dialog mit Konzernen verantwortet Anne Kvam, Leiterin des Teams „Corporate Governance" in der Zentralbank (CSR-Team). Unter diesem Begriff verstehen die Norweger Unternehmensführung mit ökologischer, sozialer und ethischer Verantwortung. Unabhängig von der Zentralbank trennt ein „Ethikrat" (*Etikkraded*) die Spreu vom Weizen und gibt dem Finanzministerium Verkaufsempfehlungen. Regie führen hier die Vorsitzende Gro Nystuen und Eli Lund, die Leiterin des Sekretariats. Die Verkaufsentscheidungen fallen dann unter Aufsicht der norwegischen Finanzministerin, Kristin Halvorsen. Ihr Haus folgt fast immer den Empfehlungen des Rates.

Bis Anfang 2009 hat der Norwegische Pensionsfonds bereits mehr als 30 große Beteiligungen abgestoßen, weil die betreffenden Firmen gegen seine ethischen und ökologischen Leitlinien verstießen. Waffen sind tabu und extreme Umweltzerstörungen sowie starke Menschen- und Arbeitsrechtsverstöße werden geächtet.

Ethikrat betreibt aufwendige Recherchen

Anders als bei vielen Nachhaltigkeitsfonds für Privatanleger gibt es beim Norwegischen Pensionsfonds weder ein umfassendes „Screening“, also ein Durchleuchten nach unzähligen Kriterien, noch eine „Best-in-Class“-Anlagepolitik, die nur in die jeweils nachhaltigsten Unternehmen einer Branche investiert. Gleichwohl ist die Arbeit des Ethikrates aufwendig. Seit die Anlagen 2008 auch auf kleinere Firmen ausgeweitet wurden, müssen Ethikrat und CSR-Team rund 7000 Unternehmen auf Verstöße gegen die Leitlinien durchleuchten, doppelt so viele wie im Jahr zuvor.

Beispielsweise recherchierte der Rat sechs Monate, um Tausende von Firmen zu überprüfen, ob sie Bauteile für Atomwaffen oder Splitterbomben herstellen. Wie knifflig das ist, sagt Nystuen unverblümt: „Wer bestimmt überhaupt, was ein Bauteil dafür ist?“ Jede Schraube könne es sein. Das Verteidigungsministerium entschied schließlich, Waffenproduzenten komplett auszuschließen, nicht aber Hersteller potenzieller Bestandteile.

Mit dem Votum für einen Firmenausschluss tut sich der Rat nicht leicht. „Wir sollen dafür sorgen, dass der Pensionsfonds kein Komplize unethischen Verhaltens wird und müssen die schlimmsten Fälle herausfiltern.“ Dafür muss der Rat Beweise liefern, die dem öffentlichen Urteil standhalten. Es genügt nicht, sich auf Hinweise von Umwelt- und Menschenrechtsgruppen, Privatleuten oder Journalisten zu berufen. Auch die 30 bis 40 roten Fähnchen reichen nicht, mit denen die Analysten des britischen Eiris Research jeden Monat dem Rat die kritischsten Fälle signalisieren und dazu Informationen geben.

Der fünfköpfige Ethikrat und sein Sekretariat müssen selber ran und jede einzelne Information checken. Alljährlich prüfen sie die rund 80 schlimmsten Fälle auf Herz und Nieren. Ein Umweltunfall ist für sich genommen nicht schlimm genug, selbst wenn Medien ihn skandalisieren; es muss vielmehr deutlich sein, dass der Vorfall systematisch ist. Zudem muss das Risiko, Komplize zu sein, unakzeptabel hoch sein. Unabdingbar sind ferner handfeste Belege. Ist es aussichtslos, Nachweise zu erhalten, lassen die Ratsmitglieder die Finger davon. In anderen Fällen arbeiten sie ein ganzes Jahr, bis sie sich ganz sicher sind.

Verstöße gegen Leitlinien müssen nachweisbar sein

Im September 2008 verkaufte der Norwegische Pensionsfonds für gut 600 Mio. Euro seine Anteile an der Bergbaugesellschaft Rio Tinto, weil diese in einer der weltweit größten Gold- und Kupferminen in Indonesien für schwerwiegende Umweltzerstörungen mitverantwortlich war. Den Angaben zufolge wurden in der Grasberg-Mine täglich mehr als 230 000 Tonnen Abfall in die umliegenden Flüsse eingeleitet – Steine, unwirtschaftliche Metalle und Chemikalien. „Es gibt keine Anzeichen dafür, dass Maßnahmen geplant sind, die die Umweltzerstörung signifikant senken", teilte die Finanzministerin dazu mit.

Rio Tinto versuchte die Schuld auf seinen industriellen Partner zu schieben und betonte, der Konzern selbst belege vordere Plätze in Nachhaltigkeitsindizes. Das ist angesichts der 40-prozentigen Grasberg-Beteiligung erstaunlich. Der Pensionsfonds hatte ein Warnsignal gegeben: Er hatte seine Anteile an dessen Partner, der Bergbaugesellschaft Freeport McMoRan Copper and Gold Inc., im Juni 2006 verkauft, weil die Mine ein Flusswassersystem verseuchte. Da Rio Tinto seinen Partner seither nicht zu Änderungen brachte und die Zerstörung darum mitverantwortet, flog der Konzern nun auch aus dem Portfolio.

Nystuen sorgt für Beharrlichkeit. Die Juristin wusste sich stets in einer Männerwelt durchzusetzen. Sie spielte bei internationalen Abrüstungs- und Friedensverträgen eine Schlüsselrolle und gilt als „Architektin" der Anti-Personenminen-Konvention von 1997. Während der Friedensverhandlungen 1995 bis 1997 trug sie entscheidend zu einer Verfassung für Bosnien bei: als Rechtsberaterin des EU-Vermittlers für den Balkan, Thorwald Stoltenberg, sowie als Beraterin des Hohen Beauftragten der UNO für Bosnien und Herzegowina, Carl Bildt. Bei Verhandlungen könne sie „verdammt ernst und extrem bestimmend" auftreten. Sie „argumentiert so lange, bis die Leute nachgeben", sagt ein ehemaliger Kollege aus dem Außenministerium. Geht es unfair zu, wird sie wütend.

Das ist der zierlichen, fröhlichen Skandinavierin nicht anzusehen, wenn sie in ihrem Armsessel mit Fußbank die dicken Studien über fragwürdige Unternehmen liest. 2003 lieh das Außenministerium die Völkerrechtlerin an das Finanzministerium aus. Hier war ihre Erfahrung gefragt, als der Pensionsfonds selbst in die Bredouille geriet, nachdem aufgeflogen war, dass er in einen Landminenproduzenten investiert hatte. Doch Verstöße gegen internationales Recht waren nicht nachweisbar. Die Rechtsexpertin pochte auf eine politische Entscheidung. Der damalige Finanzminister berief daraufhin eine Kommission unter ihrer Leitung, die die vom Parlament später abgesegneten Richtlinien formulierte. Seit 2004 leitet Nystuen den Ethikrat, 2007 wurde sie bis 2010 bestätigt.

Die Leitlinien sind der kleinste gemeinsame Nenner ethischer Vorstellungen der Norweger – und sie werden von der Bevölkerung intensiv diskutiert. Manchen gehen sie zu weit, manchen nicht weit genug. Nystuen hält sie für gut, aber: „Meine Aufgabe ist es, die Leitlinien anzuwenden und nicht, sie inhaltlich zu kommentieren." Eine Expertengruppe klärte 2008 ihre Wirksamkeit, das Finanzministerium schrieb ein Diskussionspapier und organisierte einen breiten öffentlichen Konsultationsprozess. Für 2009 hat die Regierung ein Weißbuch angekündigt, auf dessen Basis das Parlament entscheiden soll, ob die Leitlinien ausgeweitet werden müssen.

Reputationsverlust wirkt auf Unternehmen

Finanziell sind weniger die Beschlüsse des Norwegischen Pensionsfonds schmerzhaft als vielmehr der Schneeballeffekt der vergangenen Jahre. Mehrere skandinavische Institutionelle, darunter der Oslo Pension Fund, die große norwegische Versicherungsgruppe KLP (*Kommunal Landspensjonkasse*) und der schwedische Pensionsfonds Almänna Pensionsfonden (AP 2), folgten seinen Entscheidungen. Anfang 2007 benannten schließlich die vier schwedischen Pensionsfonds AP 1–4 einen gemeinsamen Ethikrat, der die 3500 Unternehmen, an denen sie beteiligt sind, nach Umwelt- und Sozialstandards durchleuchten soll.

Inzwischen haben mehr als 20 große private Fondsanbieter die norwegischen Ethik-Richtlinien übernommen und ahmen derartige Entscheidungen nach, wie Danyel Reiche berichtet. Die Leuchtturmfunktion der Norweger sei entscheidend. Mit dem öffentlichkeitswirksamen Vorgehen erzielten die Norweger eine breitere Wirkung auf Unternehmen als Investoren, die im Stillen entscheiden.

Ob die Verkäufe den Aktienkurs der Unternehmen beeinträchtigen oder die Rendite des Fonds schmälern, ist nicht bekannt, spielt bei der Vermögensverwaltung aber auch keine Rolle. „Die Veröffentlichung hat den größeren Effekt", sagt Nystuen. Drastisch zeigte sich das beim Ausschluss des Konzerns Wal Mart. Gleich am selben Tag hatte der US-Botschafter, Benson Withney, im Rundfunk den Rat eines unsauberen Verfahrens bezichtigt, erinnert sich Nystuen. Es sei wie hingerichtet zu werden und erst anschließend ein Gerichtsverfahren zu erhalten, habe er kritisiert. Daraufhin erklärte sie ihm das Vorgehen, bei dem Wal Mart hätte reagieren können, bevor das Ministerium den Verkauf beschloss. Aber der Konzern hatte sich nicht geäußert. Erst Wochen später wendete sich Wal Mart an den Ethikrat, die Führung kam nach

Oslo. „Inzwischen führen wir gute Gespräche." Zur Wiederaufnahme ins Portfolio reichten sie aber nicht aus.

Auch ausgeschlossene Bergbaugesellschaften wenden sich an den Rat. So hat Rio Tinto 2008 um ein Gespräch mit der norwegischen Regierung nachgesucht. „Doch Minengesellschaften müssten ihr Geschäft beträchtlich ändern, um nicht mehr die Flüsse zu verseuchen und so wieder in das Portfolio zu gelangen", erklärt Eli Lund. Die Betriebswirtschaftlerin wirkte im Finanzministerium bei der Entwicklung der Leitlinien maßgeblich mit. Seit Ende 2006 leitet sie das Sekretariat des Ethikrates. Auf die Kritik, die Leitlinien seien nicht streng genug, erwidert sie: „Nur wenn man wenige, aber sehr schwere Fälle ausschließt, ist die Wirkung hoch: Es gilt als Schande, auf unserer Liste zu landen. Einer unter Tausend Ausgeschlossenen zu sein, wäre dagegen keine Schande."

Warum kooperieren die gleichgesinnten Großanleger nicht, um mehr zu bewirken? Das sei nicht möglich, weil es Insider-Vorwürfe geben könne, wenn nur ein eingeweihter Kreis von den Verkaufsabsichten erführe, erläutert Lund. „Zudem verlassen sich andere Investoren stärker auf einzelne Agenturen und können uns deren Informationen nicht einfach weitergeben. Wir hingegen nutzen mehrere Agenturen, aber verlassen uns nicht nur auf ihre Forschung, sondern versuchen, alle Informationen über mehrere Quellen zu verifizieren." Der Rat könne niemandem voll vertrauen. Er müsse seine Empfehlungen in umfangreichen Dokumenten öffentlich begründen und sei verantwortlich dafür, dass alle Fakten stimmten.

Anders als die Nachahmer begründet der Ethikrat des Pensionsfonds seine Empfehlungen ausführlich auf 30 Seiten. Zum Vergleich: Die Versicherungsgruppe KLP liefert nur eine Seite für ihre Entscheidungen. „Weil das Pensionsfondskapital das Eigentum aller Norweger ist, haben sie ein Recht, über jedes Detail informiert zu werden. Darum sind wir viel transparenter als irgendwer sonst", erläutert Lund.

Die Dokumente lesen sich wie Gerichtsurteile. Hier werden nicht nur Nachweise erbracht, sondern abgewogen und erklärt, was es „rechtlich" bedeutet, Komplize etwa bei Umweltzerstörungen zu sein. „Als einziger Investor wenden wir unsere Leitlinien so an, als seien sie Rechtsstandards", sagt Nystuen. Manchmal können die Unternehmen, die vorab um eine Stellungnahme zur Dokumentation gebeten werden, die Vorwürfe entkräften und einem Ausschluss vorläufig entgehen. Überzeugen ihre Darstellungen nicht, kommt es wie beim Bergbauunternehmen Freeport zum Ausschluss. Immerhin nimmt der Rat den Firmenstandpunkt in seine Empfehlungen auf.

Der Ethikrat des Pensionsfonds sagt nie, an welchen Fällen er gerade arbeitet. Nur so kann man in Ruhe recherchieren. Entscheidend ist, dass weder die Politik noch finanzielle Renditeerwägungen einen Einfluss auf die Ergebnisse der Recherchen und auf die Empfehlungen haben. „Wir arbeiten völlig unabhängig", sagen Nystuen und Lund unisono.

Unabhängig arbeiten sie auch von der Zentralbank und dem CSR-Team von Anne Kvam, die ebenfalls Juristin ist. Sie hatte sich zunächst auf Menschenrechte konzentriert. Dann aber erwarb sie viel Umweltwissen, als sie 14 Jahre lang Rechtsexpertin bei Norske Skog war, dem weltweit zweitgrößten Zeitungspapierhersteller. Bei dessen Wachstum waren Umweltfaktoren kritische Aspekte in den „due-diligence"-Prüfungen von Fusionen und Übernahmen.

Aktionär nutzt Stimmrecht und geht auf Unternehmen zu

Seit Januar 2008 kann Kvam bei den Firmendialogen all ihre Kenntnisse einbringen. Voll Begeisterung und in rasendem Tempo erzählt sie von ihrer Arbeit. Ihre Abteilung wurde 2005 vom Investment Management der Norwegischen Zentralbank (NBIM) ins Leben gerufen; 2006 entwickelte es eine Strategie und stockte 2007 das Team um fast die Hälfte auf elf Mitarbeiter auf.

Angesichts von etwa 7000 potenziellen Gesprächspartnern, die selbst Einfluss auf rund 30 000 weitere Firmen haben, war eine Fokussierung erforderlich. Besser auf wenigen Gebieten effektiv arbeiten, als überall nichts richtig tun, lautet die Devise. Für das Engagement konzentriert sich der Fonds neben vier klassischen Themen wie Aktionärseinfluss und Informationsrecht auf zwei öko-soziale Themen: Klimaschutz und Kinderrechte. Einerseits nutzt der Fonds aktiv seine Stimmrechte bei Hauptversammlungen (HV): NIBM, die mehr als die Hälfte ihres Kapitals in Aktien investiert, stimmte 2007 bei 4202 HVs ab, im ersten Halbjahr 2008 gar bei 6143 – und damit 90 % aller Versammlungen.

Andererseits geht das CSR-Team direkt auf einzelne Unternehmen zu. Im ersten Jahr mit intensiven Firmendialogen, 2007, sprach man mit 93 Unternehmen, darunter mit 20 zu Umwelt- und Klimathemen. „Wir sind noch in einer frühen Phase", dämpft Kvam zu hohe Erwartungen. Für jedes direkte Gespräch mit Unternehmen bereiten sich die Mitarbeiter intensiv vor, wissen viel über die Branche, das Unternehmen und die jeweiligen „heißen" Themen. „Wir erklären den Vorstandsvorsitzenden von Unternehmen unser Interesse als langfristiger Investor. Wir wollen mehr über sie wissen und sie sollen unsere Sorge verstehen, dass die Kosten explodieren, wenn nichts gegen den Klimawandel unternommen wird."

Der Fonds fordert die Direktoren von Energie- und Transportkonzernen auf, dies beim Management und bei ihrer Lobby-Arbeit zu aktuellen Umweltgesetzesvorhaben zu berücksichtigen. Ein wichtiger Aspekt, denn sie wehren sich häufig gegen staatliche Regeln. Dem Klimawandel müsse durch ein globales Emissionshandelssystem und einen globalen Preis für CO_2-Emissionen begegnet werden, betont Kvam. Die Norweger machen Firmen klar, dass ihr Lobbying gegen die Interessen der Investoren verstößt, wenn es die globale Kontrolle von Treibhausgasemissionen blockiert.

Vermögensverwalter stoßen auf offene Ohren

Pikant ist indessen, dass die norwegischen Erdöleinnahmen den Fonds speisen. Darum hieß er lange Zeit auch „Petroleumfondets" – was immer noch auf der Türklingel steht. Kvam sieht das nüchtern. Der Energieverbrauch müsse sinken und der Fonds werde sich darum kümmern. Das übe einen gewissen Druck auch auf die Regierung aus, ihr Möglichstes zu tun, um die ökologischen Effekte des norwegischen Öls zu minimieren. Dass das Geld des Fonds aus Öleinnahmen kommt, könne irritieren und der Fonds werde gelegentlich kritisiert, doppelte Standards zu haben, ergänzt Nystuen. Doch wenn man völlig konsequent sein wolle, könne man kaum noch handeln. „Es ist besser, etwas innerhalb bestimmter Grenzen zu bewirken, als untätig zu sein."

In jedem Fall aber stößt das CSR-Team auf offene Ohren: „Wir konnten jeden Konzernchef sprechen, den wir wollten. Sie bringen eigene Fachleute mit und manch Vorstandsvorsitzender kam von sich aus zu einem weiteren Gespräch nach Oslo", berichtet Kvam. Das sei der Beginn einer meist mehrjährigen Überzeugungs- und Informations- arbeit. Es seien nicht immer sehr schnelle Ergebnisse zu erwarten, weil teils grundlegende Änderungen bei Strategie und Management anstünden, sagt Kvam. Doch solange sich die Unternehmen änderten, sei sie glücklich. „Wir sprechen die an, die mit leeren Händen dastehen." Eine Bergbaugesellschaft unterzeichnete aufgrund des Dialogs die UN-Initiative Global Compact. Der Vorstandschef eines großen US-Energie-produzenten hat das Team in Oslo besucht, um die Klimaschutzgesetzgebung seines Landes zu diskutieren. Namen der Unternehmen will Kvam aber nicht nennen.

Die Wirksamkeit geänderter Firmenstrategien zu überprüfen betrachtet der Pensionsfonds nicht als seine Aufgabe. Man sei keine Umwelt- oder Menschenrechtsorganisation, sondern ein Investor, begründet Kvam. „Unsere Hauptaufgabe ist, den Vorstand dafür verantwortlich zu machen, dass er die richtige Politik und die richtigen Managementsysteme einrichtet. Irgendeiner muss die Vorstände anstoßen – das ist unsere Rolle und unsere Stärke." Zur Ergebniskontrolle zieht der Pensionsfonds externe Experten hinzu.

Die ethisch-ökologischen Leitlinien und Beschlüsse des Ethikrates schränken zwar die Auswahlmöglichkeiten der Fondsverwalter ein. Aber das führt nicht unbedingt zu Konflikten. „Das System muss als Einheit gesehen werden", betont Lund. „Dass wir die Macht haben, Unternehmen auszuschließen, macht es für das Team leichter, in Dialog mit Unternehmen zu treten. Es kann das Engagement noch überzeugender machen." Nystuen ergänzt, dass Verkäufe vielleicht nicht stets der beste Weg seien, um Menschen zu helfen. Sich abzuwenden, ohne die richtigen Fragen zu stellen, sei zu simpel. Oft könne es besser sein, Aktionär zu bleiben und mitzuhelfen, die Lage zu ändern. „Die Ausschlüsse sind öffentlichkeitswirksamer, aber das Engagement kann letztlich effektiver sein."

Auf die Frage, ob Großinvestoren die wichtigsten Treiber sind, um die Wirtschaft nachhaltiger zu machen, antwortet Lund spontan mit „Nein." „Gesetzliche Rahmenbedingungen sind die eigentliche Triebkraft. Durch die ethischen Leitlinien haben wir allerdings die Verantwortung, die Wirtschaft in die richtige Richtung zu bewegen." Auch Nystuen misst der Politik die höchste Priorität zu. „Der Anti-Personenminen-Vertrag und der Vertrag zum Verbot von Streubomben sind ein viel wichtigerer Beitrag zur Beseitigung von Waffen als der unsrige. Aber es ist gut, mit unseren Möglichkeiten etwas beisteuern zu können." Dass Investoren Aktien veräußerten, helfe, diese Firmen zu brandmarken und politische Entscheidungsprozesse voran zu bringen. Vielleicht ist Ähnliches auch bei der Entwicklung eines internationalen Umweltrechts möglich. Und dazu hat Nystuen ein konkretes Ziel vor Augen: „Dass andere unsere Arbeit, Dokumentation und rechtliche Diskussion nutzen können." Einige Institutionelle tun das bereits.

Michael Zschiesche

Neues Umweltinformationsrecht – und wie wir damit umgehen

Transparenz ist eine der Schlüsselkategorien der Demokratie. In Krisenzeiten wird dies schlagartig deutlich. Im Umweltschutz sind wir hinsichtlich der Transparenzpflichten des Staates weiter als in vielen anderen Bereichen. Es kennt zwar kaum jemand das neue Umweltinformationsgesetz aus dem Jahr 2005 (UIG), dennoch ist es ein starkes Instrument. Solange ein allgemeines und umfassendes Informationsfreiheitsrecht, welches für alle Vorgänge des Staates Durchlässigkeit gewährleisten würde, nicht existiert, kann man mit dem geltenden Umweltinformationsrecht in weiten Teilen prima leben. Deutschland ist dabei in guter Gesellschaft.

In etwa 80 Ländern der Erde gibt es inzwischen ein Recht auf Umweltinformation, häufig sogar verfassungsrechtlich verbrieft. In vielen Ländern (wie Indien, Kanada, Mexiko, Großbritannien, Süd-Korea) sind darüber hinaus Kontrollinstanzen aktiv, den Umgang mit dem Informationsrecht zu überwachen und Hilfestellung zu gewähren. In Mexiko gibt es mit dem Bundesinstitut für Informationszugang gar eine Einrichtung, die Behördenmitarbeiter schult, wie man mit Informationsersuchen der Bürger umgeht. Denn klar ist, Informationsanfragen sind individuelle Verhältnisse zwischen Menschen. Das heißt, neben dem formalen Recht sind immer auch Einstellungsfragen und Psychologie mit im Spiel. Und Einstellungen können sich ändern. Klar ist auch, wer eigens solche Institutionen schafft, unterstreicht die Relevanz der Sache. Wie steht es damit in Deutschland?

Wir haben in Deutschland keine eigens geschaffenen Institutionen, die sich um die Schulung von Behörden und privaten informationspflichtigen Stellen kümmern. Die Praxis ist sich weitgehend selbst überlassen. Aber wir haben ein an sich gutes Recht. Wie sich dieses Recht in der Praxis bewährt, davon gilt es im Folgenden zu berichten.

Am Anfang soll eine Frage stehen: Haben Sie, verehrte Leserin, werter Leser, schon einmal was von einer Umweltbehörde wissen wollen? Sie können ruhig nein sagen. Sie befinden sich damit nämlich in guter Gesellschaft. Die allermeisten Deutschen kennen ihre Rechte, sich in Umweltangelegenheiten zu informieren, überhaupt nicht. Dabei ist der wirksame Gebrauch des Umweltinformationsrechts einer der Gründe, warum sich die Gesetzesmacher in Brüssel dieses Recht überhaupt ausgedacht haben. Durch die Verbreitung von Informationen und den Zugang der Öffentlichkeit zu Umweltinformationen soll „letztendlich der Umweltschutz verbessert" werden. Das ist ein großes Ziel. Doch zwischen Ziel und Realität besteht, wie wir wissen, oft eine Lücke. Ist das Ziel etwa zu hoch gesteckt?

Das erste Umweltinformationsrecht der EU

Im Jahre 1990 hatte die Europäische Union (EU) den Anspruch auf Umweltinformationen zum ersten Mal als Recht für Jedermann gesetzlich fixiert. Die Bundesrepublik brauchte bis April 1994 – und damit knapp zwei Jahre zu lange – um die erste EU-Umweltinformationsrichtlinie in deutsches Recht umzusetzen. Der Vorschlag zu dieser Richtlinie, wen wundert's, kam nicht aus Deutschland. Aber er entsprach auch nicht unserem traditionellen Verständnis vom Umgang zwischen Staat und Bürger. Die große Revolution wurde mit dieser EU-Richtlinie in Deutschland dann auch nicht ausgelöst. Die Gründe hierfür sind allerdings vielschichtig.

Ein wesentlicher Aspekt war die Beschränkung auf Umweltbehörden. Und die waren, genauso wenig wie heute, auch 1994 nicht das eigentliche Problem. Umweltangelegenheiten sind immer Querschnittsaufgaben. Im Bauamt liegen wichtige Daten zum Grundwasser. Die Gewerbeaufsicht beschäftigt sich mit Emissionen großer Anlagen. Die Lebensmittelaufsicht prüft die Schadstoffwerte im Gemüse. Und dann noch die vielen privaten Stellen, die hoheitliche Aufgaben im Umgang mit Wasser erledigen, die sich um die sichere Energieversorgung kümmern oder die Abfallentsorgung sicherstellen. Dies alles sind Gebiete mit großer Umweltrelevanz. Doch oftmals ist es reiner Zufall, in welcher Rechtsform Leistungen im Umweltschutz erbracht werden. Zudem wurden zahlreiche, einstmals öffentlich organisierte Entsorger seit den 90er Jahren in Deutschland privatisiert.

Weil das Umweltinformationsrecht überall nicht so funktionierte wie die EU sich das vorstellte, gab es zwei Möglichkeiten: Entweder man weitet den Zugang zu Umweltinformationen deutlich aus, oder man stampft die Richtlinie wieder ein. In diesem Fall wählten die Brüsseler Beamten die erste Alternative, was dadurch erleichtert wurde, dass die EU die Aarhus-Konvention von 1998 mit unterzeichnet hatte. Und so weitete die EU die Rechte der Bürger mit der 2003 verabschiedeten neuen EU-Umweltinformationsrichtlinie erheblich aus.

Die zweite EU-Umweltinformationsrichtlinie

Die zweite EU-Umweltinformationsrichtlinie von 2003 ist deutlich bürgerfreundlicher, weil sie Bürgern mehr Rechte gewährt. So sind nun unisono alle Behörden und alle nachgeordneten öffentlichen Einrichtungen – von der Bundes- bis zu Ortsebene – vom Anspruch auf Zugang zu Umweltinformationen umfasst. Und nicht nur das. Die EU wollte auch alle Leistungen der Daseinsfürsorge, also beispielsweise die Wasserver- und -Entsorgung, den ÖPNV die Energieversorgung und die Abfallentsorgung in die Informationspflicht mit aufnehmen. Bürger können erstmals auch private Stellen, die hoheitliche Aufgaben wahrnehmen, um entsprechende Informationen ersuchen. Das ist in der Tat eine kleine Revolution, zumal in Deutschland, wo die Debatte um das Schwestergesetz zum Verbraucherschutz in den vergangenen Jahren gezeigt hat, wie schwierig es ist, Private in den Anwendungsbereich eines Transparenzgebotes zu integrieren.

Ein erster praktischer Test des Unabhängigen Instituts für Umweltfragen (UfU) vom Herbst 2008 hat ergeben, dass weder die Versorger RWE oder EON, noch die Deutsche Post oder die Deutsche Telekom, auch nicht die Wassersparte des Umweltkonzerns Veolia und nicht einmal die Deutsche Bahn sich als auskunftspflichtige Stellen im Sinne des Umweltinformationsgesetzes sehen. Die Antwort auf Auskunftsersuchen war praktisch immer die Gleiche: „Wir geben Ihnen auf freiwilliger Basis Informationen, aber verneinen strikt eine Rechtspflicht aus dem neuen Umweltinformationsgesetz.“ Da kommt nun Arbeit auf die Verwaltungsgerichte zu.

Eine zweite deutlich bürgerfreundlichere Änderung des neuen Umweltinformationsrechts ist die Ausdehnung der Definition, was eine Umweltinformation im rechtlichen Sinne eigentlich ist. Die Juristen nennen das Legaldefinition. Diese deckt sich nicht automatisch mit dem, was Bürger umgangssprachlich darunter verstehen. So sind gemeinhin Umweltinformationen alle Daten über den Zustand von Umweltelementen wie Luft und Atmosphäre, Wasser, Boden, die Landschaft und natürliche Lebensräume einschließlich Feuchtgebieten, Küsten- und Meeresgebieten, die Artenvielfalt und ihre Bestandteile, einschließlich gentechnisch veränderter Organismen, sowie die Wechselwirkungen zwischen diesen Bestandteilen. Das ist eher unstrittig und auch jeder Laie würde das wohl ähnlich sehen. Umweltinformationen im rechtlichen Sinne sind aber auch – und das ist neu – Daten zur menschlichen Gesundheit und Sicherheit, zu den Lebensbedingungen des Menschen, den Kulturstätten und Bauwerken, zu Kontaminationen der Lebensmittelkette oder zu Kosten-Nutzen-Analysen und sonstigen Analysen, wenn sie im Zusammenhang mit der Umwelt stehen.

Die Praxis des neuen Umweltinformationsrechts in Deutschland

Wie sieht die Praxis in Deutschland aus? Wer nutzt das neue erweiterte Recht und wer nutzt es nicht? Geben Behörden überhaupt Informationen umfassend, rechtzeitig und zu geringen Gebühren heraus, wie von Gesetzgeberseite verlangt? Funktioniert der Anspruch auch gegenüber privaten Stellen, die hoheitliche Aufgaben erfüllen?

Nicht alle diese Fragen sind klar zu beantworten. Zunächst: Das neue Umweltinformationsrecht wird stärker genutzt als das alte Recht. Allerdings nach wie vor auf einem sehr niedrigen Niveau. Einige Umwelt- und Verbraucherschutzverbände haben das neue UIG bereits genutzt, brisante Themen und zurückgehaltene Informationen in die Öffentlichkeit zu bringen.

So wollte z. B. das Landwirtschafts- und Umweltministerium des Landes Schleswig-Holstein 2008 nicht die Flächen benennen, die versehentlich mit gentechnisch verunreinigtem Raps bestellt worden waren. Der BUND klagte daraufhin auf Herausgabe der Daten. Die Deutsche Umwelthilfe (DUH) hat in den letzten Jahren gleich in einer Reihe von Fällen das UIG als Instrument für Kampagnen genutzt. Besonders delikat war die Zurückhaltung von Informationen seitens des Kraftfahrt-Bundesamtes in Flensburg über den Stand des Austauschs von Rußpartikelfiltern. Hintergrund waren die 2007 bekannt gewordenen, nicht effektiv funktionierenden Rußpartikelrückhaltesysteme in Dieselfahrzeugen. Da das Bundesamt und auch das Bundesverkehrsministerium die aktuellen Zahlen zum Stand des Austauschs nicht herausrückten, legte die DUH Klage gegen das Verkehrsministerium beim Verwaltungsgericht in Schleswig ein. Und ein letztes Beispiel: Die Verbraucherschutzorganisation Foodwatch hatte erkannt, dass es in Deutschland keine Grenzwerte für Uran gibt, obwohl dieses als radioaktives giftiges Schwermetall im Trinkwasser vorkommt. Foodwatch befragte Behörden und Mineralwasserabfüller nach den Uranwerten im Trinkwasser. Die Behörden schickten in diesem Fall die gewünschten Informationen, was die Organisation dazu veranlasste, ein Dossier über zu hohe Uranwerte im deutschen Trinkwasser zu veröffentlichen. Das Dossier sorgte im Sommer 2008 für einigen Wirbel. Dies waren nur drei Beispiele, die belegen, dass Umweltverbände den Wert des neuen Umweltinformationsgesetzes erkannt haben.

Umgang mit dem neuen Umweltinformationsrecht

Die Untersuchung des UfU von 2008 wollte stichprobenartig die Realität im Umgang mit dem neuen Umweltinformationsrecht erhellen. Dazu wurden an 178 informationspflichtige Stellen (143 Behörden oder öffentliche Einrichtungen sowie 35 private Stellen) in der gesamten Republik entsprechende Informationsanfragen versandt. Die Rücklaufquote zu den Anfragen war erstaunlich hoch. Vier von fünf öffentlichen Stellen antworteten und immerhin drei von fünf der privaten Stellen. Der Teufel steckt aber bekanntlich im Detail. Bei den Antworten waren einige Weiterleitungen an andere zuständige Stellen darunter. Nicht alle zuständigen Stellen haben später auch geantwortet. Noch misslicher: Einige Behörden machten sich gar nicht die Mühe, die Anfragen weiterzuleiten, obwohl dies ihre gesetzliche Pflicht gewesen wäre. Sie schrieben einfach, sie seien nicht zuständig, und teilten dem Antragsteller lediglich die neue Behördenadresse mit. Zieht man solche „Scheinantworten" ab, so blieben von 178 nur 107 inhaltlich beantwortete Anfragen übrig. Das entspricht einer Quote von 60,1 %.

In der Studie wurde natürlich auch die Qualität der Antworten untersucht. Das Ergebnis: Nur 85 der 178 gestellten Anfragen wurden mit zufriedenstellendem Ergebnis beantwortet, ganze 22 Antworten konnten als sehr ausführlich klassifiziert werden. In Prozentzahlen ausgedrückt wurden weniger als die Hälfte der 178 Anfragen inhaltlich zufriedenstellend beantwortet. Das bedeutet: Obgleich vier von fünf Antragstellern geantwortet haben, waren nur zwei der fünf Antworten wirklich zu gebrauchen. Damit wird deutlich, dass es in der Praxis der Umweltinformation in Deutschland noch einiges zu entwickeln gilt. Das Verhältnis zwischen Bürger und Staat in Umweltfragen ist weiterhin verbesserungsbedürftig.

Das Gute ist: Alle können es – Sie als Leserinnen und Leser können es – jederzeit mit entwickeln. Denn Informationsanfragen darf jeder Bürger stellen. Immer, zu jeder Zeit und ohne einen Grund nennen zu müssen. Sie müssen sich nur trauen.

Literatur

Kravchenko, Svitlana (2009): Information Memorandum on Access to Information Laws. World Resources Institute (WRI).

UfU (2009): Das Umweltinformationsrecht in der Praxis. Berlin.

UfU (2009): Hilft Glasnost der Umwelt? In: UfU Themen und Informationen, Heft 64-65.

Heidi Feldt

EITI – mehr Transparenz im Rohstoffsektor

> „Bewaffnete Konflikte haben meist mehr als nur eine Ursache. Leider spielt häufig die Frage des Zugangs zu Rohstoffen eine große Rolle, die auf den Märkten der Welt hohe Preise erzielen. In der Vergangenheit hat sich dieser Reichtum in vielen Fällen nicht als Segen, sondern als Fluch für Afrika erwiesen – die Konfliktdiamanten, die den Bürgerkrieg in Angola oder die Auseinandersetzungen in Westafrika maßgeblich finanziert haben; Erdöl als Konfliktstoff an weiten Teilen des Golfs von Guinea; der Abbau von Coltan oder die rücksichtslose Nutzung wertvoller Tropenhölzer im Osten der Demokratischen Republik Kongo sind dafür traurige Beispiele. Wo sind die Einkünfte aus diesen wertvollen Rohstoffen geblieben? Wo sind sie geblieben? Haben die Verantwortlichen in den betroffenen Staaten immer vorrangig das Gemeinwohl im Auge anstelle ihrer eigenen Interessen? Aber es gilt auch hier: Ohne willige Abnehmer gibt es für diese Rohstoffe keinen Markt. Wichtig ist daher auch ein Verhaltenskodex für nationale und multinationale Unternehmen für den Handel mit Konflikt-Rohstoffen."
>
> Aus der Rede von Bundespräsident Köhler vor der Afrikanischen Union in Addis Abeba, am 15. Dezember 2004

In mehr als 50 Staaten in Afrika, Asien und Lateinamerika sind die Einnahmen aus der Erdöl-/Erdgasförderung und dem Bergbau die wichtigsten Quellen für den Staatshaushalt. Da in vielen dieser Länder – vor allem auf dem afrikanischen Kontinent – die Rohstoffe lediglich gefördert werden, die Weiterverarbeitung aber in den Industrie- und Schwellenländern erfolgt, verbleibt nur ein geringer Teil der Wertschöpfung in den Produktionsländern. Hinzu kommt, dass die Erdöl-/Erdgasförderung sowie der industrielle Tagebergbau nur relativ wenige Arbeitskräfte benötigen, so dass von diesen Industriezweigen kaum positive Effekte auf den Arbeitsmarkt ausgehen. Dafür aber hat die Bevölkerung in den Abbaugebieten die Umweltschäden zu tragen.

Unter den jetzigen Abbau- und Förderbedingungen von Rohstoffen sind die staatlichen Einnahmen aus den Steuern, Abgaben und Gebühren der extraktiven Industrie der größte Nutzen, den ein Entwicklungsland aus seinem Rohstoffreichtum zieht. Da dieser jedoch endlich ist, ist es umso wichtiger, dass die Länder am Gewinn aus ihrem Rohstoffreichtum teilhaben, um eigene finanzielle Ressourcen für ihre Entwicklung mobilisieren zu können, aber auch, dass diese Gelder gut und transparent verwaltet werden. Beides ist jedoch nicht oder nur ungenügend der Fall. Eklatante Beispiele dafür sind Nigeria, Kongo oder Angola, wo trotz Ressourcenreichtums die Armut der Bevölkerung unverändert geblieben ist oder sogar noch zunimmt.

Angola ist seit kurzem der größte Erdölproduzent in Afrika südlich der Sahara mit einer Produktion (2007) von 1,7 Mio. Barrel pro Tag (vgl. EIA 2008). Erdölgewinne machten in den letzten zehn Jahren zwischen 70 und 90 % der Staatseinnahmen aus. Aber nach Studien von Global Witness und Human Rights Watch wurde ein Großteil der Erdöleinnahmen nicht im offiziellen Staatshaushalt ausgewiesen. So hat Global Witness (2002) nachgewiesen, dass Mio. US-Dollar direkt an den Präsidenten des Landes, Dos Santos, und Mitglieder seiner Regierung geflossen sind. Die Studie zeigt, dass auf einem Luxemburger Bankkonto allein 37 Mio. US-Dollar auf Dos Santos' Namen liegen. Weitere Gelder sind durch intransparente Kreditgeschäfte auf zukünftige Erdöleinnahmen veruntreut worden. Genaue Zahlen darüber, wie viel auf welchen Wegen unterschlagen wurde, gibt es zwar nicht, Human Rights Watch (2004) geht aber davon aus, dass es in dem Zeitraum von 1997 bis 2002 allein 4,22 Mrd. US-Dollar gewesen sein könnten.

Während die Erdöleinnahmen die „Männer des Präsidenten" reich gemacht haben, leben ca. 70 % der Angolaner von weniger als einem US-Dollar pro Tag (vgl. EIA 2008) und etwa 66 % der Bevölkerung haben keinen Zugang zu Trinkwasser. 40 Jahre Krieg haben das Land zerstört. Die Einnahmen aus der Erdölproduktion haben bisher nur wenig zum Wiederaufbau beigetragen und nach wie vor gibt es bewaffnete Auseinandersetzungen um die Erdölprovinz Cabinda, wo Separatistenbewegungen Zugang zu den Erdöleinnahmen und mehr Einfluss auf die Erdölpolitik fordern (vgl. EIA 2008).

Der „Fluch der Ressourcen"

Der Widerspruch zwischen Rohstoffreichtum eines Landes und geringer gesamtwirtschaftlicher Entwicklung wird in der internationalen Diskussion als *resource curse* oder *paradox of plenty* bezeichnet. Mehrere empirische Studien (vgl. Karl 1997; Leite & Weidmann 1999) zeigen, dass rohstoffreiche Entwicklungs- und Schwellenländer in den letzten Jahrzehnten sich wirtschaftlich nicht besser entwickelt haben als Länder ohne große Rohstoffvorkommen. Andere Untersuchungen kommen dagegen zu eher gemischten Ergebnissen und heben auf die große Bedeutung funktionierender Institutionen für das Entwicklungspotenzial des extraktiven Sektors ab (vgl. IIED 2002).

Nach dem *paradox of plenty* führt die schnelle Nutzung natürlicher Ressourcen auch zur Vernachlässigung anderer heimischer Wirtschaftszweige, wenn z. B. lokale Ressourcen und Gelder aus der Landwirtschaft abgezogen und zur Entwicklung eines einzelnen Industriezweiges genutzt werden. Der Staat kann von der Preisentwicklung einer einzigen Ware abhängig werden[1]. Zur Zeit der *Rohstoffbonanza* erhalten die Länder relativ leicht große Kredite zum Ausbau der Infrastruktur und zur Befriedigung von Konsumbedürfnissen – und sind dadurch innerhalb kurzer Zeit hoch verschuldet. So ist z. B. Ecuador heute auf den Abbau der Erdölvorkommen angewiesen, um den Schuldendienst tätigen zu können. Der erwartete „trickle-down-Effekt“ aus Erdöl- und Bergbauvorhaben in die Gesellschaft ist vielfach völlig ausgeblieben (vgl. Goodland 2004).

Rohstoffreichtum ist demzufolge ein zweifelhafter Segen für ein Land – und oft ein Fluch. Ein Grund dafür sind die schwachen staatlichen Institutionen (vgl. Sachs & Warner 1995). In der Auseinandersetzung um die Kontrolle über die Ressourcen werden schwache demokratische Strukturen zusätzlich weiter geschwächt. Ross (2001) stellt sogar die Frage, ob Ressourcenreichtum die Herausbildung demokratischer Strukturen in einem Land behindert. Er kommt zu dem Ergebnis, dass in Indonesien, Malaysia, Mexiko und Nigeria die Sicherung der Verfügungsgewalt über die Rohstoffe die demokratische Entwicklung verzögert hat. Regierungen rohstoffreicher Länder neigen zudem dazu, die Kontrolle über die Rohstoffe militärisch zu sichern, repressiv auf Proteste zu reagieren und die Diversifizierung der Wirtschaft zu vernachlässigen. Beispiele wie Botswana zeigen dann aber auch, dass bei guter Regierungsführung Einnahmen aus der Gewinnung mineralischer Rohstoffe zur Armutsreduzierung beitragen können.

So stellt der Abschlussbericht des Extractive Industry Review fest: „Der große Unterschied zwischen ressourcenreichen Staaten, die es gut machen und denen, die es schlecht machen, liegt in der Qualität der Regierungsinstitutionen und in der Regierungspolitik.“ (Salim 2004) Der Bericht konstatiert, dass Bestechung und Korruption zentrale Probleme des Rohstoffsektors sind und dass daher die Transparenz der Zahlungsströme, die Rechenschaftslegung über die Höhe und die Verwendung von Steuern, Förderabgaben und Lizenzzahlungen aus Bergbau und Erdölförderung wesentliche Voraussetzungen dafür sind, dass die Gewinne zum Wohle der Bevölkerungsmehrheit eingesetzt werden können.

Die Extractive Industries Transparency Initiative – EITI

Die Herstellung von Transparenz über die Zahlungsströme der Unternehmen an die Regierungen ist das Grundanliegen der Extractive Industries Transparency Initiative (EITI), die 2002 von der britischen Regierung initiiert wurde[2]. EITI ist ein Multistakeholder-Prozess, an dem auf der internationalen Ebene produzierende Länder (Umsetzungsländer) und verarbeitende Industrieländer (unterstützende Länder), Rohstoffunternehmen, Investoren und Nichtregierungsorganisationen teilnehmen. Die Hauptverantwortung für die Umsetzung und somit für den Erfolg oder Misserfolg der Initiative liegt bei den rohstoffreichen Umsetzungsländern[3], die sich verpflichten, die Grundlagen zu schaffen, damit die Zahlungsflüsse in der Rohstoffindustrie transparent und öffentlich gemacht werden können.

Die Mindestanforderungen an die Umsetzung der Initiative sind in Form von Prinzipien und Kriterien festgelegt:

- Regelmäßig sollen alle Zahlungen der Unternehmen im Erdöl-, Erdgas- und Bergbausektor an die Regierung sowie alle Einnahmen der Regierung aus diesem Industriezweig in einer verständlichen und nachvollziehbaren Weise veröffentlicht werden. Wie detailliert diese Veröffentlichung ist, ob z. B. die Zahlungen einzelner Unternehmen ausgewiesen werden oder nur zusammengefasste Angaben vorgesehen sind, bleibt jedoch den einzelnen Ländern überlassen.
- Die Angaben der Unternehmen und der zuständigen Regierungsstellen über die Zahlungen und Einnahmen sind von einem unabhängigen Rechnungsprüfer zu prüfen.
- In die Veröffentlichungspflicht sind auch die staatlichen Unternehmen des Sektors mit einzubeziehen.
- Grundvoraussetzung für die Umsetzung der Initiative ist die Etablierung eines formalisierten „Multistakeholder"-Prozesses.
- Für die Umsetzung ist ein realistischer Arbeits-/Verlaufsplan zu erstellen und ein nationaler Koordinator zu ernennen.

Wie die Umsetzung konkret gestaltet wird, liegt in der Hand des jeweiligen Landes. So stellt sich für einige Länder die Frage, ob auch nachwachsende Rohstoffe in den Prozess einbezogen werden sollen. Liberia hat z. B. seine Berichtspflicht auf den Holzeinschlag und Holzhandel ausgedehnt. In anderen Ländern wird diskutiert, ob auch der Transport, die Weiterverarbeitung und der Vertrieb von Erdöl und Erdgas Teil der Transparenzverpflichtung sein sollen. EITI selber macht dazu keine Vorgaben sondern konzentriert sich auf die Primärproduktion nicht erneuerbarer Rohstoffe mit der Begründung, dass es bereits kompliziert genug sei, die Akteure in diesem Sektor zusammenzubringen und dass eine Ausweitung sowohl der Produkte als auch auf die weitere Wertschöpfungskette auf internationaler Ebene den Rahmen sprengen würde.

Die Tatsache, dass mittlerweile 26 Produktionsländer EITI beigetreten sind, heißt noch nicht, dass auch in ebenso vielen Ländern erhebliche Fortschritte in Richtung Transparenz gemacht worden wären. Einige Länder wie Ghana, Aserbaidschan oder Kamerun haben bereits zwei und mehr Berichte veröffentlicht, aber das Gros der Länder hat bisher lediglich die Basisvoraussetzungen wie die Bildung eines Multistakeholder-Komitees oder die Ernennung eines nationalen Koordinators geschaffen (vgl. EITI 2009). Dies verdeutlicht, wie kompliziert und langwierig die Prozesse vor Ort sind. In einigen Fällen, so z. B. in der Republik Kongo, Gabun und Äquatorial-Guinea, stehen die Nichtregierungsorganisationen unter großem Druck und sind zum Teil massiven Drohungen ausgesetzt, obwohl sie anerkannte Mitglieder des nationalen EITI-Komitees sind. So wurde im Dezember 2008 einer der führenden NRO-Vertreter im EITI-Komitee Gabun unter fadenscheinigen Gründen verhaftet. Aufgrund des internationalen Drucks konnte er erst nach Tagen das Gefängnis wieder verlassen. Unter solchen Bedingungen ist es für Nichtregierungsorganisationen schwer, als *watchdog* den Prozess zu begleiten. Trotzdem haben sich die nationalen Nichtregierungsorganisationen dagegen ausgesprochen, ihr Land von der Mitgliedsliste zu streichen, da EITI eine international anerkannte Plattform bietet, auf der sie überhaupt erst Zugang zu dem extraktiven Industriesektor ihres Landes bekommen.

Um zu verhindern, dass rohstoffreiche Länder nur als Trittbrettfahrer der Initiative beitreten, unterscheidet man seit 2008 in Kandidatenländer und solche Länder, die EITI vollständig umgesetzt (*compliant*)[4] haben. Bis 2010 sollen alle Mitgliedsländer einen Validierungsprozess durchlaufen haben, im dem geprüft wird, inwieweit sie die EITI-Prinzipien und Kriterien umsetzen. Nur Länder, die ihrer Berichtspflicht nachkommen und ständige Beteiligung eines Multistakeholder-Komitees ermöglichen, werden dann den Status *compliant* erhalten. Alle anderen werden weitere zwei Jahre als Kandidatenland geführt werden, um dann erneut bewertet zu werden. Falls keine Fortschritte zu verzeichnen sind, kann ein Land auch wieder von der Liste gestrichen werden.

EITI und Ressourcenkonflikte

Die EITI-Initiative ist noch nicht fortgeschritten genug, um gesicherte Aussagen darüber treffen zu können, ob die Transparenz der Zahlungsflüsse wirklich zur Minderung von Konflikten um Ressourcen beiträgt. Eine unmittelbare Verknüpfung wird sich auch nur schwer nachweisen lassen. Kurzfristig kann es sogar konfliktverschärfend wirken, wenn öffentlich belegt wird, dass Unternehmen versuchen, die gesetzlich vorgegebenen Abgaben und Steuern zu umgehen. So zeigt z. B. der Bericht über Ghana, dass kein Unternehmen jemals mehr als 3 % Förderzins bezahlt hat, obwohl das Bergbaugesetz von 2006 eine Spanne von 3 bis 6 % festlegt. In der Demokratischen Republik Kongo haben Bergbauunternehmen, die zwischen 1997 und 2003 Verträge mit der staatlichen *Gecamines* unterzeichnet haben, gar keine Steuern zahlen müssen. In solchen Fällen hängt es in erster Linie von den Regierungen ab, Verträge nachzuverhandeln oder die Steuerbehörden in die Lage zu versetzen, die Rechnungslegung der Unternehmen zu überprüfen sowie Steuern und Abgaben auch einzutreiben.

All dies spielt sich auf der nationalstaatlichen Ebene ab. Viele Konflikte liegen aber in den Regionen. Nigeria, Peru oder die Philippinen, wo die regionale Bevölkerung massiv gegen Bergbau und Erdölförderung aufgetreten ist und/oder einen größeren Anteil an den Einnahmen einfordert, sind Beispiele hierfür. In dem Maße wie durch EITI die Transparenz über Einnahmen und Ausgaben auf der regionalen Ebene hergestellt wird, kann auch eine konfliktmindernde Wirkung einsetzen. Darüber hinaus sollte nicht übersehen werden, dass EITI in vielen Ländern den ersten ernstgemeinten Versuch darstellt, eine Multi-stakeholder-Lösung für ein zentrales Entwicklungs- und Umweltproblem zu finden.

Fazit

EITI ist nicht die Lösung aller Probleme im Bergbau und Erdöl/Erdgassektor. Es ist aber ein erster wichtiger Schritt, damit Erlöse aus diesen Wirtschaftszweigen nicht mehr nur die Gewinne der Unternehmen vervielfachen und die Taschen einiger weniger füllen, sondern dass mehr Gelder für die nachhaltige Entwicklung in den Ländern mobilisiert werden können. In den nächsten Jahren wird sich zeigen, ob EITI seinem Anspruch gerecht werden kann und ob, darauf aufbauend, weitere Schritte für eine gesunde Entwicklung im Rohstoffsektor der Länder eingeleitet werden.

Literatur

EITI (2009): Progress Report. http://www.eitransparency.org

Energy Information Administration – EIA (2008): Country Analysis Brief: Angola. http://www.eia.doe.gov/emeu/cabs/Angola/Background.html

Global Witness (2002): All the Presidents' Men. London.

Goodland, R. (2006): Policy Options for the World Bank Group in Extractive Industries. Washington D.C.

Human Rights Watch (2004): Some Transparency, No Accountability. The Use of Oil Revenue in Angola and Its Impact on Human Rights. New York.

IIED (2002): Breaking New Ground. Mining, Minerals, and Sustainable Development. London.

Karl, T. L. (1997): The Paradox of Plenty. Oil Booms and Petro-states. Berkeley CA.

Leite, C. A. & J. Weidmann (1999): Does Mother Nature Corrupt? Natural Resources, Corruption and Economic Growth. IMF-Working Paper 99/85.Washington D.C.

Ross, M. (2001): Does Oil hinder Democracy? In: World Politics 53, S.351-361.

Sachs, J. D. & A. Warner (1995): Natural Resource Abundance and Economic Growth, Harvard University Discussion Paper 517. Cambridge MA.

Salim, E. (2004): Striking a Better Balance. The Final Report of the Extractive Industries Review. Jakarta.

Links

Extractive Industry Transparency Initiative: www.eitransparency.org

Publish What You Pay: www.publishwhatyoupay.org

Anmerkungen

1) Oft als „holländische Krankheit" oder Spezialisierungsfalle bezeichnet.
2) Bereits zwei Jahre zuvor hatten sich NGOs zu der Kampagne „Publish What You Pay" zusammengeschlossen, die eine verbindliche Offenlegung der Zahlungen von Bergbau- und Erdölkonzernen an die Regierungen der rohstoffreichen Länder fordert und sich für internationale Rechnungslegungsstandards einsetzt.
3) Anfang 2009 waren 26 ressourcenreiche Länder EITI beigetreten: Äquatorial Guinea, Aserbeidschan, DR Kongo, Elfenbeinküste, Gabun, Ghana, Guinea, Kamerun, Kasachstan, Kirgisien, Liberia, Madagaskar, Mali, Mauretanien, Mongolei, Niger, Nigeria, Norwegen, Osttimor, Peru, Republik Kongo, Sao Tomé e Principe, Sierra Leone, Tansania, Jemen, Zentralafrikanische Republik. Afghanistan, der Irak, Indonesien und Burkina Faso haben ihr Interesse an einem Beitritt bekundet.
4) Auf der EITI-Konferenz in Doha im Februar 2009 wurde Aserbeidschan als erstes Compliant-Land anerkannt.

Hermann Held & Michael Kühn

CO_2-Sequestrierung – notwendige Klimaschutzoption, Rückversicherung der Gesellschaft oder Feigenblatt der fossilen Energiewirtschaft?

Der Weltklimarat hat in seinem jüngsten Sachstandsbericht (IPCC 2007) ausgewiesen, dass der bisherige Anstieg der globalen Mitteltemperatur um 0,8 °C gegenüber dem vorindustriellen Niveau im Wesentlichen auf menschengemachte Treibhausgasemissionen zurückzuführen sei. Bliebe zudem der weltweite Energieverbrauch (der sich bis 2100 nochmals um einen Faktor 3 bis 5 erhöhen könnte) weiterhin an Kohlendioxid-(CO_2)-Emissionen gekoppelt, könnte die globale Mitteltemperatur vor dem Hintergrund spezifischer Szenarien um weitere 2 bis 6 °C steigen (berechnet im kohlenstoffreichen A1FI Szenario; Intervall für ein Konfidenzniveau von 66 % Sicherheit; der prognostizierte Temperaturanstieg leitet sich aus umfassenden Modellrechnungen ab, die eine Konstanz bestimmter klimawirksamer natürlicher Faktoren implizieren – der Fehlerbalken könnte daher in beide Richtungen noch größer sein).

Um derartige Entwicklungen zu vermeiden, kommen als wesentliche mögliche Vermeidungsoptionen in Betracht: Energieeffizienzsteigerung, Ausbau erneuerbarer Energiequellen, Ausbau von Kernenergie, Wohlstandsverzicht („Suffizienzsteigerung“) und – relativ neu in der Debatte – Kohlendioxidabscheidung (an Punktquellen), dessen Transport und Speicherung im geologischen Untergrund („Carbon Capture and Storage – CCS“). Hierbei ist CCS diejenige Technologie, deren ausschließlicher Nutzen darin besteht, zu einem ambitionierten Klimaschutz beizutragen – die übrigen Optionen werden durch die Endlichkeit fossiler Ressourcen auch ohne Klimaschutzpolitik zunehmend attraktiver, weil sie einen Beitrag zu anderen energiepolitischen Zielen wie Energiesicherheit oder Wettbewerbsfähigkeit leisten.

Mit fortschreitendem Wissen und durch die in den letzten Jahren erfolgreich durchgeführten Pilotvorhaben gesellt sich CCS in der Tat in zunehmendem Maße zu dem Reigen der erwogenen Vermeidungsoptionen. Eine erfolgreiche Umsetzung von CCS würde es den Energieversorgern ermöglichen, fossile Energieträger auch unter einem Klimaschutzregime weiterhin gewinnbringend für die Energiebereitstellung zu nutzen. Kritiker, darunter etliche Nichtregierungsorganisationen wie z. B. Greenpeace und BUND, warnen vor CCS als einer

Scheinlösung, die den Wirkungsgrad von Kraftwerken verringere, den nötigen konzertierten Kraftakt zur unausweichlichen Umstellung auf Erneuerbare Energien zunichte mache und überdies unkalkulierbare Umweltrisiken für die Injektionsregionen mit sich bringe.

Die weltweite Anwendung der CO_2-Speicherung hängt natürlich ganz wesentlich vom Reifegrad und der Verfügbarkeit der hierfür erforderlichen Technologien, deren Kosten, dem vorhandenen Umsetzungspotenzial und vor allem deren Übertragbarkeit auf Schwellen-, aber auch Entwicklungsländer, gesetzlichen Aspekten und insbesondere von der gesellschaftlichen Akzeptanz ab.

Das Kabinett der Bundesrepublik Deutschland hat am 1. April 2009 ein „CCS-Gesetz" beschlossen zur Regelung von Abscheidung, Transport und dauerhafter Speicherung von Kohlendioxid im geologischen Untergrund und diesen Entwurf in den Gesetzgebungsprozess eingebracht. Nach dem Willen der Europäischen Union soll bis 2020 die großtechnische Machbarkeit an exemplarischen Versuchsanlagen getestet werden, um danach gegebenenfalls in eine Marktphase überzuleiten. Es ist daher notwendig und angebracht, die allgemeine Öffentlichkeit in den Diskurs für oder wider CCS als Teil einer Gesamtlösung des Klimaproblems einzubeziehen. Dieser Diskurs muss den erforderlichen Regulierungsrahmen (fiskalische Anreize und Ordnungsrecht) für eine volkswirtschaftlich sinnvolle Mengensteuerung und für eine möglichst sichere Handhabung von CCS einschließen.

Umrüstung der Energiesysteme – globale Perspektive

In der Klimaökonomie hat sich der folgende mögliche Ansatz etabliert: Für ein gegebenes Klimaziel wie z. B. das 2-°C-Ziel wird diejenige Transformation des Energiesystems („Energiemix") ermittelt, die den geringsten Wohlstandsverzicht (aufgrund der Umrüstung des Energiesystems) bedeutet und dabei das Klimaziel gerade noch einhält. Dabei erwies es sich als bedeutsam, den kostensenkenden Effekt gezielter Investitionen in Klimaschutzmaßnahmen (unter anderem durch die damit verbundene Massenproduktion) in den Analysen zu berücksichtigen. Wenn dann von den „volkswirtschaftlichen Kosten" des Klimaziels durch die Umstellung des Energiesystems gesprochen wird, ist immer zu berücksichtigen, dass dem in dieser Kalkulation nicht enthaltene vermiedene Schäden gegenüberstehen.

Forscher haben untersucht, ob „moderate" (unter 1/3 Wahrscheinlichkeit, das 2-°C-Ziel einzuhalten) bzw. „stringente" Emissionsminderungen (Wahrscheinlichkeit 1/2 bis knapp bei 1) techno-ökonomisch möglich seien, zu welchen Kosten und welche Rolle CCS dabei spiele. Geht man davon aus, dass in einer Volkswirtschaft im Wesentlichen in vier Kategorien investiert werden kann – in Energieeffizienz, Erneuerbare Energien, CCS und Kernenergie –, so ergibt sich ein ökonomischer Wohlfahrtsverlust je nach befragtem Modell von maximal 0,6 bzw. 2,5 % des Bruttosozialprodukts (BSP) (vgl. Edenhofer et al. 2009), eine Größenordnung, die von einem großen Teil der Ökonomen als noch handhabbar angesehen wird. Wollte man die Kostenminimierung des Klimaschutzes entsprechend ausreizen, müssten danach in diesem Jahrhundert 800 bis 2000 Gt CO_2 in geologischen Schichten langfristig gelagert werden. Nach vorläufigen Schätzungen des Weltklimarates (IPCC-Sonderbericht zu CCS, 2005) stehen diese Kapazitäten im tiefen Untergrund auch zur Verfügung. Sollte sich allerdings erweisen, dass diese abgeschätzte Kapazität signifikant zu hoch ist und sich der geeignete Untergrund stattdessen als knappes Gut herausstellt, werden hierzu Marktinstrumente zur optimalen Vergabe empfohlen (Edenhofer et al. 2009).

Stellt man nun die Frage, wie derartige Szenarien ohne CCS auskommen könnten, so werden zur Erreichung des „moderaten Vermeidungs-Ziels" die Kosten nur um 1/6 bis 1 Prozentpunkt steigen, was vermutlich verkraftet werden könnte. Allerdings kann unter „moderat pessimistischen Annahmen" über techno-ökonomische Trägheiten das „stringente Vermeidungs-Ziel" nur eingehalten werden, indem so genannte „negative Emissionen" eingesetzt werden, die zwingend CCS voraussetzen. Negative Emissionen werden erreicht, wenn CO_2 aus einem klimaneutralen Prozess langfristig mit Hilfe von CCS gespeichert wird. Als Beispiel kann hier die Biomasse erwähnt werden, die bei Verbrennung lediglich das CO_2, das vorher durch die Photosynthese gebunden wurde, wieder in die Atmosphäre entlässt.

Fordert man also die Einhaltung des 2-°C-Ziels mit hoher Wahrscheinlichkeit, erscheint CCS daher aus globaler Perspektive unter „moderat pessimistischen Annahmen" über techno-ökonomische Trägheiten als *notwendige* Klimaschutzoption. Zugleich verschärft sich die Bedeutung einer möglichen Konkurrenz von Kohle+CCS und Biomasse+CCS im Falle knapper Lagerstättenverfügbarkeit. Da bei Kohle+CCS immer Restemissionen vorhanden sind, sind ambitionierte Klimaschutzziele nicht alleine mit Kohle+CCS zu erreichen. Allein die Biomassenutzung in Kombination mit CCS erlaubt es, CO_2 aus der Atmosphäre zu entfernen und so zu netto negativen Emissionen zu kommen. Für die Handhabung der Konkurrenz von Biomasse und

Kohle um die CCS-Lagerstätten müssen also geeignete Politikinstrumente entworfen werden. Sollten sich geeignete Lagerstätten als knapp herausstellen, wären sie in einer funktionierenden Marktphase daher vorwiegend über „Biomasse-CCS" zu befüllen.

Diese global aggregierte Sicht lässt jedoch unter Marktbedingungen *einzelnen Regionen* erhebliche Freiheitsgrade. Denkbar ist, dass Regionen mit sehr hohem erneuerbarem Potenzial und ungünstigen Formationen und/oder einer hohen diesbezüglichen Risikoaversion der Bevölkerung mit nur geringen Wohlfahrtsverlusten auf CCS verzichten können. Aus der Sicht einer *Rückversicherungs*-Mentalität sollten jedoch in jedem Fall CCS-Demonstrationsanlagen installiert werden: entweder, weil eine Region auf CCS als wesentliche Vermeidungsoption für sich selbst setzt, etwa weil sie über preiswerte fossile Ressourcen verfügt, oder aber um sich mit einem „Plan B" gegen unliebsame Überraschungen bei anderen Vermeidungsoptionen (z. B. über erwarteten technischen Wandel) abzusichern.

Charakteristika der Untergrundspeicherung

Nachdem CCS als potenziell wichtige Vermeidungsoption identifiziert ist, ergibt sich die Notwendigkeit, das geowissenschaftliche Potenzial und die zugehörigen Rahmenbedingungen näher auszuleuchten. An Punktquellen (etwa fossil betriebenen Kraftwerken) lässt sich CO_2 unter einem zusätzlichen Energieaufwand von vermutlich bis zu 30 % abtrennen und zu geeigneten Speicherstätten transportieren. Wir konzentrieren uns im Weiteren auf den Teil der CO_2-Speicherung aus der erwähnten Gesamtkette.

Ziel der CO_2-Speicherung ist es, die anthropogenen Treibhausgasemissionen über einen langen Zeitraum zu reduzieren. Aus jahrmillionen alten natürlichen Kohlenwasserstoff- und CO_2-Lagerstätten in der Erdkruste lernen wir, dass es geologische Strukturen gibt, die über lange Zeiträume hinreichend dicht sind. Die Verbringung des CO_2 in geeignete Strukturen erfolgt über speziell dafür ausgerüstete Bohrungen. Bei der Speicherung werden die natürlich vorhandenen Poren in Gesteinen des tieferen Untergrundes genutzt. Je höher die Dichte des CO_2 bei der Speicherung ist, desto größer ist die Menge des speicherbaren Treibhausgases. In Tiefen ab etwa 1000 m werden im Untergrund Druck- und Temperaturbedingungen erreicht, unter denen CO_2 eine sehr hohe Dichte aufweist, die fast jener von Wasser entspricht (CO_2 0,7 kg/l und Wasser 1,0 kg/l). Aus diesem Dichteunterschied ergibt sich eine Auftriebskraft, die, um das CO_2 zurückzuhalten, eine isolierende Deckschicht notwendig macht, um einen Aufstieg aus der Tiefe an die Erdoberfläche zu verhindern.

In Deutschland bestehen kurz- und mittelfristig nutzbare Möglichkeiten zur Speicherung von CO_2 im industriellen Maßstab in erschöpften Erdgaslagerstätten und in tiefen salzwasserführenden Grundwasserleitern in mehr als etwa 1000 m Tiefe. Das Speicherpotenzial deutscher Erdölfelder ist im Gegensatz zu anderen europäischen Ländern aufgrund ihres Umfangs und ihrer Größe sehr gering. Nach den Abschätzungen der Bundesanstalt für Geowissenschaften und Rohstoffe (BGR) stehen in dem Rahmen Kapazitäten (20 ±8 Gt CO_2) für 1 bis 2 Kraftwerksgenerationen (40 bis 80 Jahre) zur Verfügung.

Für den Einsatz von CCS ist es von entscheidender Bedeutung, die technische Dichtigkeit der Speicher zu betrachten. Zwei verschiedene Leckage-Szenarien müssen in diesem Zusammenhang unterschieden werden: (1) der plötzliche Austritt von CO_2 an Injektionsbrunnen oder noch vorhandenen Altbrunnen; (2) der langsame Austritt von CO_2 entlang von unbekannten Störungs- und Bruchzonen oder Bohrungen (siehe Abbildung 1).

Während es bislang nur begrenzte Erfahrungen mit der geologischen CO_2-Speicherung an sich gibt, kann umfangreiches theoretisches Wissen sowie praktische industrielle Erfahrung aus der Erdgasförderung und -speicherung als Basis für das notwendige Risikomanagement und für Sanierungsmaßnahmen dienen. Untersuchung und Beobachtung technischer und natürlicher Analoga sowie die Anwendung von Modellen lassen vermuten, dass bei gründlich ausgewählten und nach Stand der Technik betriebenen geologischen Speichern mehr als 99 % des eingebrachten CO_2 länger als 100 Jahre zurückgehalten werden. Darüber hinaus ist es wahrscheinlich, dass dies sogar länger als 1000 Jahre der Fall ist. Es spricht einiges dafür, dass der größte Teil des gespeicherten CO_2, gebunden durch verschiedene physikalische und chemische Mechanismen, für Millionen Jahre festgelegt wird. Gleichwohl gilt es, diese Annahmen durch umfangreiche Forschungsarbeiten zu verifizieren, da sich die prognostizierte Speicherdauer unter anderem aus Modellrechnungen ableitet, die vereinfachend eine Homogenität bestimmter geohydrologischer Faktoren implizieren.

Mögliche Gesundheits- und Umweltrisiken der CO_2-Speicherung müssen im Rahmen des Genehmigungsverfahrens für Speicherstätten ausgeschlossen werden, entsprechend den gesellschaftlich ausgehandelten bzw. noch auszuhandelnden Sicherheitsstandards. Dazu zählen unter anderem die einzusetzenden Überwachungsmethoden (*Monito-*

ring) sowie Gegenmaßnahmen bei unzureichendem Abschluss des CO_2 durch die Deckschichten bzw. vorhandener Bohrungen. Es muss auch weitestgehend ausgeschlossen werden, dass Grundwasserleiter zur Trinkwassergewinnung durch die CO_2-Injektion beeinträchtigt werden.

Während der Injektion von CO_2 in einen geologischen Speicher werden die vorhandenen Formationswässer verdrängt (siehe Abbildung 1). Diese verdrängten Wässer könnten unter Umständen die Deckschichten durchdringen oder entlang von natürlichen Störungszonen in flachere Grundwasserleiter gelangen. Die Einschätzung von möglichen Umweltrisiken ist derzeit Gegenstand von Forschungsarbeiten und muss mit zukünftigen Projekten auf der industriellen Skala quantifiziert werden. Letztlich hängt das Gefahrenpotenzial von den standortspezifischen geologischen und hydrogeologischen Verhältnissen ab.

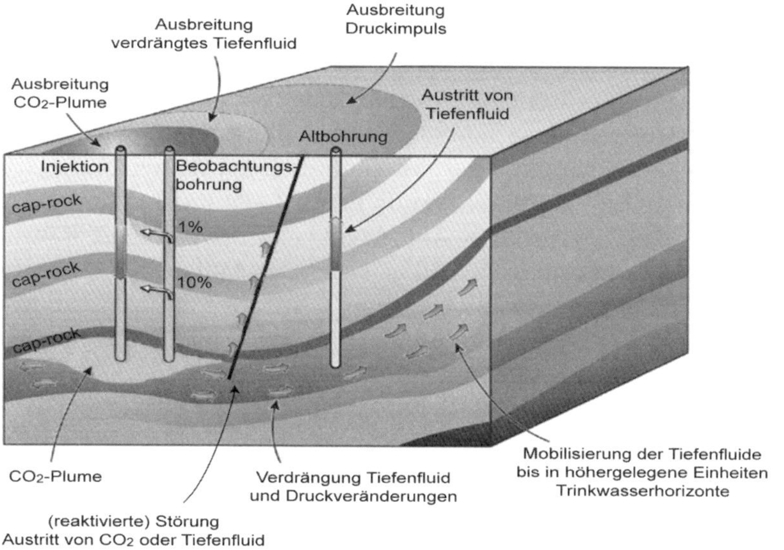

Abb. 1: Risiken der CO_2-Speicherung. Ausbreitung des CO_2 im Untergrund mit möglichen Leckagewegen und der Möglichkeit der Mobilisierung von salzhaltigen Tiefenwässern

CO_2 ist schwerer als Luft. Daher besteht die Möglichkeit, wenn Leckagen auftreten, dass in Tälern oder Senken, insbesondere bei Abwesenheit von Luftbewegungen, unter Umständen erhöhte Konzentrationen von CO_2 möglich sind, die zu Beeinträchtigungen von Lebewesen bzw. der Umwelt führen können. Diese Risiken erfordern ein Sicherheitsmanagement inklusive notwendiger Überwachungsmethoden. Natürliche Quellen bieten hier als Analoga die Möglichkeit, das Gefährdungspotenzial abzuschätzen. Es ist bekannt, dass normalerweise austretendes CO_2 sofort verwirbelt und damit gänzlich unschädlich ist (z. B. Laacher See).

Beobachtung von CO_2 und der Pilotstandort Ketzin

Die unterirdische Speicherung von CO_2 wird im Rahmen des Projekts CO_2SINK (CO_2 Storage by Injection into a Natural Saline Aquifer at Ketzin) von 18 Partnern aus 9 europäischen Ländern nahe der Stadt Ketzin westlich von Berlin durchgeführt (vgl. Schilling et al. 2009). Dort lagern im Bereich des Norddeutschen Beckens poröse Sandsteinschichten in einer geologischen Aufwölbungsstruktur (Antiklinale). Diese Speichergesteine werden von nahezu undurchlässigen Gips- und Tonsteinschichten überdeckt, die aufsteigendes CO_2 zurückhalten (vgl. Förster et al. 2006). Die aufgewölbten Schichten sowie die Abdichtung sichern eine kontrollierte und begrenzte horizontale Ausbreitung des CO_2. Die vorhandene geologische Struktur ist durch den jahrzehntelangen Betrieb eines saisonalen Erdgasspeichers und zahlreiche Bohrungen und seismische Profile sehr gut untersucht.

Die Speicherstruktur lagert im Zentralteil der Aufwölbungsstruktur in ca. 600 m Tiefe und fällt von da flach in alle Richtungen ab. Die an der südlichen Flanke der Antiklinale niedergebrachten Bohrungen treffen den Sandstein in ca. 650 m Tiefe. Der Aufbau des geologischen CO_2-Speichers kann damit als exemplarisch für künftige Demonstrationsprojekte angesehen werden, obwohl die Tiefenlage in Ketzin vergleichsweise gering ist. Das hat zur Folge, dass das injizierte gasförmige CO_2 eine nicht so hohe Dichte aufweist wie in größeren Tiefen. Im Bereich um die Bohrungen ist CO_2 durch den Injektionsdruck von sehr hoher Dichte („überkritisch").

Seit Juni 2008 wurden mehrere tausend Tonnen hochreines CO_2 injiziert, weil zum jetzigen Zeitpunkt noch kein Industrie-CO_2 für die Speicherung zur Verfügung steht. Forschungsfeld für die kommenden Jahre wird daher auch sein, dass Verhalten von CO_2 aus dem Abscheidungsprozess mit Nebenprodukten in Ketzin und anderen Demonstrationsprojekten zu testen. Die wissenschaftliche Begleitphase der CO_2-Speicherung in Ketzin ist auf die Erforschung und Entwicklung der Überwachungsmethoden fokussiert und umfasst unter anderem geochemische und geophysikalische Messungen und Experimente in und um die Bohrlöcher (eine Injektionsbohrung, zwei Observationsbohrungen). Zusätzlich werden Untersuchungen der Ausbreitung des CO_2 mit Hilfe seismischer Methoden auch von der Erdoberfläche durchgeführt. Die Messungen generieren Daten, die als Eingabe für theoretische Vorhersagemodelle dienen, mit deren Hilfe die unterirdische Ausbreitung des CO_2 abgeschätzt und die Dichtigkeit und Sicherheit des Reservoirs beurteilt werden können. Außerdem bietet Ketzin die Möglichkeit, durch die Analyse von Gesteinsproben, Gasen und Flüssigkeiten, die aus dem Reservoir gewonnen werden, Aufschluss über die ablaufenden Prozesse zu gewinnen. In Ketzin wird weltweit erstmalig die Ausbreitung des CO_2 direkt am Ort der Injektion im Untergrund beobachtet. Die eingesetzten Überwachungsmethoden ermöglichen die Tomographie des Untergrundes und die Beobachtung der Ausbreitung des CO_2.

Insgesamt lässt sich sagen, dass das Ketzin-Projekt die Handhabbarkeit der CO_2-Speicherung auf der Forschungsskala belegt. Es ist darüber hinaus zu erwarten, was mit den kommenden Demonstrationsprojekten auf der industriellen Skala aber noch gezeigt werden muss, dass, wenn die gesamte Sequenz von Standortauswahl bis hin zu wissenschaftlich-technischer Begleitung mit größter Gewissenhaftigkeit nach dem Stand der Technik erfolgt, CO_2-Speicherung langfristig und sicher möglich sein könnte.

Management des Leckagerisikos

Die oben ausgeführten volkswirtschaftlichen Rechnungen nehmen an, dass einmal injiziertes CO_2 dauerhaft gespeichert bleibt. Kritiker von CCS bezweifeln jedoch, dass es sich hierbei um eine robuste Annahme handelt. Behördenaufsicht allein könne die nötigen Dichtigkeiten gegenüber Leckage nicht gewährleisten. Zudem sei kein Speicher zu 100 % dicht. Extrapoliert man nun den vom Umweltbundesamt 2006 proklamierten Zusammenhang von CO_2-Menge und Untergrundflächenbedarf, so erhält man eine schließlich bepumpte Gesamtfläche von 1 bis 5 % des deutschen Staatsgebietes. Angesichts dieser geografischen Dimension wachsen Zweifel, ob Behördenaufsicht allein dieser neuen Herausforderung des Umweltmanagements genügen kann. Aus diesem Grunde hat Edenhofer (2003) ein Bondschema vorgeschlagen (ein Überblick findet sich in Held & Edenhofer 2009), um der Behördenaufsicht eine wirksame Beobachtung durch den Kapitalmarkt an die Seite zu stellen.

Die Originalvariante des Schemas verlangt, dass eine Firma, die CO_2 verpresst, um sich dadurch eine Emissionssanktion zu ersparen, einen Bond erwerben und beim Staat hinterlegen muss. Kann sie nach z. B. 30 Jahren nachweisen, wie viel CO_2 sich noch in erlaubten Formationen befindet, erhält sie den entsprechenden Bondanteil verzinst zurück. Entwichenes CO_2 wird als Standard-Atmosphären-Emission geahndet (etwa durch Nachkauf von Emissions-Zertifikaten). Somit findet eine Beweispflichtumkehr statt: Nicht die Umweltbehörde muss gegebenenfalls Versagen nachweisen, sondern die Firma die Arretierung des CO_2. Dagegen kann eingewendet werden, dass der lange Rückzahlungshorizont abschreckend auf die Firma wirken kann, so dass die volkswirtschaftlich wünschenswerte CO_2-Speicherung unterbleibt. Erlaubt man jedoch, dass die Rückzahlung des Bonds bereits auf dem Kapitalmarkt gehandelt wird, so kann die Firma durch transparente und saubere Arbeit den Kapitalmarkt überzeugen, bereits eine Option auf den Bond zu kaufen, wodurch die Firma das langfristige Anlageproblem auf Marktakteure mit entsprechendem Zeithorizont übertragen kann.

Es ist Gegenstand aktueller Forschung, wie genau ein solches Instrument für eine etwaige CCS-Marktphase auszugestalten sei, um betriebs- und volkswirtschaftliche Investitionshorizonte zur Deckung zu bringen. Das in Deutschland im Verfahren befindliche CCS-Gesetz wäre dann entsprechend zu ergänzen.

Alle Anreizschemata dieser Art können nur operationalisiert werden, wenn die zur Verfügung stehenden Messverfahren in ihrer Gesamtheit eine ausreichende Messgenauigkeit sicherstellen. Je größer die nicht auszuschließende Restleckage, desto weniger CO_2 dürfte weltweit gespeichert werden – bei rigider Auslegung des Vorsorgeprinzips. Vorläufige Rechnungen des PIK zeigen, dass gerade bei aggressiven Klimaschutzzielen eine maximale Leckage von 1 % in 100 Jahren wünschenswert wäre, dass sich jedoch CCS selbst bei 1 % in zehn Jahren noch lohnen würde, wenn auch in deutlich geringerem Umfang.

Vergleicht man diese Anforderungen mit den Abschätzungen der Geowissenschaftler, die oben aufgeführt wurden, so sollten diese Anforderungen gut zu erreichen sein. In den kommenden Jahren sind wissenschaftstheoretische Diskussionen darüber zu erwarten, in welchem Sinne die Leckage-Toleranzgrenzen als eingehalten nachgewiesen gelten dürfen: Muss es „komplett direkt gemessen sein“ (nachweisbasierte Regulierung) oder genügt ein „Standardverfahren“ (verfahrensbasierte Regulierung)? Als pragmatische Kompromisslösung sieht der Entwurf des CCS-Gesetzes vor, dass computergestützte Untergrund-Hydrodynamik-Modelle, die das Systemverhalten zwischen Punktmessungen interpolieren, wesentlich in die Beurteilung von Leckage eingehen dürfen. Mit Hilfe von Demonstrationsprojekten wird bis zu einer Marktphase für CCS wissenschaftlich aber auch normativ weiter zu klären sein, welche Dichte an direkten Messungen erforderlich ist, um welche gewünschten Sicherheiten darzustellen. Diese Messdichte hat ihrerseits Auswirkungen auf die volkswirtschaftliche Wettbewerbsfähigkeit von CCS, ein Effekt, der bislang zugunsten von CCS in ökonomischen Analysen fehlt.

Schließlich müssen derartige Schemata auch auf die Möglichkeit lokaler Schäden durch austretendes und aufsteigendes CO_2 Bezug nehmen. Unter Vorsorgegesichtspunkten ist darauf zu achten, dass gerade in einer Pilotphase, in der die Technologie noch erhöhte Überraschungen birgt, durch geeignete Standortwahl das Schadenspotenzial so stark wie möglich begrenzt wird. Während man erwarten kann, dass die von der Industrie favorisierten überdurchschnittlich guten Standorte für die kommenden Demonstrationsprojekte erfolgreich verlaufen werden, stellt sich die Frage, wie dann die große Zahl durchschnittlicherer Speicherstrukturen zu beurteilen ist. Hierzu sollten staatlich und europäisch geförderte Projekte an suboptimalen Standorten durchgeführt werden, um der Wissenschaft maximalen Aufschluss und Einblick in die Prozesse und Entwicklungsmöglichkeiten der Überwachungstechnologien zu gewährleisten.

Fazit

Soll das 2-°C-Ziel der Klimapolitik mit hoher Wahrscheinlichkeit eingehalten werden, ohne die weltwirtschaftliche Entwicklung erheblichen Restriktionen auszusetzen, sind unter moderat konservativen Annahmen zu techno-ökonomischen Trägheiten Maßnahmen erforderlich, der Atmosphäre CO_2 zu entziehen. Dies wird erreicht, indem Biomassenutzung mit CCS kombiniert wird. In diesem Sinne scheint es nach derzeitigem Wissensstand nicht plausibel zu sein, weltweit aggregiert im Verlauf dieses Jahrhunderts auf CCS zu verzichten. In welchem Umfang aber einzelne Regionen CCS nutzen sollten, hängt von den regionalen Potenzialen konkurrierender Optionen ab.

Denkbar ist, dass *einzelne* Regionen mit sehr hohem Potenzial an Erneuerbaren Energien und ungünstigen Formationen bzw. einer hohen diesbezüglichen Risikoaversion der Bevölkerung mit nur geringen Wohlfahrtsverlusten auf CCS verzichten können. Für Europa bedeutet dies, dass idealerweise 2020 der Gesellschaft Wahlmöglichkeiten angeboten werden sollten, bei denen CCS wie auch die Erneuerbaren eine bedeutende Rolle spielen. Dazu ist es allerdings erforderlich, neben dem wachsenden Interesse an CCS den volkswirtschaftlich optimalen Ausbaupfad der Erneuerbaren im Auge zu behalten, der weltweit auf eine Steigerung des Anteils am Bruttoinlandsprodukt um mindestens eine Größenordnung (vgl. Held et al. 2009) hinausläuft. Ansonsten hätte CCS den Energieversorgern, die fossile Ressourcen nutzen, tatsächlich lediglich als Feigenblatt gedient.

Die Wissenschaft hat noch viele Fragen offen gelassen, die bis zu einer CCS-Marktphase zu beantworten sind, damit der Staat Rahmenbedingungen für einen fairen Wettbewerb der Vermeidungsoptionen setzen kann und sich so ein Marktgleichgewicht einstellt, dass kostenminimal die tatsächliche Risikopräferenz der Gesellschaft widerspiegelt. Die CCS-Demonstrationsanlagen können hierbei eine Hilfe sein, wenn die Wissenschaft aus ihnen ausreichende Datenströme erhält und die Anlagen marktkonform ausgewählt werden.

Danksagung

Unser Dank gilt O. Edenhofer, C. Flachsland, M. Kalkuhl, B. Knopf und dem gesamten Konsortium des Projekts CO_2SINK für hilfreiche Diskussionen und sachdienliche Hinweise.

Literatur

Edenhofer, O., B. Knopf & M. Kalkuhl (2009): CCS: CO_2-Sequestrierung. Ein wirksamer Beitrag zum Klimaschutz? In: ifo-Schnelldienst 62/3; u. a. basierend auf O. Edenhofer, B. Knopf, M. Leimbach & N. Bauer (Eds.): Energy Journal Special Issue on The Economics of Low Stabilisation.

Förster, A., B. Norden, K. Zinck-Jørgensen, P. Frykman, J. Kulenkampff, E. Spangenberg, J. Erzinger, M. Zimmer, J. Kopp, G. Borm, C-G. Juhlin, C. Cosma & S. Hurter (2006): Baseline Characterization of the CO2SINK Geological Storage Site at Ketzin, Germany. In: Environmental Geosciences 133, S. 145–161.

Held, H. & O. Edenhofer (2009): CCS-bonds as Superior Instruments to Incentivize Secure Carbon Sequestration. In: Energy Procedia 1 (1), S. 4559-4566, 1.

Held, H., E. Kriegler, K. Lessmann & O. Edenhofer (2009): Efficient Climate Policies under Technology and Climate Uncertainty. In: Energy Economics (in Druck).

Schilling, F., G. Borm, H. Würdemann, F. Möller, M. Kühn & CO_2SINK Group (2009): Status Report on the First European On-shore CO_2 Storage Site at Ketzin (Germany). In: Energy Procedia 1(1), S. 2029-2035.

IV. Vor-Denker & Vor-Reiter

Heike Leitschuh

Hans Glauber – ein Visionär der Schönheit

„Sprechen wir über Schönheit: Zukunftsfähig ist schön", so überschrieb Hans Glauber (1933–2008) fast provokant einen seiner Artikel, denn bisher war und ist es keineswegs Konsens, Nachhaltigkeit auch als ästhetisch-kulturelles Projekt zu betrachten. Er, der Maler, Soziologe, Unternehmensberater, Gründer des ersten italienischen Öko-Instituts in Bozen, der Natur liebhabende Bergsteiger tat es. Konsequent und beharrlich versuchte er in seinen Projekten den Blick darauf zu lenken, dass Nachhaltigkeit nicht nur eine technologische Herausforderung ist, sondern eine, die neben materiellen Bedürfnissen auch das Bedürfnis des Menschen nach Schönheit in den Blick nehmen muss: „Die scheinbar unnütze Schönheit, das scheinbar Überflüssige war und ist das Notwendige. Auf dem Weg zu einer zukunftsfähigen Gesellschaft wird die Orientierung erschwert, weil ästhetische Bedürfnisse in einer zunehmend verschmutzten und hässlich verbauten Welt permanent missachtet und die Wahrnehmung entsinnlicht werden."

Die in seiner Südtiroler Heimat, dem Hochpustertal, von ihm initiierten „Toblacher Gespräche", zu denen er seit 1985 jährlich Grenzen und Disziplinen überschreitend andere Vordenkerinnen und Vorreiter einlud, waren der Ort, an dem sich das Denken entfalten und Visionen für eine bessere Zukunft entstehen konnten. Mobilität, Energie, Wirtschaft, Landwirtschaft, Architektur, Regional- und Stadtentwicklung – viele Themen wurden hier bearbeitet und die Ergebnisse in die „Toblacher Thesen" gefasst. Diese entstanden meist bei leckerem regionalem Essen an Glaubers Küchentisch. Mit sanftem Druck wachte er dann darüber, dass die Worte den inhaltlichen Zielen entsprachen: Schön mussten sie sein, Herzen ansprechend. Er nannte das die „Poesie der Thesen". Was hier in über 15 Jahren zu Papier gebracht wurde, kondensierte Glauber zu seinem Bild eines ökologischen Wohlstands: „Langsamer, weniger, besser, schöner" – die „Schönheit des rechten Maßes". Viele hat er damit inspiriert, aber auch ermutigt, beim Thema Nachhaltigkeit an den Wurzeln anzusetzen und zugleich größer, ehrgeiziger, ja revolutionärer zu denken.

Hans Glauber war jedoch ein Visionär der Praxis. Mit Konferenzen und Texten allein wollte er sich nicht begnügen. Im Rahmen des Bozener Öko-Instituts arbeitete er zuletzt vor allem an Konzepten für eine nachhaltige Mobilitätskultur. Einiges davon konnte er in Bozen umsetzen. Noch vom Krankenbett aus kümmerte er sich um die „Toblacher Gespräche 2008", denn er hatte einen neuen Zyklus begonnen. Überhaupt hatte er noch viel im Sinn. Einen Teil davon werden andere hoffentlich weiter führen.

Bliebe noch – ganz wichtig – zu sagen, dass Hans Glauber ein warmherziger, hilfsbereiter und lebensfreudiger Mensch war, in dessen Gesellschaft man sich wohl, an- und ernst genommen fühlte.

Leseempfehlungen und künstlerische Arbeiten

Glauber, Hans (Hg.) (2006): Langsamer, weniger, besser, schöner. 15 Jahre Toblacher Gespräche: Bausteine für die Zukunft. München.

Glauber, Hans & Reinhard Pfriem (Hg.) (1992): Ökologisch wirtschaften: Erfahrungen, Strategien, Modelle. Frankfurt a. M.

Aus der mechanischen Stadt. Bilder und Lithographien von Hans Glauber. Galerie nächst St. Stephan, Wien. Katalog zur Ausstellung 22.–30. 11. 1967. Darin: Th. W. Adorno: Zu Arbeiten von Hans Glauber (abgedruckt in Adorno: Gesammelte Schriften Bd.20.2)

Aus der mechanischen Stadt ; 15.2.–10.3.1974 / [Ausstellung und Katalog: Wilfried Skreiner], Graz : Neue Galerie am Landesmuseum Joanneum, 1974. – [27] Bl.

Ulrich Grober

Maurice Strong – der Moderator in Sachen Erdpolitik

„Das unser Zeitalter beherrschende Bild ist das Bild der Erde ... als eine schöne, einsame, zerbrechliche Kugel ... Was uns dieses Bild mit einer dramatischen Kraft vermittelt: Alle gemeinsam sind wir von der Gesundheit unserer einen und einzigen Erde abhängig. Unser gemeinsames Interesse, sie zu pflegen und zu bewahren, transzendiert alle unsere willkürlichen Trennungen." Mit diesen Worten eröffnete Maurice Strong 1972 die UN-Konferenz über die menschliche Umwelt in Stockholm. Die Debatten der folgenden Tage enthüllten eine Wahrheit, die das grandiose Foto vom „Earthrise" nicht kommunizierte: Der blaue Planet ist bis an die Grenzen seiner Tragfähigkeit von Menschen bewohnt, die alle ihre eigenen Vorstellungen vom guten Leben haben. „Armut ist die schlimmste Form von Umweltverschmutzung", sagte die indische Ministerpräsidentin Indira Gandhi, die Strong mit ins Boot geholt hatte und deren Kampfansage er aufnahm: Umwelt und Entwicklung zu verknüpfen, machte er zu seinem Lebensthema.

Es brauchte aber 20 Jahre, um das Konzept „sustainable development" auszuarbeiten. Wo immer man dafür die Weichen stellte, war Strong dabei: beim Club of Rome, der UNEP, der IUCN, als Mitglied der Brundtland-Kommission. Der „Erdgipfel", der unter seinem Vorsitz 1992 in Rio stattfand, machte es zum Leitbild der UN für das 21. Jahrhundert. Dessen Essenz hatte er schon in Stockholm formuliert: „Die Idee eines dauerhaft bewohnbaren Planeten". Wer ist dieser Mann, der wie kein anderer diesen langen Prozess moderiert hat?

Aufgewachsen in einer Eisenbahnerfamilie in der kanadischen Provinz Manitoba, hatte Strong die Ära der großen Depression von ganz unten erlebt. Sein Trost war die Solidarität der einfachen Leute. Und: die Schönheit, Fülle und Vielfalt der Natur. Eine Lehre als Pelzhändler bei der Hudson's Bay Company in der Polarregion war sein Karriereeinstieg. Die Kultur der Inuit faszinierte ihn, nicht zuletzt ihre Kunst, schonend mit kargen Ressourcen umzugehen. Der steile Aufstieg gelang Strong freilich im Ölgeschäft; mit 35 wurde er Präsident eines kanadischen Energiekonzerns. Seiner frühen Begeisterung für die Idee der Völkerverständigung und für die Charta der Vereinten Nationen blieb er treu. 1966 wechselte er an die Spitze der kanadischen Entwicklungshilfe-Agentur. Dort lernte er die Verelendung der Dritten Welt aus der Nähe kennen.

Sein Netzwerk an weltweiten Kontakten nutzte Strong für die Vorbereitung der Konferenzen von Stockholm und Rio. Berührungsängste waren ihm fremd. Zum Erdgipfel lud er Bush und Greenpeace, Castro und Coca-Cola ein. Nach jedem aufreibenden Engagement für die UN kehrte er zu seinen Business-Interessen zurück. Nach Rio wurde er vorübergehend Chef von Ontario-Hydro, einem „global player" der Atomkraft, und holte Amory Lovins als Berater. In letzter Zeit agiert Strong vor allem in China. Dort propagiert er die Werte von „sustainable development" und „harmonischer Gesellschaft" in der Tradition von Konfuzius. Ob ihn das Geschäft, die Welt zu retten, denn nie frustriert habe, wurde er jüngst gefragt. „Naja", sagte er, „der Patient ist noch am Leben. In schlechter Verfassung, das ja, aber noch am Leben". Am 29. April 2009 wurde Maurice Strong 80.

Leseempfehlung

Strong Maurice: Where On Earth Are We Going? New York, London 2000.

© Milton Grant

V. Umweltinstitutionen

Global Change Management – Studiengang Eberswalde (Selbstdarstellung)

Klimawandel, Ernährungskrise und Finanzkrise sind in aller Munde. Doch es gibt bisher nur wenige Studiengänge zum globalen Wandel. Die Fachhochschule Eberswalde bietet einen Master-Studiengang an, der sich damit beschäftigt, wie ein entsprechendes Management aussehen kann und gestaltet werden sollte.

Der englischsprachige Studiengang „Global Change Management" fokussiert auf globale Umweltveränderungen, insbesondere Klimawandel, Entwaldung und Verlust von Biodiversität. Die Studierenden werden für vier Profile ausgebildet: (a) Vermeidung des globalen Umweltwandels (*mitigation*); (b) Anpassung an die unvermeidlichen Folgen (*adaptation*); (c) wissenschaftliche Profilierung und (d) „Change Management". Letzteres zielt darauf, gesellschaftliche Lernprozesse zu beschleunigen, wobei „Change Agents" Änderungspotenziale in verschiedensten Organisationen erkennen, unterstützen und beschleunigen sollen. Beispielsweise kommt der Klimaschutz nur dann in Fahrt, wenn er auf breiter Front als bewältigbares Problem gesehen wird und massive Innovationskräfte auslöst.

Sowohl die fachlichen Kenntnisse (Systemtheorie, Risikomanagement usw.) als auch die Fähigkeiten zur Moderation und Konfliktlösung, zur Organisationsentwicklung und Politikberatung werden von Hochschule und renommierten Partnern gemeinsam vermittelt, z. Z. Gesellschaft für Technische Zusammenarbeit (GTZ), Germanwatch, Münchener Rück, Naturschutzbund Deutschland (NABU), Potsdam-Institut für Klimafolgenforschung (PIK), von Thünen Institut (vTI).

Der zweijährige Studiengang zielt auf die Ausbildung von anwendungs- und lösungsorientierten Generalisten. Wenn wir weitere globale Umweltprobleme und tiefere ökonomische Ungleichheiten vermeiden wollen, müssen wir schnell die richtigen Hebel für Änderungen betätigen. Global Change Management ist ein Ansatz hierfür.

Adresse: Fachhochschule Eberswalde, Global Change Management, Leitung: Prof. Dr. Martin Welp, Alfred Moeller-Strasse 1, 16225 Eberswalde; Internet: www.fh-eberswalde.de/GCM

Umweltstammtische in Deutschland
(Selbstdarstellung)

Im August 1997 trafen sich in Hamburg ein Dutzend junger Umweltengagierter und gründeten den Hamburger Umweltstammtisch (HUS), den ersten in Deutschland. Ursprüngliche Mitglieder des HUS gründeten dann 2000 den Berliner Umweltstammtisch (BUS) und den Münchener Umweltstammtisch (MUS).

Das Konzept war – und ist – denkbar einfach. Weit entfernt von jeglichem Vereinsdenken treffen sich Umweltengagierte einmal monatlich zum Gespräch. Jeder nimmt in seiner Eigenschaft als Privatperson, nicht als Vertreter einer Institution oder eines Unternehmens teil. Im Mittelpunkt der Treffen stehen der persönliche und berufliche Austausch über eigene und gemeinsame Erfahrungen und Fragen zu verschiedenen Umweltthemen bei einem Glas Wein oder Bier.

Wie weit die inhaltliche Debatte strukturiert wird, entscheiden die Teilnehmer jedes Stammtischs für sich. Während in Hamburg bei den monatlichen Treffen jeweils zunächst ein inhaltliches Thema diskutiert wird, bevor es zum gemütlichen Teil übergeht, treffen sich die Stammtische in Berlin und München meist ohne konkrete Themenvorgabe in einem Restaurant oder einer Bar.

Seit 2000 kommen Mitglieder dieser drei Umweltstammtische einmal im Jahr für ein Wochenende in einer der drei Städte zusammen. Neben der Vorstellung und Diskussion aktueller Umweltthemen stehen Networking und der persönliche Austausch im Vordergrund.

International ist die „Stammtisch"-Idee schon etwas älter als die in Deutschland. Parallel zu den deutschen Stammtischen haben sich so genannte „Green Drinks" von London aus in der ganzen Welt verbreitet. Das Prinzip ist dabei überall gleich: gedanklicher Austausch über Umweltthemen („green") in lockerer Atmosphäre („drinks").

Über eine Internetseite sind Green Drinks aus mehr als 450 Städten der Welt mit einander vernetzt – und jeden Monat werden es mehr. Jeder Stammtisch hat die Möglichkeit, sich auf einer eigenen Unterseite darzustellen. Interessierte haben so die Möglichkeit, sich über den Stammtisch in ihrer Nähe zu informieren – oder selbst einen zu gründen. In Flensburg befindet sich gerade ein weiterer Umweltstammtisch in Deutschland im Aufbau. Und er wird sicher nicht der letzte bleiben.

Internet: www.greendrinks.org

VI. Ökologie in Zahlen

Michael Angrick

Ressourcennutzung, Ressourcenschonung – Beispiel Deutschland

> Wonach der Motor fertig ist und der letzte Mann ihn auf die Reise schickt... Nur dass er nicht der letzte Mann ist. Unten sind noch andere Männer, die sich den Motor in dem Moment, wo ihm ein Fahrgestell entgegenrollt, schnappen. Diese Männer verbinden den Motor mit dem Getriebe...
>
> Sie beschicken den Gebläseofen mit Eisenerz und gießen geschmolzenen Stahl aus Gießpfannen in Gussformen. Sie gießen genau im richtigen Tempo – zu schnell, und die Form explodiert, zu langsam, und der Stahl wird hart. Sie können nicht innehalten, um sich die brennenden Metallstückchen vom Arm zu wischen...
>
> Die Gießerei ist das tiefste Innere des Rouge, sein geschmolzener Kern, aber das Band reicht weiter zurück. Es reicht bis zu den Kohle- und Koksbergen, reicht bis zum Fluss, wo die Frachter anlegen, um das Erz zu entladen, und dort wird das Band zum Fluss, schlängelt sich zu den Wäldern im Norden, bis es bei der Quelle ankommt, der Erde nämlich, dem Kalkstein und Sandstein darin. Und dann führt das Band wieder zurück, aus tiefen Erdschichten zum Fluss, zu den Frachtern und schließlich zu den Kränen, Schaufeln und Gießereien, wo es sich in geschmolzenen Stahl verwandelt und in Formen gegossen wird, zu Autoteilen abkühlt und aushärtet – den Zahnrädern, Antriebswellen und Benzintanks des Modell T des Jahres 1922.
>
> Jeffrey Eugenides: *Middlesex*. Hamburg 2004.

Verwendet man den Begriff „natürliche Ressourcen" im Sinne der EU-Ressourcenstrategie (EU Kommission 2005), dann zählen dazu:

- Rohstoffe wie Mineralien, Biomasse und biologische Ressourcen,
- Umweltmedien, also Luft, Wasser und Boden,
- strömende Ressourcen wie Windenergie, geothermische Energie, Gezeiten- und Sonnenenergie,
- physischer Raum, also Land.

Der Umfang des Ressourcenverbrauchs vermindert zunehmend die Fähigkeit unseres Planeten, die Lebensgrundlagen für Mensch und Tier zu regenerieren. Hielten wir an den herkömmlichen Verbrauchsmustern fest, würde sich der globale Ressourcenverbrauch innerhalb der nächsten 20 Jahre vervielfachen und damit auf Kosten der Lebensgrundlagen jetziger und künftiger Generationen weit über die Regenerationsfähigkeit der Natur hinausgehen. Daher ist es dringend erforderlich, dass sich alle Staaten auf eine nachhaltige Wirtschaftsweise umstellen, indem sie die Ressourceneffizienz erhöhen, den absoluten Ressourcenverbrauch senken, vom ressourcenintensiven Konsum abkehren und zu einer ressourcenschonenden Lebensweise übergehen (vgl. Angrick 2008).

Nachhaltige Wirtschaftsweise

Die Bundesrepublik Deutschland gehört zu den Staaten, die sich der *Agenda 21*, dem umweltpolitischen Aktionsprogramm der UN-Konferenz für Umwelt und Entwicklung von 1992 für das 21. Jahrhundert verpflichtet haben. Nach dieser Agenda ist der weltweiten ökologischen, ökonomischen und sozialen Verschlechterung entgegenzuwirken, schrittweise eine Verbesserung zu erreichen und eine nachhaltige Nutzung der natürlichen Ressourcen sicherzustellen.

Die Bundesregierung hat sich im Rahmen der Nationalen Nachhaltigkeitsstrategie unter anderem das Ziel gesetzt, die Rohstoffproduktivität bis zum Jahre 2020 bezogen auf das Basisjahr 1994 zu verdoppeln. Das heißt: der Ressourceneinsatz pro Einheit des Bruttosozialprodukts soll halbiert werden (vgl. Nachhaltigkeitsstrategie 2002). Ebenso soll der tägliche zusätzliche Flächenverbrauch für Siedlungs- und Verkehrszwecke bis 2020 auf 30 Hektar begrenzt werden. Von der Erreichung dieser Ziele sind wir noch ein gutes Stück entfernt und es ist zweifelhaft, ob es uns gelingen wird, in dem noch verbleibenden Zeitraum die Lücken zu schließen.

Welche Fakten und Daten haben wir für solche Prognosen? Was macht uns so sicher, eine Umkehr von bestehenden Produktions- und Konsummustern zu fordern? In diesem Beitrag wird versucht, die wichtigsten Fakten zur Beantwortung dieser Fragen zusammenzufassen und die Datenlage zu bewerten. Aus Platzgründen ist allerdings eine Beschränkung auf ausgewählte Bereiche erforderlich.

Wertschöpfungsketten betrachten

Ein literarisches Beispiel einer Wertschöpfungskette steht am Anfang dieses Beitrags: Jeffrey Eugenides beschreibt in seinem Roman *Middlesex* sehr anschaulich die Herstellung eines Pkw.

Ein erster umweltbelastender Schritt in den Wertschöpfungsketten ist die Materialherstellung. Die Effizienzpotenziale auf der Stufe der

Materialherstellung sind jedoch bei konventionellen anorganischen Materialien wie Eisen und Stahl oder Zement in den Industrieländern zum großen Teil ausgeschöpft, wie diese Beispiele zeigen:

Um 1 t Walzstahl zu erzeugen wurden 1955 noch 2,45 t Erz, Schrott und Legierungen benötigt – heute kommt man mit 1,55 t aus. Der Koksbedarf zur Erzeugung von 1 t Roheisen konnte von 1913 bis heute von 1,3 auf 0,4 t reduziert werden – mehr geht aus naturgesetzlichen Gründen kaum noch. In der gleichen Zeit stieg die Jahresweltproduktion an Roheisen von etwa 75 Mio. t auf rund 1 Mrd. t Roheisen – und sie steigt weiter. Einem Effizienzgewinn um den Faktor 4 steht ein Mengenzuwachs um den Faktor 13 gegenüber (vgl. Henseling & Loske 2006). So wird jede Effizienzsteigerung überkompensiert.

Die Betrachtung der Wertschöpfungskette beschränkt sich zumeist immer noch auf den Bereich der Produktion. Hier besteht die beste Datenlage und hier ist im Verlauf der letzten Jahrzehnte sehr viel geschehen, wie das oben genannte Beispiel aus der Eisen- und Stahlerzeugung belegt. Das Potenzial zur weiteren Steigerung der Ressourceneffizienz im Produktionsbereich liegt aber wohl nur noch in einer Größenordnung von maximal 20 %. Höhere Effizienzbeiträge lassen sich dagegen in den Bereichen der Rohstoffgewinnung einschließlich des Transports (also in der Zuliefererkette) vermuten, wie aber vor allem im eigentlichen Konsumbereich (vgl. Abbildung 1).

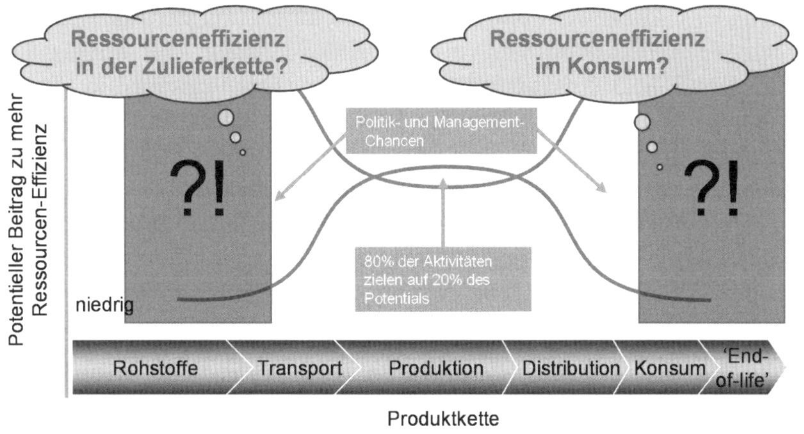

Abb. 1: Wo stecken die größten Beiträge zur Steigerung der Ressourceneffizienz?

Quelle: Angrick 2007

Es ist also ratsam, diese Bereiche der Wertschöpfungskette genauer zu betrachten und hier schlummernde Effizienzpotenziale zu wecken.

Rohstoffentnahme mit großen Rucksäcken

Mit der Rohstoffgewinnung ist auch der Abbau nicht verwertbaren Materials verbunden. Abraum und Bergematerial müssen entnommen werden, um an die „eigentlichen Rohstoffe“ zu gelangen. Im Durchschnitt fielen im Jahre 2004 im Inland auf 1 t „verwerteter abiotischer Entnahme“ 2,2 t nicht genutzten Materials an. Für das Ausland verfügen wir über keine Vergleichszahlen, vermuten allerdings weit ungünstigere Verhältnisse.

Die größten Mengen an „Produktionsabfällen“ entstehen bei der Gewinnung von Rohstoffen und sie nehmen ab, je ausgefeilter die Produktion des eigentlichen Erzeugnisses gestaltet ist. Also ist es folgerichtig, die Abfallmengen bei der Rohstoffgewinnung zu begrenzen. Dies praktiziert die Industrie auch schon seit Jahren, weil nicht nur die Gewinnung von Rohstoffen im Ausland geschieht, sondern auch häufig die Herstellung von Halbzeugen (Primärprodukten) dort stattfindet. So sieht unsere heimische Abfallstatistik doch hübsch umweltfreundlich aus. Allerdings ergibt sich mit dieser Verlagerung substanziell noch keine Effizienzsteigerung; wahrscheinlicher ist eher das Gegenteil, da häufig mit weniger hohem Technikstandard „Materialgewinnung“ erfolgt.

Abbildung 2 vermittelt einen Eindruck davon, wie stark die Zunahme des Abraums vom Erzgehalt abhängig ist. Da Mineralien mit hohen Erzgehalten immer seltener werden, steigt der erzeugte Abraum stetig. In diesem Zusammenhang weise ich darauf hin, dass der oft gehörte Einwand, es gäbe gar keine Knappheiten und Metalle verbrauchten sich nicht, sie würden allenfalls umgewandelt, zwar chemisch betrachtet zutreffend ist, aber nicht die Frage beantwortet, was wir mit in aller Welt feinstverteilten Metallstäuben anfangen sollen.

Um weitere Fakten sprechen zu lassen, seien einige Zahlen zusammengeführt, die zeigen, wie schwer die ökologischen Rucksäcke einzelner Stoffe tatsächlich sind und mit welchen gewaltigen Belastungen liebgewordener Produkte ausgestattet sind (siehe Tabelle 1).

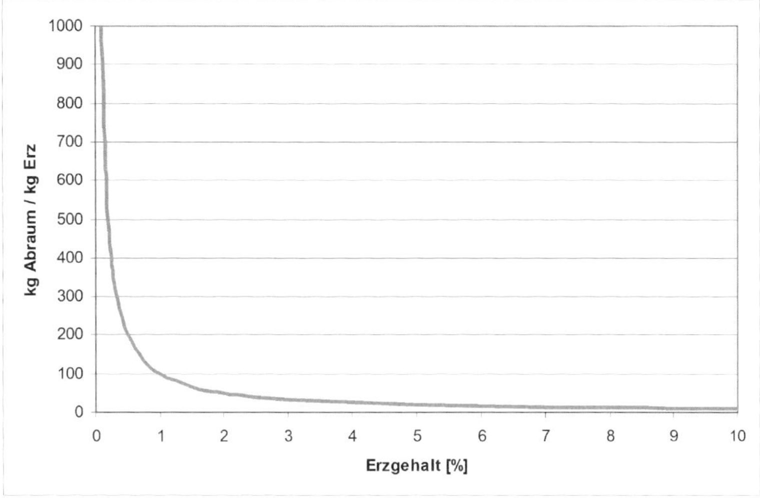

Abb. 2: Sinkende Erzgehalte verursachen stark steigende Abraummengen

Quelle: Angrick 2007

Am Beispiel eines kleinen Bestandteils eines Notebooks soll der „ökologische Rucksack" verdeutlicht werden: Die Hälfte der Einzelteile einer Festplatte bestehen aus leichtem Aluminium mit einem Gesamtgewicht von 60 g. Packt man aber den ökologischen Rucksack mit allen anfallenden Stoffströmen dazu, so werden aus diesen 60 g insgesamt rund 3 kg. Dabei schlägt die Aluminiumgewinnung durch den Abbau von Bauxit umgerechnet mit etwa 660 g zu Buche. Die Verarbeitung des Bauxits zu Aluminiumblechen (unter der Annahme, dass die Produktion in den USA erfolgt) „wiegt" 1980 g. Der Transport der Alubleche per Schiff aus den USA zur Verarbeitung in Japan macht etwa 270 g aus. Die Entsorgung des Aluminiums bzw. der Abfälle, die bei der Herstellung von Aluminium entstehen, ergeben rund 150 g.

Im wahrsten Sinne des Wortes „erschwerend" kommt hinzu, dass immer neue Produkte auf dem Markt erscheinen und die Preise ständig sinken. Wenn ein Notebook „veraltet" ist, ersetzt man es durch ein neues. Dadurch wird die durchschnittliche Lebensdauer der Geräte immer kürzer. Mit dem Einkauf neuer Produkte erhöht sich demzufolge auch die Anzahl der ökologischen Rucksäcke.

Tab. 1: Ökologische Rucksäcke und Abraummengen von Materialien und Produkten

Material/Produkt	Abraum/sonstige Belastung	Anmerkungen
Braunkohle	8 t /t verwerteter Rohstoff	
Ölsande und -schiefer	Siehe Anmerkungen	Mit der verstärkten Nutzung nicht konventioneller Lagerstätten (Ölsande und Ölschiefer) mit ihren typischen Ölgehalten zwischen 1 % und 20 % wird sich die Ressourceneffizienz verschlechtern. Hierzu liegen bislang jedoch noch keine detaillierten Untersuchungen vor. Bereits ein Ölgehalt von 20 % wird den Materialverbrauch pro t Heizöl von heute 1,36 t auf über 5 t Abraum erhöhen.
Aluminium	Je nach Qualität des Bauxits, des Grundstoffs für die Gewinnung von Aluminium, und in Abhängigkeit vom technischen Stand der Fabriken entstehen zwischen 1,1 und 6,2 t Rotschlamm pro t Aluminium.	Allein über die gesamten mit der Gewinnung von Bauxit einhergehenden Umweltverschmutzungen lassen sich ganze Bücher füllen.
Gold	Je g Gold wird etwa 1 t giftiger Abraum produziert.	
Mobiltelefon	75 kg	
Musik-CD	1,5 kg	
Mikrochip	20 kg	
PC	1,2 t	

Quelle: Angrick 2008

Abfälle als Rohstofflager

Das Ziel der Bundesregierung, die Rohstoffproduktivität in Deutschland bis zum Jahr 2020 gegenüber 1994 zu verdoppeln und das von der EU-Kommission formulierte Ziel, in Europa eine „Recyclinggesellschaft" zu entwickeln, lenken das Augenmerk verstärkt auf bestimmte

Abfallströme (mineralische Abfälle) und Materialen, die die Abfallwirtschaft erst in Zukunft erreichen werden. Die Knappheit der Energierohstoffe begleitet seit mehreren Jahren die zunehmende Knappheit an Industrierohstoffen, insbesondere der metallischen Rohstoffe. Ursächlich für die Rohstoffverknappung auf den Märkten ist die zunehmende Bedeutung wachsender, großer Volkswirtschaften als Nachfrager, wie vor allem China und Indien. Als Folge stieg zwischen 2003 und 2008 nicht nur der Rohölpreis, sondern auch der Schrottpreis um jeweils 100 % und mehr.

Nicht nur die Steigerung der Ressourcenproduktivität ist ein Mittel einer strategischen Rohstoffpolitik, sondern ebenso die Diversifizierung der Rohstoffbezugsquellen – auch Recycling trägt zur Diversifizierung bei. Mit der weltweit steigenden Nachfrage nach Industrierohstoffen wächst die Bedeutung anthropogener Lager, also der in Nutzung befindlichen Rohstoffe, und – zeitlich versetzt – die Lager in Deponien und in der weiteren Umwelt. Besonders deutlich wird dies bei Rohstoffen wie Kupfer. Für Kupfer ist der Umfang des globalen anthropogenen Lageraufbaus – also langlebige kupferhaltige Güter der Technosphäre, Bau- und Infrastruktureinrichtungen sowie Deponien – inzwischen in etwa genauso groß wie die noch verbliebenen und technisch-wirtschaftlich ausbeutbaren Lagerreserven.

Um den Kupferbedarf auch in Zukunft decken zu können, müssen daher neben einem materialeffizienten Einsatz auch Konzepte zur Nutzung anthropogener Materiallager – bekannt unter dem Begriff „urban mining" – zum Zuge kommen (siehe hierzu den Beitrag von Christian Hagelüken in diesem Band). Vermutlich sind Städte und Gemeinden wichtige Rohstoffquellen von morgen. Bereits heute ist der Rohstoffabbau im Gebäudebestand über selektiven Rückbau oder Abriss von Gebäuden und die Rückgewinnung, z. B. von Kupfer, ein wichtiges Ressourcenthema.

Wie hoch das anthropogene Kupferlager in Deutschland tatsächlich ist und wie es sich räumlich verteilt, ist aber noch weitgehend unbekannt. Welche Metallmengen beispielsweise in gewerblichen Gebäuden und Infrastrukturen „lagern" und mit welcher Dynamik sie sich verändern, also auch die Abfallbranche erreichen, ist noch nicht hinreichend untersucht. Ebenfalls fehlen valide Bau- und Abbruchprognosen, die darüber Auskunft geben würden, welchen Beitrag verbaute Metalle künftig zur Rohstoffversorgung leisten könnten.

Dies gilt auch für andere Mineralien wie z. B. Phosphor. Die deutsche Landwirtschaft importiert jährlich rund 150 000 t Phosphor in

Form von P-Mineraldüngern. Die Phosphatgewinnung ist mit erheblichen, die Umwelt schädigenden Emissionen verbunden. Ziel muss es daher sein, dass Phosphate künftig aus Abwasser, Klärschlamm, Tiermehl und Knochenmehl zurückgewonnen werden. Durch den Aufbau von Rückgewinnungsverfahren soll der Import von Rohphosphaten bis zum Jahr 2020 um ein Drittel gegenüber heute reduziert werden.

„Urban mining" bedeutet auch, dass Städte und Gemeinden weitere Ressourcenschonungspotenziale identifizieren und heben. Bereits heute werden in Deutschland fast 88 % des Altglases und Altpapiers, rund 82 % des Weißblechs und 72 % des Aluminiums recycelt. Aber noch ist die Verwertung hausmüllähnlicher Gewerbeabfälle, der Inhalt der grauen Restmülltonne, ja selbst getrennt erfasster Kompost oder getrennt erfasste Leichtverpackungen häufig nicht optimal. So geht der Energieinhaltdes Komposts verloren, wenn auf eine vorherige Vergärung verzichtet wird. Ebenso gehen durch die gängigen Formen der Beseitigung die in der Grauen Tonne enthaltenen Wertstoffe für eine stofflich-werkstoffliche Verwertung verloren (immerhin 15 bis 20 % des Tonneninhaltes).

Weiter steigende oder auch nur auf hohem Niveau stagnierende Rohstoffpreise könnten künftig sogar vormals eher utopisch anmutende Vorstellungen ökonomisch attraktiv machen: den Rückbau der Siedlungsabfalldeponien, der geologisch jüngsten Rohstofflager für eine stoffliche oder energetische Verwertung der darin enthaltenen Wertstoffe.

Erste Schätzungen zu einem solchen „waste mining" gehen davon aus, dass in den deutschen Deponien ca. 26 Mio. t Eisenschrott, 850 000 t Kupferschrott und 500 000 t Aluminiumschrott lagern. Das entspricht 124, 142 bzw. 54 % des deutschen Jahresverbrauchs dieser Materialien. Darüber hinaus bergen diese Deponien noch Materialien, die durch thermische Verwertung einen nicht unerheblichen Beitrag zur Deckung des Primärenergieverbrauchs leisten könnten.

Bislang weisen Produktions- und Konsumprozesse üblicherweise eine lineare Struktur auf. Das heißt: am Anfang wird die Quellenfunktion der Biosphäre beansprucht, weil Ressourcen entnommen werden. Nach deren Verwendung und Umwandlung, also am Ende des Prozesses, wird durch die Freisetzung von Emissionen (Abfälle sind ebenfalls Emissionen!) die Senkenfunktion der Biosphäre genutzt (vgl. hierzu Paech 2005). Bezogen auf materielle Dinge werden unter Abfall Stoffe, Gegenstände, Rückstände, Reste verstanden, die für ihren Besitzer ihren Nutzen verloren haben. Der Übergang vom Wert zum Unwert, vom Gut zum Abfall erfolgt in der Regel subjektiv und orientiert sich an wirtschaftlichen Wertvorstellungen oder Nutzungsmöglichkeiten des Einzelnen oder der Gesellschaft. Da die Grenze zwischen Gut und Abfall, zwischen Wert und Unwert von Dingen aber von subjektiven bzw. sozialen Einschätzungen abhängt und somit veränderlich ist, stößt eine genaue Definition von Abfall auf grundsätzliche Schwierigkeiten. Wenn die Beschaffung von Rohstoffen und Produkten schwierig und aufwendig ist, werden Gegenstände, Waren, Altstoffe sorgfältig behandelt, gepflegt, repariert, gesammelt, wieder- oder weiterverwendet. Dies galt für die Entwicklung der Menschheit bis in das Industriezeitalter. Dies galt besonders in Not- und Kriegszeiten (Mangelwirtschaft). Dies gilt heute noch in armen Entwicklungsländern.

Solange der Mensch ausschließlich Naturprodukte verwendete, war die Abfallentsorgung kein Problem. Die Natur kennt keinen Abfall. Sie baut organische Stoffe ab und verwendet sie erneut als Nahrung oder Nährboden für neue Lebewesen in einem perfekten Kreislaufsystem. Allerdings gibt es auch in der Natur so genannte geogene Deponien, in denen nicht mehr verwertbares Material abgelagert wurde, sei es für anorganische oder organische Stoffe. Seit dem Industriezeitalter, der Massenproduktion und dem damit verbundenen Anstieg der Bevölkerungszahl und des Wohlstandes stiegen die anthropogenen Abfallmengen drastisch an. Dies gilt für beide Hauptquellen der Abfallentstehung, die Produktion und den Konsum gleichermaßen.

Die Entscheidung, welche Arten und Mengen von Abfällen bei Produktionsverfahren in Gewerbe und Industrie entstehen, hängt bislang im Wesentlichen von wirtschaftlichen Faktoren ab. Erstens von den Kosten für die zu verarbeitenden Rohstoffe im Vergleich zu den Kosten für die Wiederverwendung oder anderweitige Nutzung, zweitens von den Kosten für die Entsorgung der Abfälle.

Niedrige Rohstoffpreise und in der Vergangenheit niedrige Abfallbeseitigungskosten begünstigten das Entstehen großer Abfallmengen und behinderten die Entwicklung von Kreislaufkonzepten. Ähnliches gilt für die Mehrzahl der Waren. Billige Massenproduktion und hohe Lohnkosten für Wartung und Reparatur förderten den Trend zu Wegwerfartikeln. In der Folge verzeichnete man ein dramatisches Anwachsen der Abfallmengen, deren Entsorgung zunehmend Probleme machte.

Ressourcenbedarf für den Konsum

Private Haushalte tragen in erheblichem Umfang zur Belastung der Umwelt bei. So hat sich in den letzten zehn Jahren ressourcenintensive Technik in immer weiteren Haushaltsbereichen breitgemacht. Allein der Ausstattungsgrad von Haushalten mit Großgeräten und Computern stieg in Deutschland um 100 bis 200 %. Auch stieg der direkte Verbrauch von Siedlungsfläche durch private Haushalte zwischen 1996 und 2004 um 16 %. Der Anteil der privaten Haushalte am Primärenergieverbrauch liegt bei 34 %. Allein diese Zahlen zeigen, in welchem Maße deshalb auch unsere Konsummuster überprüft werden müssen. Doch wer ist legitimiert, bestimmte Produkte zu verdammen? Wer soll entscheiden, dass bestimmte Produkte eine Verbreitung finden und andere nicht? Eines aber ist offensichtlich: Wir müssen das mengenmäßige Wachstum beenden, ein ressourcenintensives Wirtschaftswachstum kann auf Dauer nicht funktionieren und muss früher oder später kollabieren. Daher ist Umsteuern erforderlich. Zu diesem Umsteuern gehört auch, die Konsumgewohnheiten zu verändern. Dazu benötigen die Konsumenten allerdings den Zugang zu transparenter Information, insbesondere zu Produktkennzeichnungen, die Auskunft darüber geben, was das Produkt an ökologischen Rucksäcken mit sich herumschleppt. Dann können wir uns bewusster entscheiden, unsere Werturteile selber fällen und nachhaltig(er) handeln.

Literatur

Angrick, M. (2007): Herausforderung und Ziele im Politikfeld Rohstoffproduktivität und Ressourcenschonung. Rede zur Eröffnung der „Ressourcendialoge" in Düsseldorf.

Angrick, M. (2008): Ressourcenschutz für unseren Planeten. Marburg.

Bundesanstalt für Geowissenschaften und Rohstoffe, Statistisches Bundesamt, Umweltbundesamt: Umweltdaten Deutschland, Ausgabe 2007.

Bundesregierung (2002): Perspektiven für Deutschland – Unsere Strategie für eine nachhaltige Entwicklung, Berlin.

EU Kommission: Thematische Strategie für eine nachhaltige Nutzung natürlicher Ressourcen, Mitteilung der Kommission KOM (2005), 670 vom 21.12. 2005.

Henseling, K. O. & R. Loske: Wider die Wachstumsfrömmigkeit - und für wirkliche Innovationen! In: Ökologisches Wirtschaften, 2/2006, S. 17–19.

Paech, N.: Nachhaltigkeit zwischen ökologischer Konsistenz und Dematerialisierung: Hat sich die Wachstumsfrage erledigt? In: Natur und Kultur 6/1, 2005, S. 52–72.

Friedrich Hinterberger

„Ökologischer Rucksack" – globale Ressourcenflüsse und das Beispiel Österreich

Globale Größenordnungen

Weltweit werden jährlich über 50 000 000 000 000 kg Rohstoffe gefördert, geerntet und genutzt. Dazu kommen noch einmal etwa 40 000 000 000 000 kg, die beim Abbau von Ressourcen umgesetzt werden, aber nicht in Produktionsprozesse eingehen. Insgesamt sind es also 90 Mrd. t Material, die der Mensch jedes Jahr bewegt.

Diese beeindruckenden Zahlen beschreiben Eingriffe in die natürlichen Kreisläufe und Gleichgewichte (Kohlenstoff, Wasser, globale Ökosysteme), die letztlich für die bekannten Umweltprobleme verantwortlich sind: vom Artensterben bis zum Klimawandel. Denn hinter jedem globalen Umweltproblem stehen letztlich physikalische Vorgänge, also Eingriffe in die Natur, die die Dynamik der Erde verändern – und zwar in einer Größenordnung, die zu Veränderungen führen, die für Mensch, Wirtschaft und Gesellschaft höchst gefährlich werden könnten. Diese Auswirkungen sind andernorts ausführlich beschrieben worden (vgl. Giljum et al. 2005; Jäger 2007; Schmidt-Bleek 2007). Im vorliegenden Beitrag geht es um die Größenordnung der vom Menschen verursachten Umweltveränderungen.

Pro Erdenbürger macht die oben genannte Größenordnung 14 t pro Jahr oder 39 kg pro Tag aus – ein „ökologischer Rucksack", den nur gut trainierte Menschen noch tragen könnten. Ökologisch verträglich wäre nur knapp die Hälfte: 6 t – sagt und begründet Stefan Bringezu in einem vor kurzem erschienenen Buch (vgl. Bringezu 2009); das wären etwa 16 kg pro Tag.

Zählt man die ökonomisch nicht verwerteten, also ungenutzten Materialbewegungen hinzu, dann sind es über 22 kg pro Tag (oder 8 t pro Jahr), die jeder Erdenbürger im Durschnitt an Naturbeeinflussung verursacht. Allerdings sind diese Extraktionen global recht ungleich verteilt. So werden in Ozeanien im Durchschnitt pro Kopf der Bevölkerung über 260 t aus der Erde gebuddelt, in Afrika oder Asien etwa 8,5 t. Siehe dazu die Tabelle 1, die auch zeigt, dass in Ozeanien weniger als ein Viertel dessen, was als Materialextraktion aus der Erde geholt wird, auch wirtschaftlich genutzt wird, in Nordamerika die Hälfte und im Rest der Welt etwa zwei Drittel.

Tab. 1: Ressourcenextraktion pro Kopf nach Weltregionen (2005)

	Bevölkerung	Genutzte Ressourcen-extraktion/Jahr	Gesamte Ressourcen-extraktion/ Jahr	Genutzte Ressourcen-extraktion pro Kopf und Tag	Gesamte Ressourcen-extraktion pro Kopf und Tag
	Mio.	1000 t	1000 t	kg	kg
Afrika	922	4 845 043,39	7 908 859,67	14,40	23,51
Asien	4081	23 480 559,86	34 676 041,05	15,76	23,28
Latein-amerika	470	8 271 250,10	11 942 493,25	48,24	69,66
Nord-amerika	437	7 913 928,56	16 094 599,39	49,65	100,97
Ozea-nien	33	1 923 021,22	8 610 043,18	161,18	721,67
Europa	562	7 184 073,36	12 682 768,70	35,00	61,78
Summe	6504	53 617 876,48	91 914 805,25	22,58	38,72

Quelle: materialflows.net

Interessant ist auch ein Vergleich mit dem Einkommen bzw. der Wirtschaftsleistung, also dem Bruttoinlandsprodukt (BIP). Weltweit wird etwa ein Wert von 40 US-Cent aus 1 kg bewegter Natur (gesamte Extraktion) geschöpft und nicht mehr als 67 US-Cent aus 1 kg genutzter Materialextraktion. Man kann dies als globale Ressourcenproduktivität bezeichnen. Umgekehrt formuliert: Im Durchschnitt werden 1,5 bis 2,5 kg Natur bewegt, um einen US-Dollar zu erwirtschaften, zu verdienen oder den Gegenwert zu konsumieren – was als Ressourcenintensität bezeichnet wird. Siehe dazu Tabelle 2.

Tab. 2: Ressourcenproduktivität und -intensität nach Weltregionen (2005)

	BIP	Genutzte Ressourcenextraktion/ Jahr	Gesamte Ressourcen-extraktion/ Jahr	Genutzte Ressourcen-extraktion/ US-$	Gesamte Resourcen-extraktion/US-$
Region/ Einheit	Mrd. US-$	1000 t	1000 t	kg/$	kg/$
Afrika	718	4 845 043,39	7 908 859,67	6,75	11,01
Asien	11 006	23 480 559,86	34 676 041,05	2,13	3,15
Latein-amerika	2069	8 271 250,10	11 942 493,25	4,00	5,77
Nordamerika	12 491	7 913 928,56	16 094 599,39	0,63	1,29
Ozeanien	537	1 923 021,22	8 610 043,18	3,59	16,06
Europa	**9330**	**7 184 073,36**	**12 682 768,70**	**0,77**	**1,36**
Summe	**36 151**	**53 617 876,48**	**91 914 805,25**	**1,48**	**2,54**

Quelle: materialflows.net

Bei einem Wechselkurs von 1 : 1,33 zwischen Euro und Dollar beläuft sich die Welt-Ressourcenintensität auf 2 kg (genutzt) bzw. 3,4 kg (gesamte Extraktion) pro Euro und die Welt-Ressourcenproduktivität auf 50 Euro-Cent (genutzt) bzw. 30 Euro-Cent pro kg (gesamte Materialextraktion).

Die Unterschiede zwischen Ozeanien und Europa machen fast einen Faktor 10 aus. Interessant ist daher auch, die Anteile der Weltregionen an der Bevölkerung, der Wirtschaftsleistung und der Ressourcenextraktion miteinander zu vergleichen. Siehe dazu Tabelle 3.

Tab. 3: Anteile der Ressourcenextraktion nach Weltregionen (2005)

	Bevölkerung	**BIP**	**Genutzte Ressourcenextraktion /Jahr**	**Gesamte Ressourcenextraktion/ Jahr**	**% der Bevölkerung**	**% des BIP**
Region/ Einheit	**Mio.**	**Mrd. US-$**	**1000 t**	**1000 t**		
Afrika	921	718	4 845 043,39	7 908 859,67	14	2
Asien	4081	11 006	23 480 559,86	34 676 041,05	63	30
Lateinamerika	470	2069	8 271 250,10	11 942 493,25	7	6
Nordamerika	437	12 491	7 913 928,56	16 094 599,39	7	35
Ozeanien	33	537	1 923 021,22	8 610 043,18	1	1
Europa	562	**9330**	7 184 073,36	12 682 768,70	9	26
Summe	**6504**	**36 151**	**53 617 876,48**	**91 914 805,25**	**100**	**100**

Quelle: materialflows.net

Danach fördert Europa mit 9 % der Weltbevölkerung und 26 % der globalen Wirtschaftsleistung etwa 14 % der Welt-Ressourcen, Afrika hingegen mit 14 % der Weltbevölkerung und 2 % der globalen Wirtschaftsleistung 9 %; in Asien, wo fast 2/3 der Weltbevölkerung leben, aber weniger als 1/3 des globalen Wirtschaftsleistung erbracht wird, erfolgen 38 % der weltweiten Ressourcenextraktion.

Ressourcen werden zu einem großen Teil nicht dort konsumiert, wo sie gefördert werden; sie werden vielmehr über den internationalen Handel dorthin verteilt, wo kaufkräftige Nachfrage besteht. So leben wir in Europa zum Teil von der Ressourcenbasis anderer, großenteils ärmerer Kontinente. Global gesehen ist dieser „materielle Konsum" (*material consumption*) gleich der gesamten weltweiten Extraktion, also rund 90 Mrd. t pro Jahr.

Verlässliche Daten dazu liegen allerdings nur aus dem Jahr 2000 vor und diese auch nur für das genutzte Material (vgl. Giljum et al. 2008). Wir können danach Ressourcenextraktion (hier: *domestic extraction*, DE – in den Ländern/Regionen, wo die Ressourcen gefördert bzw. geerntet werden) vom Ressourcenkonsum (hier: *raw material consumption*, RMC – in den Ländern, wo sie der Endnachfrage zur Verfügung stehen) unterscheiden. Diese Daten liegen allerdings nicht nach Kontinenten vor (wie oben), sondern nur für die Länderkategorien EU25, OECD (außer EU), Schwellenländer und Rest der Welt.

Die Unterschiede zwischen Ressourcenextraktion (DE) und Ressourcenkonsum (RMC) fallen in dieser Aggregation unterschiedlich aus. So liegt etwa der Ressourcenkonsum Europas mit 7,36 Mrd. t um gut 20 % über der Extraktion. Es werden also mehr ressourcenintensive Güter (insbesondere fossile Energieträger und metallische Rohstoffe) importiert als exportiert. In den übrigen OECD-Staaten ist dieser Unterschied mit etwa 10 % etwas geringer. Im Rest der Welt und in den Schwellenländern verhält es sich genau umgekehrt: dort werden etwa 12 % weniger Ressourcen konsumiert als gefördert/geerntet. Siehe hierzu Tabelle 4.

Tab. 4: Ressourcenkonsum nach Weltregionen (2000)

	1000 t (absolut)	**t pro Kopf und Jahr**		**kg pro Tag**			
Region/Einheit	**DE**	**RMC**	**pro Kopf**	**DE**	**RMC**	**DE**	**RMC**
EU-25	6 055 501	7 357 905	456 300 708	13,27	16,13	36,36	44,18
OECD (außer EU)	14 761 296	16 052 539	711 408 074	20,75	22,56	56,85	61,82
Schwellenländer	17 624 690	15 830 109	3 164 012 708	5,57	5,00	15,26	13,71
Rest der Welt	13 521 181	11 970 705	2 040 978 998	6,62	5,87	18,15	16,07
Total	**51 962 667**	**51 211 259**	**6 372 700 488**	**8,15**	**8,04**	**22,34**	**22,02**

Quelle: materialflows.net

Schauen wir uns nun wieder die Pro-Kopf-Verbräuche an, so wird weltweit mit 22 kg pro Tag natürlich genau so viel gefördert/geerntet wie konsumiert. Doch während ein Europäer täglich 36 kg extrahiert, konsumiert er über 44 kg pro Tag. Im Rest der Welt kommen dagegen auf gut 6,5 kg Extraktion pro Kopf weniger als 6 kg Konsum.

Diese Zahlen spiegeln die globale Ungleichverteilung allerdings nur oberflächlich wider. Ziehen wir dagegen die Ressourcenintensität von durchschnittlich 2,5 kg pro US-Dollar als Bezugsgröße heran, dann macht der Ressourcenkonsum in den ärmsten Ländern (mit einem

Einkommen von durchschnittlich 1 US-Dollar pro Tag) etwa ein Sechstel des „nachhaltigen" Wertes aus; der Durchschnitts-Afrikaner mit einem Pro-Kopf-Einkommen von 2 US-Dollar pro Tag kommt auf 5 kg pro Tag (oder 1,8 t pro Jahr), was in etwa einem Drittel des „nachhaltigen" Wertes entspricht. In Europa kommen wir hingegen auf sage und schreibe 112 kg pro Tag (oder 40 t pro Jahr.)

Abb. 1: Ökologischer Rucksack bei einem Einkauf von 20 : 60 kg. Nachhaltig wären

15 kg.

Quelle: SERI. Grafik: Roswitha Peintner

Wenn wir Europäer im Supermarkt für 20 Euro einkaufen und 7 kg Lebensmittel nach Hause tragen, dann beträgt der „ökologische Rucksack" dieses Einkaufs gut und gerne 60 kg (siehe hierzu Abbildung 1). Kaufen wir (mit Hilfe der Abwrackprämie) ein Auto mit 1,6 t Gewicht, dann kaufen wir zugleich einen ökologischen Rucksack von etwa 70 t Gewicht. (Es ist eine Perversion, die Abwrackprämie eine Umweltprämie zu nennen). Kauft man eine CD, so hat selbst diese schon einen Rucksack von etwa 1,6 kg. Selbst ein einfaches Download am eigenen PC hat über den Energieverbrauch des Computers und des Internets einen schweren Rucksack.

In diesen Zahlen enthalten sind die Ressourcenentnahme, der Transport, die Verpackung und der Energieverbrauch beim Gebrauch der Produkte. Diese Größenordnungen sind – wie gesagt – immer zu den rund 15 kg in Beziehung zu setzen, die pro Kopf der Bevölkerung und pro Tag als „nachhaltig" gelten können.

Analyseverfahren

Wie kommt man zu solchen Zahlen? Was als wissenschaftliches Projekt begann, hat mittlerweile Eingang in nationale und internationale Organisationen gefunden. Der Begriff des „ökologischen Rucksacks" wurde Anfang der 90er Jahre von Friedrich Schmidt-Bleek geprägt und gemeinsam mit seinem Team konzeptionell entwickelt (vgl. Schmidt-Bleek 1993). Im Jahre 2001 publizierte die europäische Statistikbehörde EUROSTAT zum ersten Mal Richtlinien, wie Daten der Ressourcenextraktion eines Landes zu erfassen sind. Seit 2007 veröffentlicht das SERI-Institut auf Grundlage umfangreicher Recherchen solche Daten für fast alle Länder der Erde.

Besonders anspruchsvoll ist die Zurechnung der extrahierten Ressourcen auf diejenigen Länder, in denen sie verbraucht werden. Dazu braucht man umfangreiche Statistiken, die sowohl den internationalen Handel als auch die wirtschaftlichen Verflechtungen zwischen den Branchen abbilden, z. B. den Fall, dass in Brasilien Eisenerz gefördert wird, das dann zusammen mit polnischer Kohle und anderen Rohstoffen in Deutschland zu Stahl verarbeitet wird, um in Tschechien ein Auto zu fertigen, das in Österreich gekauft wird. Solche Daten werden von SERI gemeinsam mit der Gesellschaft für wirtschaftliche Strukturforschung in Osnabrück (Leitung: Prof. Bernd Meyer) in ein Modell eingefüttert, das für fast alle Länder der Erde ermitteln kann, wie viel der globalen Extraktion letztlich in einem bestimmten Land verursacht wird. Der Materialkonsum (*total material consumption,* TMC) beschreibt so den ökologischen Rucksack eines Landes, oder – pro Kopf ausgedrückt – des Einwohners eines Landes, wobei die Exporte abgezogen sind, weil sie statistisch dem Importeur zugerechnet werden.

Einige Zahlen zu Österreich

Sowohl die direkten Materialinputs (heimische Extraktion plus Importe, DMI) als auch der inländische Ressourcenverbrauch (abzüglich der Exporte, DMC) von Österreich sind im Zeitraum 2000 bis 2006 um je 26 % angewachsen (siehe hierzu Abbildung 2). Der größte Anteil des Materialumsatzes besteht dabei aus nicht-metallischen Mineralien, also nicht erneuerbaren Rohstoffen wie Baumaterialien (z. B. Kalkstein, Gips, Kies und Sand), die im gleichen Zeitraum je um etwa 20 % gestiegen sind, und fossilen Energieträgern, deren inländischer Verbrauch um rund 40 % gestiegen ist.

Dies ist eine deutliche Entwicklung entgegen dem durchschnittlichen EU-Trend leicht fallender DMI- und DMC-Indikatoren, bei –3 % zwischen 2000 und 2004, der insbesondere durch das negative Wachstum von DMI und DMC in Deutschland, Frankreich, Italien und Großbritannien bestimmt wird.

Im Jahr 2000 lag der inländische Ressourcenverbrauch (DMC) in Österreich bei 120 Mio. t, während der Rohmaterialverbrauch (*raw material consumption*, RMC) rund 153 Mio. t betrug. Letzterer umfasst den österreichischen Materialverbrauch inklusive weltweiter ökologischer Rucksäcke und liegt über dem DMC, da Österreich mehr ressourcenintensive Güter importiert als exportiert. Der Indikator RMC spiegelt dadurch die Verlagerung von Umweltbelastungen ins Ausland wider, die mit dem Konsum von Gütern in Österreich in Verbindung stehen.

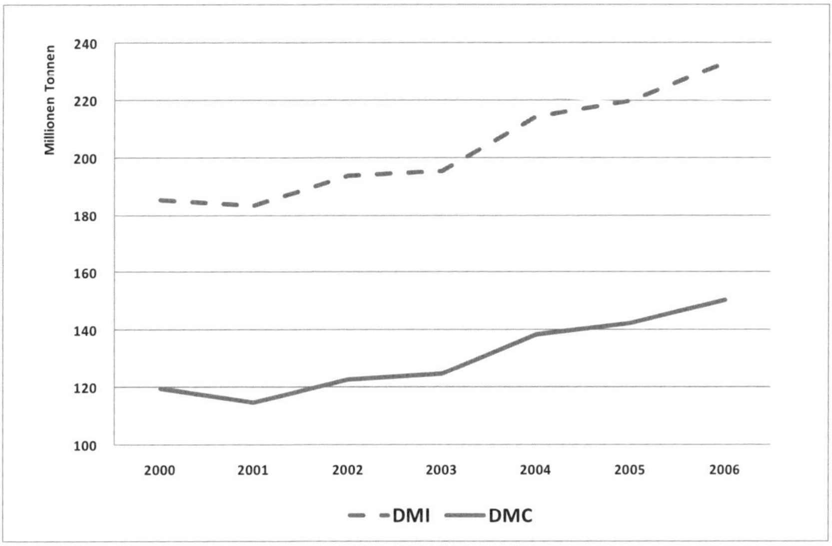

Abb. 2: Direkter Materialinput (DMI) und inländischer Ressourcenverbrauch (DMC) in Österreich

Quelle: Statistik Austria, 2009

Ökologischer Rucksack – ökologischer Fußabdruck

Schauen wir uns die „ökologischen Rucksäcke" genauer an, so erkennen wir auch Bezüge zu anderen verwendeten Indikatoren. Ein erheblicher Teil des ökologischen Rucksacks enthält den Verbrauch an fossilen Ressourcen und entspricht damit dem, was als *carbon footprint* oder *CO_2-Fußabdruck* bezeichnet wird. Auch dafür gibt es Statistiken, die allerdings oft nicht auf die internationalen Handelsverflechtungen Rücksicht nehmen. Erfasst wird so meist nur, was in einem Land an CO_2 emittiert wird. SERI arbeitet derzeit an Datenreihen, die auch die CO_2-Emissionen berücksichtigen, die im Ausland verursacht sind, aber dem inländischen Konsum zugerechnet werden müssen.

Der *Ökologische Fußabdruck*, den Mathis Wackernagel in diesem Jahrbuch beschreibt, enthält diesen CO_2-Fußabdruck als wesentliche Komponente, rechnet ihn aber um in diejenige (Wald-)Fläche, die nötig wäre, die entsprechende Menge zu neutralisieren. Hinzu kommt beim ökologischen Fußabdruck diejenige Fläche, die direkt vom Menschen genutzt wird (als Wohn-, Verkehrs- und Produktionsfläche). Es fehlen in dieser Betrachtung die nicht erneuerbaren Ressourcen (wie Metalle, Mineralien, Bodenaushub), die im ökologischen Rucksack dagegen berücksichtigt werden. Beide Indikatoren – Rucksack und Fußabdruck – berücksichtigen auch erneuerbare Ressourcen, die der Mensch zu Nahrungs- und zu Produktionszwecken benutzt, die bei einer reinen CO_2-Betrachtung aber nur ungenügend Berücksichtigung finden.

Solche Zahlen stellen natürlich keinen Wert an sich dar, sondern fließen ein in individuelle, unternehmerische, nationale und internationale Strategien für einen „ökologischen Strukturwandel" von Wirtschaft und Gesellschaft mit dem Ziel eines deutlich geringeren Ressourcenverbrauchs und einer deutlich geringeren Umweltbelastung (vgl. Hinterberger et al. 2009). Ein solcher Strukturwandel erfordert enorme technische Innovationen wie aber auch radikale Verhaltensänderungen von Wirtschaft, Gesellschaft, Politik – und: Wissenschaft.

Literatur

Bringezu, St. (2009): Visions of a Sustainable Resource Use. In: St. Bringezu & R. Bleischwitz (Eds.): Sustainable Resource Management. Trends, Visions and Policies for Europe and the World. Sheffield.

Giljum, St., T. Hak, F. Hinterberger & J. Kovanda (2005): Environmental Governance in the European Union. Strategies and Instruments for absolute Decoupling. In: International Journal for Sustainable Development 8 (1/2), S. 31–46.

Giljum, St., Chr. Lutz, A. Jungnitz, M. Bruckner & F. Hinterberger (2008): Global Dimensions of European Natural Resource Use. SERI Working Paper No. 7 (www.seri.at).

Hinterberger, F., H. Hutterer, I. Omann & E. Freytag (2009): Welches Wachstum ist nachhaltig? Ein Argumentarium. Wien.
Jäger, J. (2007): Was verträgt unsere Erde noch? Wege in die Nachhaltigkeit. Frankfurt a. M.
Schmidt-Bleek, F: (1993): Wieviel Umwelt braucht der Mensch – MIPS, das Maß für ökologisches Wirtschaften. Basel.
Schmidt-Bleek, F. (2007): Nutzen wir die Erde richtig? Die Leistungen der Natur und die Arbeit des Menschen. Frankfurt a. M.

Mathis Wackernagel

„Ökologischer Fußabdruck" – globale Biokapazität und das Beispiel Schweiz

Eine globale Perspektive

Das Millennium Ecosystem Assessment von 2005 und die IPPC-Berichte von 2007 zeigen, dass die Nachfrage der Menschheit nach natürlichen Ressourcen die Produktivkraft der Erde überschreitet. „Global Footprint Network" offeriert eine systematische Buchhaltung der ökologischen Ressourcen und Dienstleistungen, um die menschliche Nutzung der Natur zu quantifizieren. Der „Ecological Footprint", der „Ökologische Fußabdruck" ist das Messwerkzeug dazu.[1)] Es vergleicht den Verbrauch natürlicher Ressourcen und den Ausstoß von Abfallprodukten mit der biologischen Produktivität der Ökosysteme auf dem Land und im Meer. Die Denkweise ist analog zum Landwirt: Wie viel produktive Fläche steht zur Verfügung und wie produktiv ist sie pro Hektar? Das ist die zur Verfügung stehende „Biokapazität". Wie viele Dienstleistungen konsumieren wir – und was ist der sich gegenseitig ausschließende Flächenbedarf, um diese Dienstleistungen zur Verfügung zu stellen?

Footprint und Biokapazität werden in globalen Hektar bzw. Hektar pro Kopf gemessen. Ein globaler Hektar repräsentiert einen Hektar mit weltdurchschnittlicher Produktivität. Abbildung 1 zeigt die Ergebnisse der globalen Footprint-Rechnung nach Abschätzungen, die auf Daten der UN beruhen. Danach hat die Menschheit im Jahre 1961 etwa 50 % der Erde beansprucht – im Jahre 2005 nutzte sie aber schon 30 % mehr, als die Erde regenerieren kann. Anders ausgedrückt: Der Planet Erde braucht mittlerweile etwa ein Jahr und vier Monate, um das an Biokapaizität zu regenerieren, was die Menschheit in einem Jahr verbraucht.

Übernimmt man die moderatesten UN-Projektionen zu Bevölkerungswachstum, Energiebedarf, Nahrungs- und Holzkonsum etc. für die nächsten 40 Jahre und übersetzt diese in entsprechende Footprint- und Biokapazitäts-Trends, so würde sich der ökologische Fußabdruck bis ins Jahr 2050 auf das Zweifache der globalen Biokapazität erhöhen.

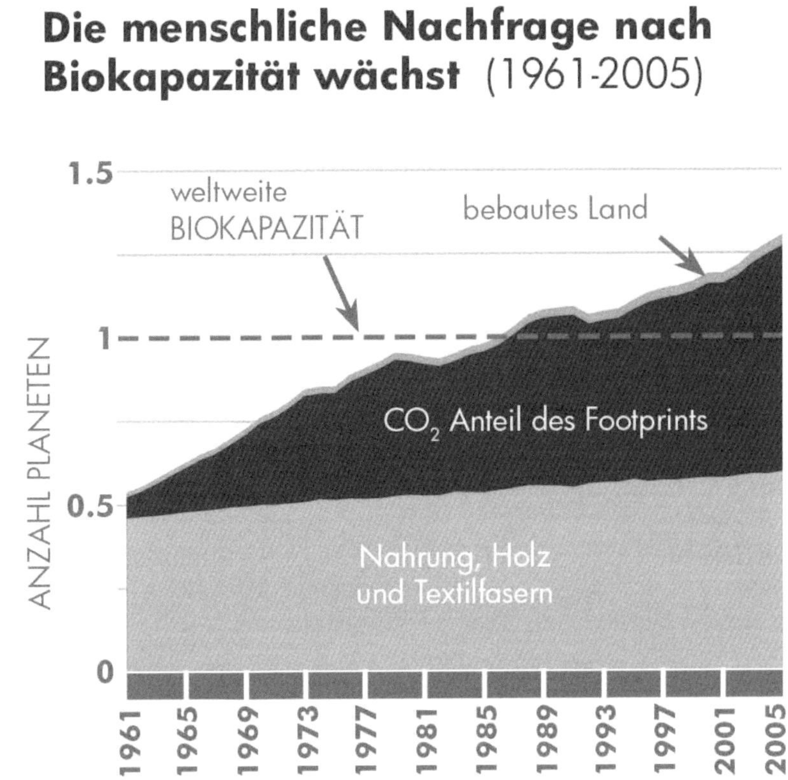

Abb.1: Anteile des globalen ökologischen Fußabdrucks, 1961–2005

Quelle: Global Footprint Network, 2009

Wo steht die Schweiz?

Im Jahre 2006 hatten verschiedene Bundesämter der Schweiz – das Bundesamt für Raumentwicklung (ARE), das Bundesamt für Statistik (BFS), die Direktion für Entwicklung und Zusammenarbeit (DEZA) und das Bundesamt für Umwelt (BAFU) – die Schweizer Fußabdruck-Zahlen überprüft. Dabei wurde festgestellt, dass „der Fußabdruck in der Schweiz fast dreimal so groß [ist] wie die [Schweizer] Biokapazität."[2] Die Statistiken von 2008 zur Schweizer Nachhaltigkeit haben diese Trends bestätigt (siehe hierzu Abbildung 2).

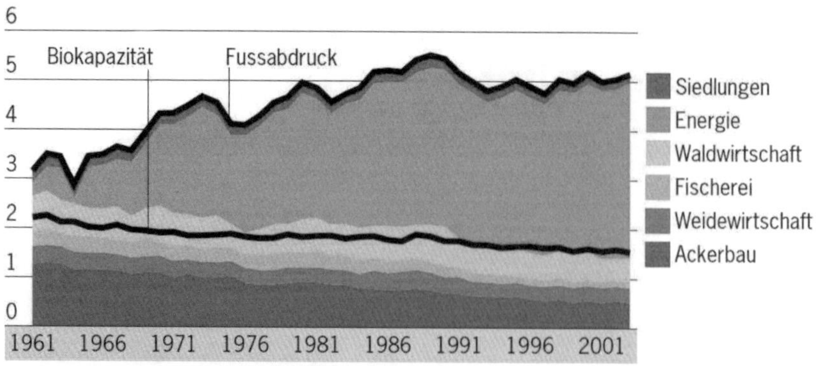

Abb. 2: Ökologischer Fußabdruck und Biokapazität der Schweiz, in Hektar pro Person

Quelle: Schweizer Bundesamt für Statistik (BfS), Taschenstatistik der Schweiz 2008

Die Messungen des Global Footprint Network zum ökologischen Fußabdruck unterscheiden fünf verschiedene Flächennutzungen: Ackerflächen, Weideflächen, Wald, Fischgründe und Siedlungsflächen. Die CO_2-Emissionen (*carbon footprint*) machen in industrialisierten Ländern wie der Schweiz einen besonders großen Teil des Footprints aus. Doch hat die Schweiz nur wenig Biokapazität, um das entsprechende CO_2 zu absorbieren. Auch in anderen Ressourcensparten ist die Schweiz im ökologischen Defizit. Nur in der Holznutzung übertrifft die in der Schweiz vorhandene Kapazität den Schweizer Bedarf. Dieses Defizit wird durch Importe, Liquidation der eigenen Ressourcen oder durch Nutzung ausländischer oder zukünftiger Abfallabsorptionskapazitäten ausgeglichen. Trendwenden sind nicht in Sicht. Zwar gibt es eine politische Diskussion, den Energieverbrauch – und damit den CO_2-Ausstoss – zu senken, doch entsprechende Maßnahmen wurden bisher praktisch kaum umgesetzt.

Und wie geht's weiter?

Die von vielen erwartete weitere Zunahme des globalen Ressourcenverbrauchs – unter der Annahme bestimmter Wachstumstrends und bei nur schwacher Entkopplung von Wirtschaftswachstum und Ressourcenverbrauch – wird die Auseinandersetzung um den Zugang zu Ressourcen in den nächsten Jahren aller Voraussicht nach verschärfen. Daher stellen sich eine Reihe von Fragen – an die Schweiz, aber natürlich auch an andere Länder:

- Wie wird sich die weltweite Verknappung der Ressourcen generell auf die Schweiz auswirken?
- Wie wird sich die Verknappung speziell auswirken in Bezug auf
  - Infrastrukturentscheidungen,
  - Wirtschaftlichsvorteile und -nachteile,
  - soziale Sicherheit,
  - die internationale Zusammenarbeit,
  - auf globale und regionale Konflikte?
- Wie soll sich die Schweiz (insbesondere Politik, Wirtschaft, Konsumenten, Forschung) in dieser neuen Welt positionieren?

Anmerkungen

1) Mehr dazu im Footprint Atlas des Global Footprint Network: http://www. footprintnetwork.org/atlas
2) Office Fédéral de la Statistique (OFS) (2006): Der Ökologische Fußabdruck der Schweiz. Siehe auch OFS (2009): Monitoring Sustainable Development. Switzerland in a Globalised World: http://www.bfs.admin.ch/bfs/portal/en/index/

Autorinnen und Autoren

Günter Altner, geb. 1936; Dr. biol., Dr. theol.; Professor em. der Universität Koblenz; Mitherausgeber des JAHRBUCH ÖKOLOGIE.

Elmar Altvater, geb. 1938; Dr. rer. pol.; Professor em. am Otto-Suhr-Insitut für Politikwissenschaft der FU Berlin.

Michael Angrick, geb. 1952; Wissenschaftlicher Mitarbeiter im Umweltbundesamt (UBA); Leiter der Abteilung Ressourcenschonende Abfall- und Abwasserwirtschaft.

Ban Ki-moon, geb. 1944; Master in Public Administration; mehrfach Minister der Republik Korea; seit 2007 Generalsekretär der Vereinten Nationen.

Susanne Bergius, geb. 1963; Diplom-Geographin; Fachjournalistin und Moderatorin für Nachhaltiges Wirtschaften und Investieren (Handelsblatt, ZEIT u. a.).

Hans Christoph Binswanger, geb. 1929; Dr. oec.; Professor em. der Universität St. Gallen.

Raimund Bleischwitz, geb. 1961; Dr. rer.oec.; Stellv. Leiter der Forschungsgruppe Ressourcenmanagement am Wuppertal Institut; Professor am Europakolleg Brügge.

Bettina Brohmann, geb. 1956; Dr. phil.; Projektleiterin und stellv. Koordinatorin im Bereich Energie & Klimaschutz des Öko-Instituts, Büro Darmstadt.

Matthias Buchert, geb. 1962; Dr. Ing.; Leiter des Bereichs Infrastruktur & Unternehmen des Öko-Instituts, Freiburg.

Klaus Dosch, geb. 1962; Wirtschaftsingenieur, Diplom-Geologe; Wissenschaftlicher Leiter der Aachener Stiftung Kathy Beys.

Heidi Feldt, geb. 1955; Master in Ressourcenmanagement, Dr. Ing. in Landschaftsplanung; als entwicklungspolitische Beraterin tätig.

Christiane Gerstetter, geb. 1977; Juristin; Research Fellow am Ecologic Institute, Berlin; Schwerpunkt: Geistige Eigentumsrechte.

Rainer Grießhammer, geb. 1953; Diplomchemiker, Dr. rer. nat.; Mitglied der Geschäftsführung des Öko-Instituts, Freiburg.

Ulrich Grober, geb. 1949; Journalist und Publizist mit den Themenschwerpunkten Naturerfahrung, Nachhaltigkeit, Lebensstile.

Christian Hagelüken, geb. 1957; Wirtschaftsingenieur, Dr. rer. nat.; Bereichsleiter bei Umicore Precious Metals Refining.

Hermann Held, geb. 1967; Dr. rer. nat.; Co-Chair des Forschungsbereichs Nachhaltige Lösungsstrategien des Potsdam Institut für Klimafolgenforschung (PIK).

Karl Otto Henseling, geb. 1945; Dr.-Ing., Chemiker, Studienrat a. D.; Wissenschaftlicher Oberrat im Umweltbundesamt (UBA).

Andreas Hermann, geb. 1970; Umweltjurist, LL.M.; Wissenschaftlicher Mitarbeiter des Öko-Instituts, Freiburg.

Friedrich Hinterberger, geb. 1959; Dr. rer. pol.; Leiter des Sustainable Europe Research Institute (SERI), Wien.

Katja Hünecke, geb. 1976; Diplom-Betriebs- und Energiewirtin; Wissenschaftliche Mitarbeiterin im Bereich Energie & Klimaschutz des Öko-Instituts, Büro Darmstadt.

R. Andreas Kraemer, geb. 1958; Dipl.-Ing.; Geschäftsführer des Ecologic Institute, Berlin; Schwerpunkt: Internationale Umweltpolitik.

Nicole Kranz, geb. 1976; Diplom-Geoökologin; Fellow des Ecologic Institute, Berlin; Schwerpunkt: Internationale Wasserpolitik.

Michael Kühn, geb. 1967; PD Dr.-Ing., Dr. rer. nat; Leiter des Zentrums für CO_2-Speicherung am GeoForschungsZentrum, Potsdam.

Hans-Joachim Kümpel, geb. 1950; Dr. rer. nat.; Professor für Geophysik; Präsident der Bundesanstalt für Geowissenschaften und Rohstoffe (BGR), Hannover.

Heike Leitschuh, geb. 1958; Diplom-Politologin; Autorin, Beraterin und Moderatorin für nachhaltige Entwicklung; Mitherausgeberin des JAHRBUCH ÖKOLOGIE.

Andreas Manhart, geb. 1976, Geograph; Wissenschaftlicher Mitarbeiter im Bereich Informations- und Kommunikationstechnologien des Öko-Instituts, Freiburg.

Grit Martinez, geb. 1965; Dr. phil.; Fellow des Ecologic Institute; Forschungsschwerpunkt: Nachhaltiges Wassermanagement.

Mario Meinecke, geb. 1973; Diplom-Betriebswirt; Wissenschaftlicher Mitarbeiter im Büro Rolf Hempelmann MdB; Koordinator des Berliner Umweltstammtischs (BUS).

Klaus M. Meyer-Abich, geb. 1936; Dr. phil., Dipl. Phys.; Professor em. für Naturphilosophie der Universität Duisburg-Essen.

Nils Meyer-Ohlendorf, geb. 1968; Dr. jur.; Fellow des Ecologic Institute, Berlin; Schwerpunkt: International Governance.

Sascha Müller-Kraenner, geb. 1963; Diplom-Biologe; Geschäftsführer von The Nature Conservancy in Europe, Berlin.

Benno Pilardeaux, geb. 1963; Geowissenschaftler, Dr. rer. nat.; Leiter der Öffentlichkeitsarbeit des Wissenschaftlichen Beirats der Bundesregierung Globale Umweltveränderungen (WBGU).

Wolfgang Sachs, geb. 1946; Dr. rer. oec.; Wissenschaftler am Wuppertal Institut; Honorarprofessor an der Universität Kassel.

Gerhard Scherhorn, geb. 1930; Volkswirtschaftler; Professor em. für Konsumökonomik der Universität Hohenheim.

Friedrich Schmidt-Bleek, geb. 1932; Dr. chem., Professor em.; Präsident des Factor 10 Club; Takeda World Environment Award 2001.

Udo E. Simonis, geb. 1937; Dr. sc. pol., Dr. rer. nat. h. c.; Professor em. am Wissenschaftszentrum Berlin (WZB); Mitherausgeber und Redakteur des JAHRBUCH ÖKOLOGIE.

Hartmut Stahl, geb. 1964; Diplom-Chemiker, Dr. rer. nat.; Wissenschaftlicher Mitarbeiter des Öko-Instituts, Büro Darmstadt.

Mathis Wackernagel, geb. 1962; PhD in Community and Regional Planning; Dr. rer. nat. h.c.; Leiter des Global Fooprint Network.

Ernst U. von Weizsäcker, geb. 1939; Dr. rer. nat, Dr. phil. h. c.; Gründungspräsident des Wuppertal Institut; Co-Chair des International Resource Panel; Mitherausgeber des JAHRBUCH ÖKOLOGIE.

Martin Welp, geb. 1966; Dr. phil.; Professor für Sozioökonomie und Kommunikation an der Fachhochschule Eberswalde.

Harald Welzer, geb. 1958; Dr. phil.; Leiter des Zentrums für Erinnerung und Gedächtnis des Kulturwissenschaftlichen Instituts in Essen; Professor an der Universität Witten-Herdecke.

Sabine Wienand, geb. 1974; Dr. phil.; Journalistin für Wissenschaft und Feuilleton; Dissertation zur Umweltethik im Buddhismus.

Georg Wilke, geb. 1953; Studium der Sozialwissenschaften und Germanistik; Projektleiter der Forschungsgruppe Zukünftige Mobilitätsstrukturen am Wuppertal-Institut.

Anne-Katharina Wöbse, geb. 1969; Umwelthistorikerin; Forschungsschwerpunkt: Geschichte des internationalen Naturschutzes.

Michael Zschiesche, geb. 1964; Diplom-Ökonom und Jurist; Vorstandssprecher des UfU – Unabhängiges Institut für Umweltfragen e.V., Berlin, Halle.

Die Website des Jahrbuchs:
www.jahrbuch-oekologie.de